国家级职业教育规划教材
对接世界技能大赛技术标准创新系列教材
全国职业院校计算机游戏制作专业教材

3D数字游戏角色设计与制作（Maya）

人力资源社会保障部教材办公室　组织编写

主　编　叶维中

中国劳动社会保障出版社

内容简介

本书为对接世界技能大赛技术标准创新系列教材 / 全国职业院校计算机游戏制作专业教材，主要内容包括概念设计、3D 建模和 UV 拆分、材质制作、骨骼绑定和动画制作四个项目，涵盖 3D 游戏产品美术设计的相关知识和技术。

本书以“实用、适用、好用、易开展教学”为教学转化原则，面向行业企业应用需求，同时结合 3D 数字游戏艺术技能竞赛的训练要求，将部分竞赛内容转化为课程内容，致力于高标准培养计算机游戏制作相关专业学生的职业能力和职业素养。

本书由叶维中任主编，程侃、周润康参加编写。

图书在版编目（CIP）数据

3D 数字游戏角色设计与制作：Maya / 人力资源社会保障部教材办公室组织编写；叶维中主编. -- 北京：中国劳动社会保障出版社，2022

对接世界技能大赛技术标准创新系列教材　全国职业院校计算机游戏制作专业教材

ISBN 978-7-5167-5429-0

Ⅰ. ①3…　Ⅱ. ①人…②叶…　Ⅲ. ①三维动画软件－技工学校－教材　Ⅳ. ①TP391.414

中国版本图书馆 CIP 数据核字（2022）第 161777 号

中国劳动社会保障出版社出版发行

（北京市惠新东街 1 号　邮政编码：100029）

*

北京市白帆印务有限公司印刷装订　　新华书店经销

787 毫米 ×1092 毫米　16 开本　13.5 印张　214 千字

2022 年 10 月第 1 版　　2025 年 8 月第 3 次印刷

定价：39.00 元

营销中心电话：400-606-6496

出版社网址：http: //www.class.com.cn

http: //jg.class.com.cn

序

世界技能大赛由世界技能组织每两年举办一届，是迄今全球地位最高、规模最大、影响力最广的职业技能竞赛，被誉为“世界技能奥林匹克”。我国于2010年加入世界技能组织，先后参加了五届世界技能大赛，累计取得36金、29银、20铜和58个优胜奖的优异成绩。2019年9月，习近平总书记对我国选手在第45届世界技能大赛上取得佳绩作出重要指示，并强调，劳动者素质对一个国家、一个民族发展至关重要。技术工人队伍是支撑中国制造、中国创造的重要基础，对推动经济高质量发展具有重要作用。要健全技能人才培养、使用、评价、激励制度，大力发展技工教育，大规模开展职业技能培训，加快培养大批高素质劳动者和技术技能人才。要在全社会弘扬精益求精的工匠精神，激励广大青年走技能成才、技能报国之路。

为充分借鉴世界技能大赛先进理念、技术标准和评价体系，突出“高、精、尖、缺”导向，促进技工教育与世界先进标准接轨，完善我国技能人才培养模式，全面提升技能人才培养质量，人力资源社会保障部于2019年4月启动了世界技能大赛成果转化工作。根据成果转化工作方案，成立了由世界技能大赛中国集训基地、一体化课改学校，以及竞赛项目中国技术指导专家、企业专家、出版集团资深编辑组成的对接世界技能大赛技术标准深化专业课程改革工作小组，按照创新开发新专业、升级改造传统专业、深化一体化专业课程改革三种对接转化原则，以专业培养目标对接职业描述、专业课程对接世界技能标准、课程考核与评价对接评分方案等多种操作模式和路径，同时融入健康与安全、绿色与环保及可持续发展理念，开发与世界技能大赛项目对接的专业人才培养方案、教材及配套教学资源。首批对接 19 个世界技能大赛项目共 12 个专业的成果于 2020 年陆续出版，主要用于技工院校日常专业教学工作中，充分发挥世界技能大赛成果转化对技工院校技能人才的引领示范作用。在总结经验及调研的基础上选择新的对接项目，陆续启动第二批等世界技能大赛成果转化工作。

希望全国技工院校将对接世界技能大赛技术标准创新系列教材，作为深化专业课程建设、创新人才培养模式、提高人才培养质量的重要抓手，进一步推动教学改革，坚持高端引领，促进内涵发展，提升办学质量，为加快培养高水平的技能人才作出新的更大贡献！

2020 年 11 月

目　录

项目三 材质制作

项目四 骨骼绑定和动画制作

3D 数字游戏艺术项目简介

3D 数字游戏艺术项目是第 44 届世界技能大赛新增的项目，属于创意艺术与时尚竞赛类别。该赛项是单人赛赛制，参赛选手年龄须在 22 周岁及以下。该赛项考核参赛选手以所掌握的美学方面的色彩、比例、结构和造型等设计知识，结合视觉化的呈现制作，并运用 3D 设计软件技术，在规定的时间期限内完成具有鲜明特色、表达准确，且技术指标符合规范的创意设计作品。

我国第一时间组织了专家和教练团队参与第 44 届世界技能大赛 3D 数字游戏艺术项目的比赛。在团队的共同努力下，我国选手第一次参赛就取得了铜牌的好成绩。紧接着在 2 年后的第 45 届世界技能大赛上，我国选手更进一步，夺得银牌。

该项目技能包括美术概念设计、3D 建模、UV 拆分、贴图绘制、骨骼绑定、动画制作、灯光渲染和游戏引擎输出展示等。

各竞赛模块的主要内容如下。

1. 模块 A——概念设计及文档描述

要求选手按题目给出的设计概要，确定艺术风格，根据竞赛技术规格要求使用电脑软件完成概念设计方案与配色方案并同时撰写一份设计思路，以及多边形预算表分配和动作设计等的设计描述说明文档。此模块竞赛时间为 180 min，配分 16 分。

2. 模块 B——3D 建模与雕刻

要求选手根据模块 A 完成的概念设计制作三维模型，并运用雕刻工具丰富模型细节。此模块竞赛时间为 360 min，配分 39 分。

3. 模块 C——UV 拆分与贴图绘制

要求选手为模块 B 制作好的低模拆分 UV 并绘制全套 PBR 材质贴图，导入引擎配置灯光材质后进行渲染输出。此模块竞赛时间为 300 min，配分 28 分。

4. 模块 D——动画与引擎展示

为角色模型绑定骨骼，调好动画，并把相关数据导入引擎，展示最终效果。此模块竞赛时间为 240 min，配分 17 分。

3D 数字游戏艺术项目所代表的电子游戏等领域数字内容产品的设计与生产工作，要求从业人员为复合型技能人才，精通游戏开发过程中使用的 3D 工具，熟练掌握制作技巧，熟练应用 Photoshop、3ds Max、Maya 等工具制作游戏中的角色、道具、场景、动画和特效，掌握 2D 美术设计和 3D 游戏设计的制作技法和理念。

本书对世界技能大赛 3D 数字游戏艺术项目竞赛模块的优质资源和技术标准进行了常规教学转化，通过对 Photoshop、Maya、ZBrush 和 Substance Painter 等软件实操的讲解，全面、详细地讲授游戏美术岗位应具备的相关知识与技能，从而达到对接国际标准、培养卓越职业技能人才的目的。

项目一 概念设计

如何把
想象
转化成
“图像”

课题 1
Photoshop 软件的简单操作

课题目标

1. 熟悉 Photoshop 软件的操作界面组成。
2. 能正确设置 Photoshop 软件的笔刷并用其绘画。

一、Photoshop 的操作界面

在学习 CG 绘画之前，应先了解 Photoshop 的操作界面组成，Photoshop 的操作界面如图 1-1-1 所示。

图 1-1-1

1. 菜单栏

菜单栏位于 Photoshop 界面的顶端，它通过各个菜单提供 Photoshop 的绝大多数操作及窗口定制功能，包括“文件”“编辑”“图像”“图层”“文字”“选择”“滤镜”“3D”“视图”“窗口”和“帮助”共 11 个菜单。

2. 选项栏

选项栏又称工具选项栏，它默认位于菜单栏的下方，可以通过拖动手柄的方式移动。选项栏的参数是不固定的，会随着所选工具的不同而改变。

3. 文档窗口

文档窗口会显示当前正在处理的文件，窗口可以切换。

4. 工具面板

工具面板默认位于界面的左侧，在实际操作中也可以根据用户的习惯拖动到其他位置。工具面板中的工具有选择、裁剪和切片、修饰、绘画、绘图和文字、注释和测量、更改前景色和背景色等功能。

5. 面板组

面板组是 Adobe 公司常用的一种面板排列方法，因为面板是可移动的，所以也被称为浮动面板，从最近几个版本开始，面板组默认靠在软件界面的右侧。

6. 状态栏

状态栏位于 Photoshop 文档窗口的底部，可显示现用图像的当前放大率和文件大小等信息，以及对现用工具的简要说明。

二、Photoshop 的常用笔刷

根据绘画时所要表现效果的不同，应使用不同的笔刷来满足画面需求。通常情况下，笔刷大致分为硬边笔、柔边笔、涂抹笔、材质笔和特效笔等，可以根据个人风格整理一套属于自己的笔刷。

绘画时，按快捷键 F5 键打开画笔面板即可选择常用笔刷，包括硬边画笔、柔边画笔、方头画笔和涂抹画笔等。

三、Photoshop 的笔刷设置

业内人士熟知 19 号笔刷，初学者或者一开始就接触较高版本 Photoshop 的人则对其比较陌生。在早期使用 Photoshop 参与各种大型的美术项目制作时，这个

笔刷被广泛地应用。

游戏美术中 2D 原画到 3D 贴图的绘制都会用到 19 号笔刷。在 Photoshop CS5 之后的版本中，这个笔刷却从默认笔刷设置中被移除了。由于 19 号笔刷仍被广泛应用，下文将按照 19 号笔刷的设置来示范如何调整笔刷。

19 号笔刷得名是因为早期将笔刷大小设置为 19 像素并选择圆形笔刷效果后，笔刷图标下就标有“19”。虽然 Photoshop 新版本将其移除，但是在笔刷设置中依然可以对其做出调整，以达到需要的效果。

在笔刷设置中，应将笔刷硬度调整为 100%，笔刷间距调整至能看到每个笔刷的圆圈边缘出现一层层的效果，这样可以在画面中表现一点微弱的笔触。

19 号笔刷的参数设置如下：

1. “形状动态”

将第一个滑动条下方的“控制”选项调整为“钢笔压力”，这个设置表示用手写板压感来控制笔刷大小，然后把“最小直径”调整到“70%”左右，如图 1-1-2 所示。

2. “传递”

将所有参数都调整为“0%”，两个“控制”选项调整为“钢笔压力”。若对下笔轻重的控制没有把握，则必须打开这两个选项，尤其是在后期刻画时，不管使用哪一种笔刷，这两个选项都应尽量打开，如图 1-1-3 所示。

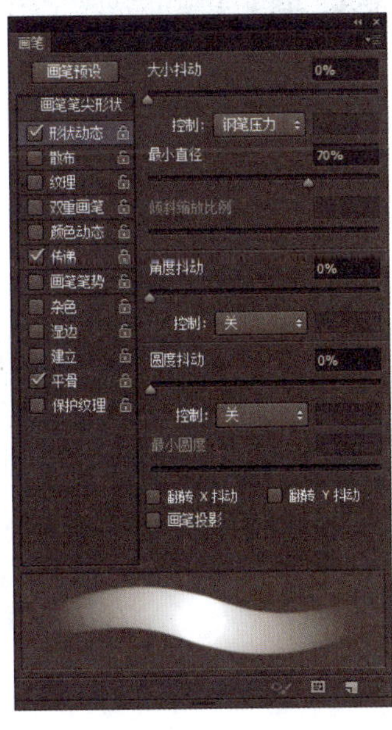

图 1-1-2

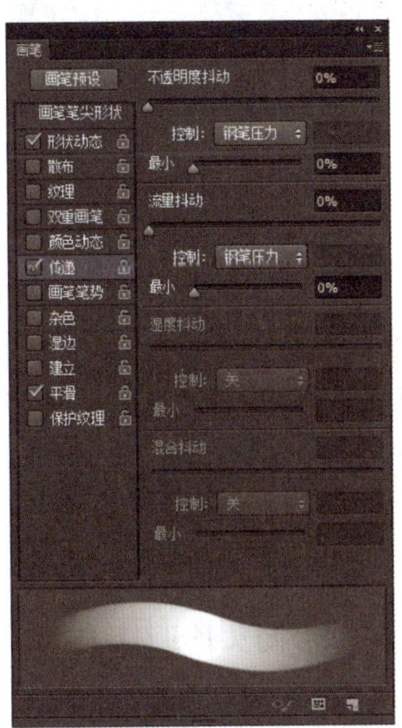

图 1-1-3

3. “画笔笔尖形状”

该设置可以改变笔刷的角度和圆度，既可以通过输入数值来调整，也可以通过鼠标顺时针或逆时针拖动来调整。调整画笔笔尖形状的好处是可以使画出来的画面有强烈的笔触，这在一些大场景的设计中效果尤为显著，因为经过调整的扁平的笔触画出的线条本身就带给人一种空间感，而不像默认的笔触那样从头到尾都是同样的宽窄，如图 1-1-4 所示。

4. “双重画笔”

勾选上该设置后会出现许多笔刷，应选择边缘相对松散的笔刷。该设置可以轻易地调整出毛边笔刷，使笔触边缘有随机变化的效果，让笔触带有油画的质感，如图 1-1-5 所示。

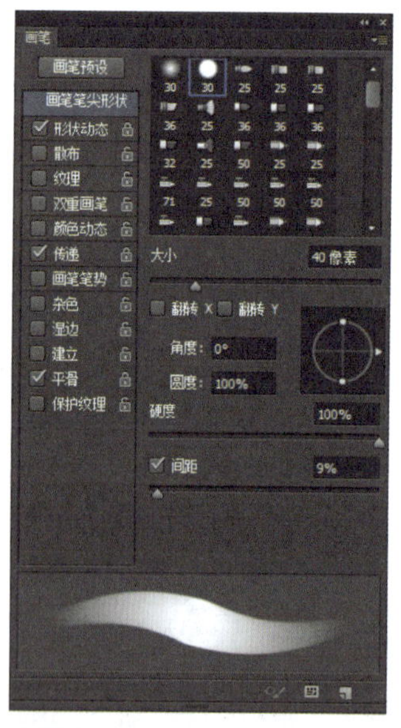

图 1-1-4

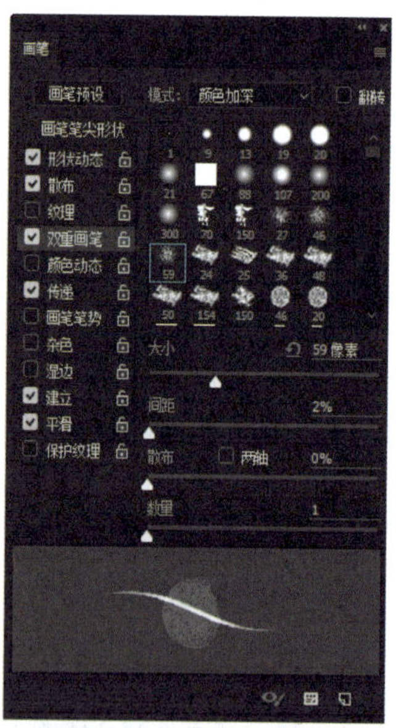

图 1-1-5

5. “散布”

该设置的参数初始值可以偏大。“散布”的设置意义是不让第二个笔刷的大小超过原来设定好的笔刷范围。若笔刷的首尾出现斑驳的效果，可将“散布”的值稍微增大。

四、练习如何用笔来绘画

1. 点、线、面

任何图形都由点、线和面这三个基础要素组合而成，设计者需要对这三者之间的关系有深入的理解。

无论是在二维还是三维空间中构建物体，点、线和面都是基本元素。从设计的角度出发，在看一张图时必须有意识地去寻找其中的点、线和面元素，去思考一个物体由多少个点、多少根线和多少个面组成。

如图 1-1-6 所示，红色线标示的便是点、线和面元素，在设计时应第一时间抓住这些隐形要素，这对画面的把控很重要。

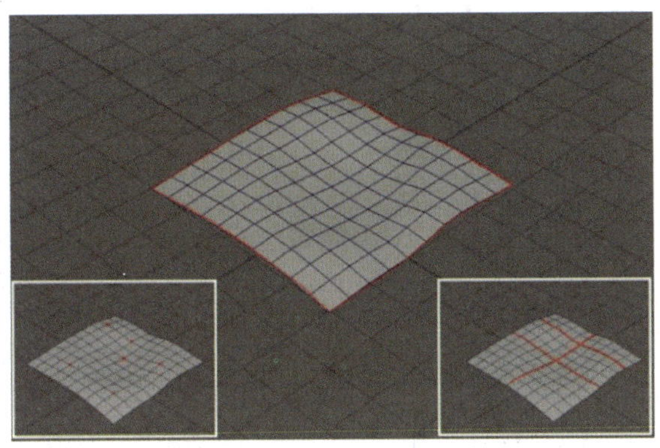

图 1-1-6

2. 绘画中的点、线、面

在绘画中，通过应用点、线和面可以更好地抓住物体中每个结构之间的比例关系，把造型绘制得更加准确。依靠大脑对图形和图像的想象能力，参考空间透视关系，可推算出物体表面的点、线和面。如图 1-1-7 所示，左图是原始图片，右图则是通过红色线把盔甲的点、线和面标注出来的示例，可以通过分析这些点、线和面之间的关系来更好地临摹这件盔甲。

（1）点

在绘画设计中，点、线和面不再是概念性的描述，它们作为设计元素，具有更深一层的含义。如图 1-1-8 所示，大多数人在看一张白纸时，视线是游动的，因为空白面是没有重点的，但假如白纸上有一个点或是一个图形，那么人的视线就会集中在这个位置，即“视觉重心”。好的设计能迅速抓住观众的“视觉重心”，而差的设计则杂乱无

图 1-1-7

章、毫无规律，所以在设计游戏角色时更多考虑的是如何站在玩家的视角来感受设计中的美。

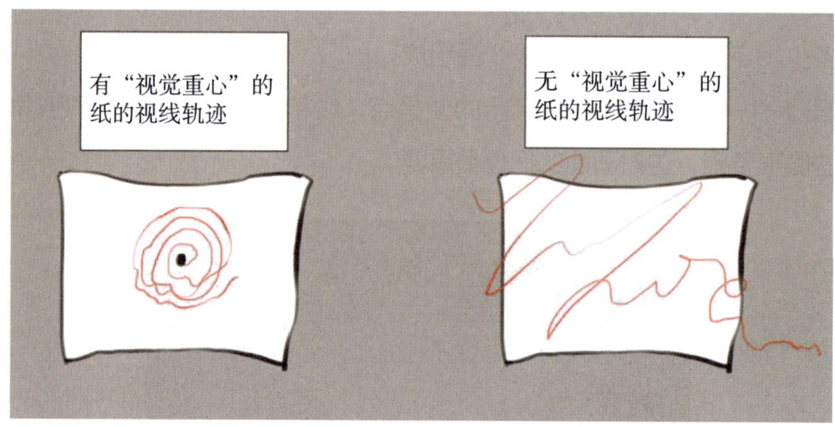

图 1-1-8

（2）线

如果说点是引导“视觉重心”的主角，那么线就是衬托点的配角，但线的排布可以直接左右整个设计的好坏。线是点的轨迹，它的作用不是聚焦，而是分割。线的存在就是为了划清界限，形成各个切面，因此，线可以造就“轮廓”，当画面有了轮廓，它自然就具备了造型的能力。

如图 1-1-9 所示，这是达 · 芬奇的一幅素描作品，若从左到右逐渐从四边向中心模糊线条，可发现随着线条的减少，肖像的轮廓被破坏了。

在绘画中，线条能更加直观清晰地表现造型。如果将一张角色设计的轮廓模糊，

图 1-1-9

虽然画面质量大打折扣，却仍能辨识出角色；可如果去掉角色身上所有的线条，整个画面就会像一团雾气，成为一堆没有精准形态的色块。

线既框定了某区域的相关要素，又体现了物体的造型。线也是设计中最丰富的元素，能分割出不同的面。

（3）面

在有了引导“视觉重心”的点和确定物体造型的线后，还需要承载元素的面。面的功能无关于对细节的刻画，而是对整体的调控。评价游戏中角色设计的好看与否，若从近处观察，线和点的细节很重要；但若从远处观察，面的分块就显得更加重要。

如图 1-1-10 所示，在部分网络游戏中，当放大游戏画面时，可以看到角色装备的细节，但是在大部分时间内游戏中的角色与屏幕镜头的距离都较远，无论是 2.5D 还是 3D 游戏视角都存在这样的情况。在普通视角下，游戏的角色并不会很大，如果不注重该视角下角色装备的色彩分布与造型分割，当一群游戏角色站立在一起时，会使整个画面看起来特别混乱。

因此，在设计过程中有个小技巧便是把图缩小，然后观察屏幕上的设计，此时面就会被粗略地展示出来，分布良好的面不会显得杂乱无章，也不会显得没有次序。

图 1-1-10

课题 2
运用解剖和结构的知识进行绘画

课题目标

1. 掌握形体结构和透视的相关规律。
2. 能将人体结构按体块归类。

一、形体的基本结构

结构无处不在。生活中存在着各种各样的结构，任何形体都是由立方体、锥体和球体等组成的，要以几何体的角度来观察并分析自然界中的形体，通过解剖结构的方式来认识形体的内在透视及变化。

1. 立方体、球体结构分析

立方体是最常见和最基本的几何体。画好立方体有助于对其他几何体的认识和理解。立方体由六个正方形面围合而成，不相邻的两个面平行相对。水平放置时，立方体两个面呈水平状，四个面呈垂直状；倾斜放置时，立方体六个面均呈倾斜状。

圆柱体和棱柱体可以理解为由立方体伸缩削切而成。在立方体上绘制好透视中的两个相对面，并用线段连接相对应点，即可表现出所需要的柱体结构，如图 1-2-1 所示。

如图 1-2-2 所示，球体的外形是正圆，在不同的透视角度上它的外形都不会发生变化。球体的表现方式可以理解为立方体内切，球体中心点即球心发散出来的所有线段等长。

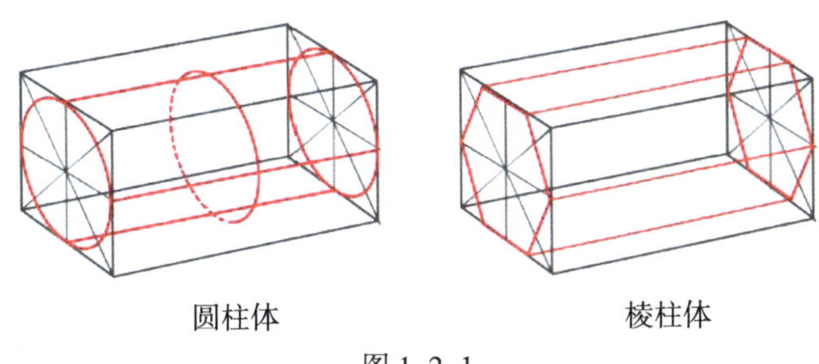

图 1-2-1

2. 基本透视规律

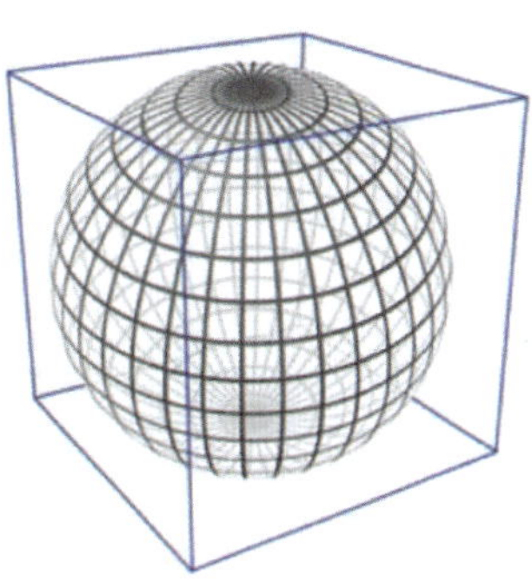

图 1-2-2

（1）透视的基本术语

1）视平线：与画者眼睛平行的水平线。

2）视点：画者眼睛的位置。

3）心点：视点在画面上的正投影。

4）视中线：由视点与心点相连而成，与视平线垂直。

5）消失点：相互平行而与画面不平行的线段逐渐向远方延伸，最后消失位置的点。

6）天点：近高远低、向上倾斜的线段向远方延伸，消失在视平线以上的点。

7）地点：近低远高、向下倾斜的线段向远方延伸，消失在视平线以下的点。

8）绘画中最基本的透视现象是平行透视和成角透视，如图 1-2-3 所示。

①平行透视：置于视域之内的立方体有一个面与画面平行，那么立方体和画面所构成的透视关系就是平行透视，其特点是只有一个消失点。

②成角透视：置于视域之内的立方体没有任何一个面与画面平行，其纵深因为与视中线不平行而向主点两侧的余点消失，这时立方体和画面构成的透视关系为成角透视，其特点是有两个消失点且分别位于视平线的左右两边。

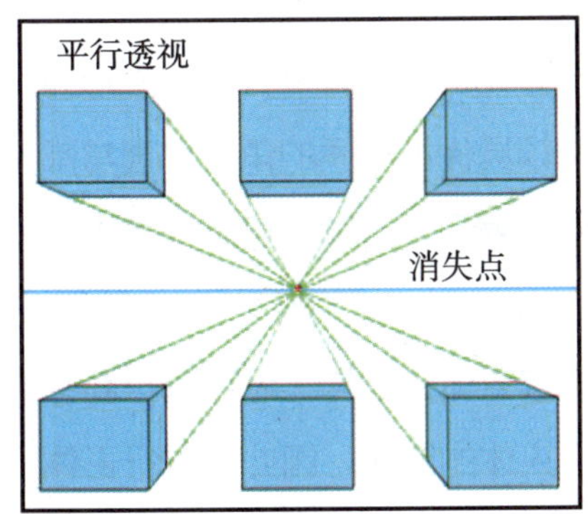

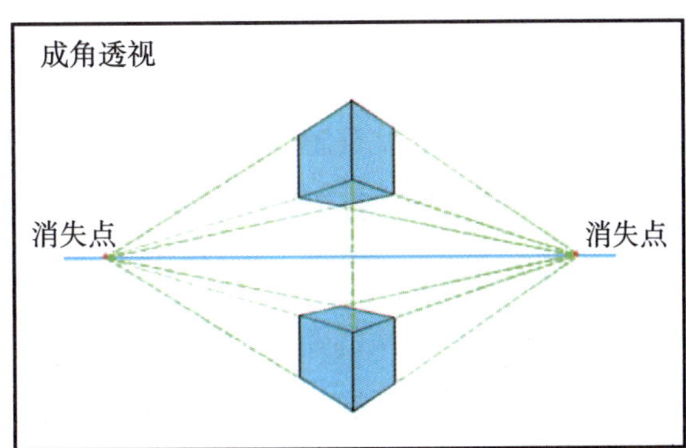

图 1-2-3

除了这两种最常见的透视，还有三点透视和圆的透视等多种透视。

（2）透视的重点规律

1）近大远小。如图 1-2-4 所示，如果两个体积相同的物体一个在近处，一个在远处，那么距离人眼近的物体看起来比较大。

2）近宽远窄。如图 1-2-4 所示，左侧立方体透视图近处的边看起来比远处的边宽。

3）近实远虚。距离人眼近的物体看起来更清晰，远处的就比较模糊。

其实透视很简单，它是一个用于观察形的概念，只有理解了透视，对形的把握才会更加准确。

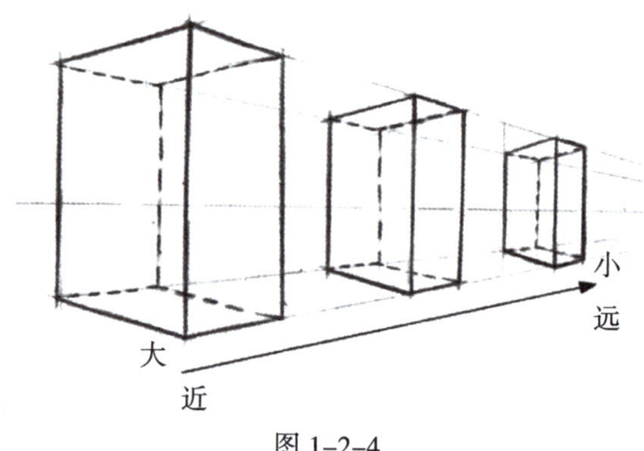

图 1-2-4

二、人体结构

有些初学者会在临摹图片时记忆图中结构曲线的走向，当他们绘制人体时，会在不经意中调用在之前临摹中死记硬背下来的曲线，生硬地套用在新的形体上，导致所绘制的人体结构出现各种问题。那么，如何很好地学习人体结构并正确地将其理解与运用在游戏原画设计当中呢?

在现实生活中，人基本上都是 7 ~ 8 头身的形体比例，拥有 9 头身以上形体比例的人只是少数。因此在游戏中，那些风格唯美并颇具优雅气质的角色们通常都是 9 头身以上，而粗犷和野蛮的角色通常会用 7 头身来表现。当然，正常人类主角都会以 8 头身为主要表现方式。

为了体现角色最美的姿态，画师们一般会在真实人体的结构上做许多精简并更改其比例，经过提炼后的角色形体已经不再是真实人体的比例，因此在进行形体设计时，通常有一部分真实人体的结构点会被忽略掉。

三、结构绘画分解

在了解了人体头身比例的基础知识后，就可以利用之前所学的知识，结合体块来设计角色。

人体动态和结构的掌握是绘画里的一大重点。在世界技能大赛 3D 数字游戏艺术项目概念设计模块中，人体结构动态非常重要。

在画人体之前，首先要了解整体的框架——透视、比例、骨骼和肌肉，掌握内在的人体结构，避免人物衣褶和衣纹的干扰，将人物节点画到位，做到比例准确、动态生动。人体的体态结构图和动态结构图的示例如图 1-2-5 所示。

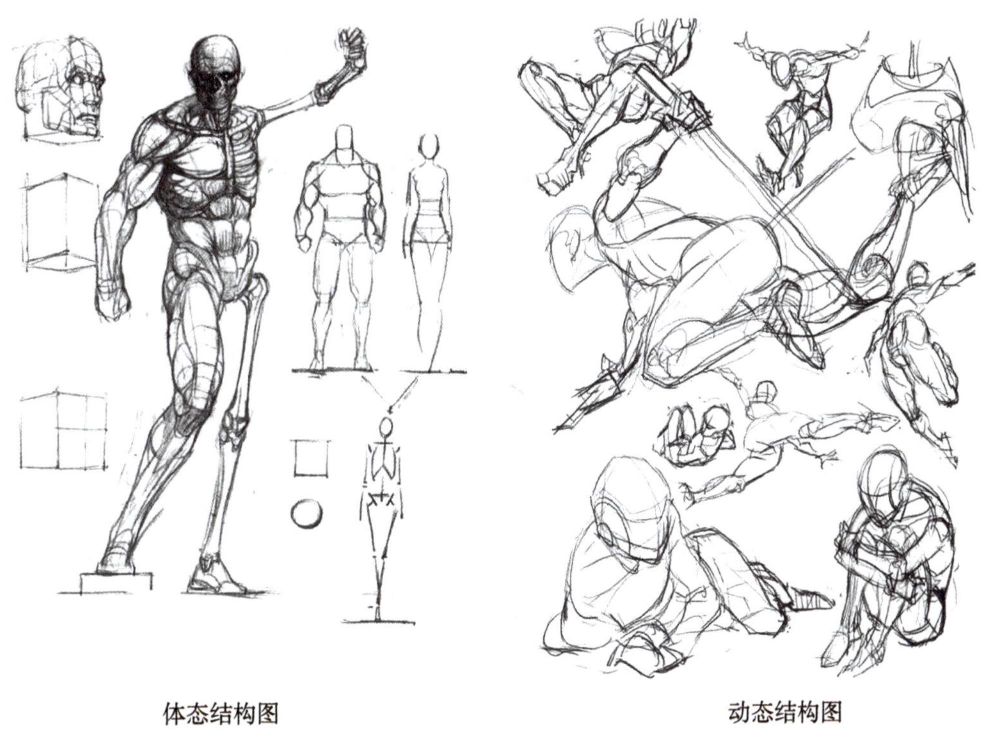

体态结构图　　动态结构图

图 1-2-5

四、头部绘画

头部绘画的难点在于透视，在练习过程中可以使用“盒子装头”的方法，并注意比例关系。如图 1-2-6 所示，头部的比例因男女、人种和年龄的不同而不同，表达不同表情时头部的外形亦有所不同。

要画好真实的头部，首先要掌握好头部的结构规律，并用自己能理解的记忆方式进行概括，例如用“中”“目”“国”“申”“由”和“甲”这一类很形象的文字来做脸型的概括，任何脸型都可以按照这种方法来绘制。

男、女、小孩和老人头部骨骼的比例关系都会有所不同，如图 1-2-7 所示，当然这也不是绝对的。

不同的表情例如喜、怒、哀、乐，以及不同的人种，在不同的角度下骨骼所呈现的形态也是不同的，如图 1-2-8 所示。

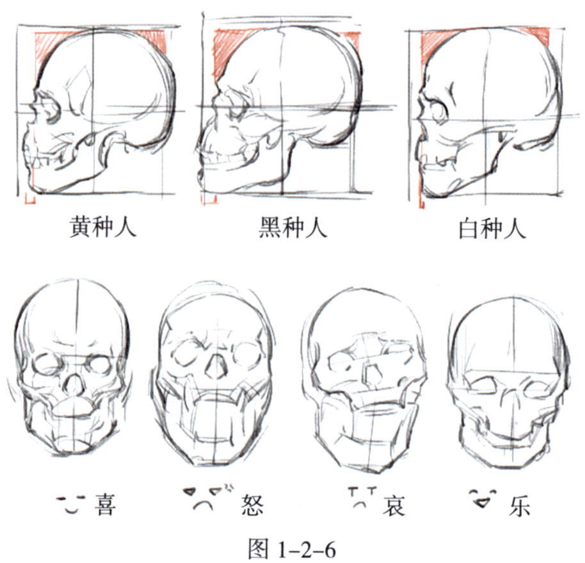

图 1-2-6

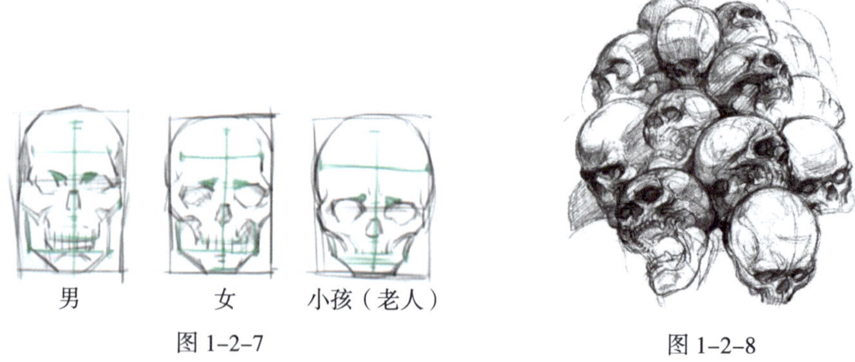

图 1-2-7

图 1-2-8

五、在结构的基础上绘画

1. 头部的绘制步骤

（1）了解头部骨骼的整体结构和它的空间透视。

（2）将头部骨骼系统地进行分块并记忆。

（3）在大块面的基础上细化绘制头部肌肉。

（4）在头部肌肉的基础上绘制皮肤。绘制过程如图 1-2-9 所示。

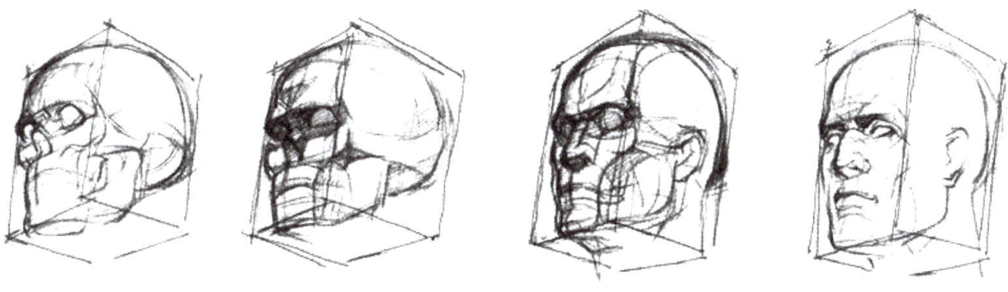

图 1-2-9

2. 五官的绘制要点

（1）眼

掌握眼部的结构透视，尝试练习不同角度眼的画法，如图 1-2-10 所示。

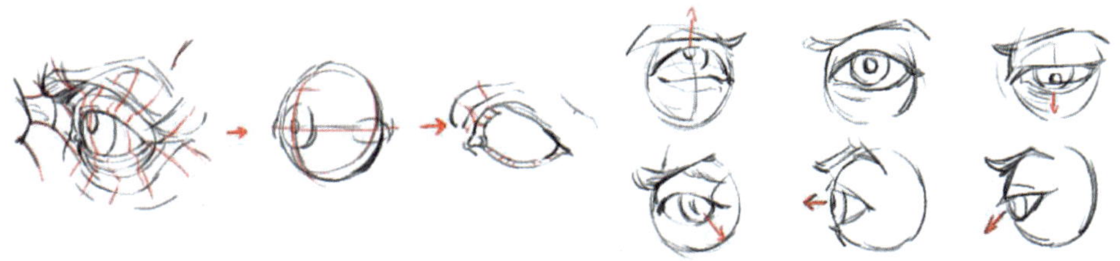

图 1-2-10

（2）眉

眉毛、眉心、眼角和瞳孔等的相对位置的变化可以组成丰富的表情，如图 1-2-11 所示。

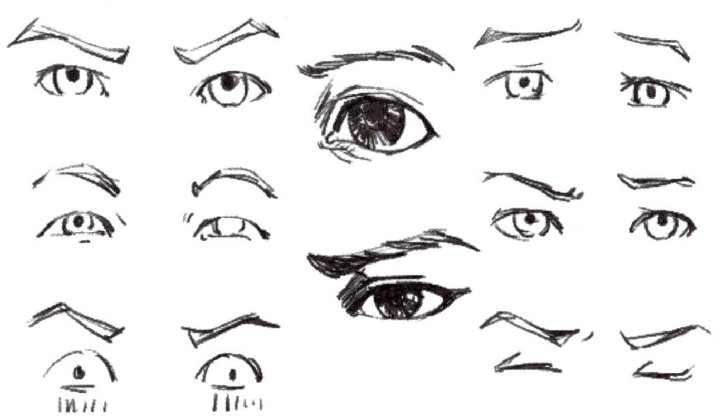

图 1-2-11

（3）鼻

鼻的作用之一是确定脸的朝向，鼻位于脸部的纵向中线，鼻头是脸部的最高点。在画头部时可以将鼻作为参照物来确定五官的位置。鼻在不同角度呈现出不同的形状，要理解其透视结构。在用明暗表示鼻时要将鼻孔刻画得生动，同时要注意对鼻厚度的刻画，如图 1-2-12 所示。

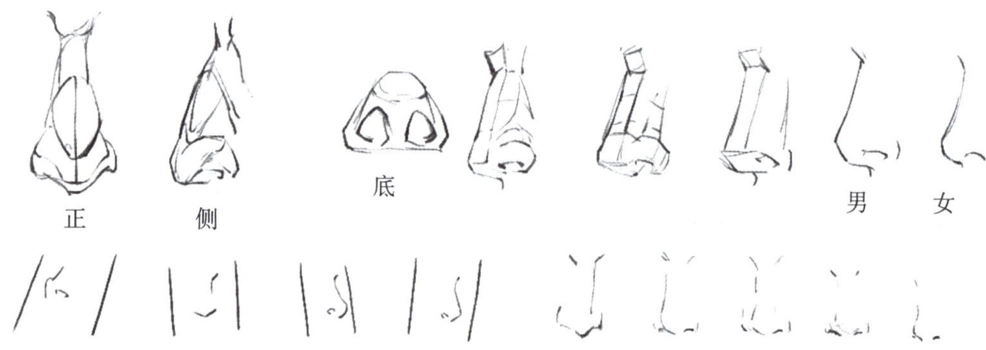

图 1-2-12

（4）嘴

要画好嘴首先要了解嘴的结构。嘴部的骨架部分可分为上颚骨、下颚骨和牙齿，表面部分可分为人中、上唇结节、上唇、唇侧沟、嘴角、下唇和颏唇沟，在绘画中这些结构都需要被重点表现，如图 1-2-13 所示。

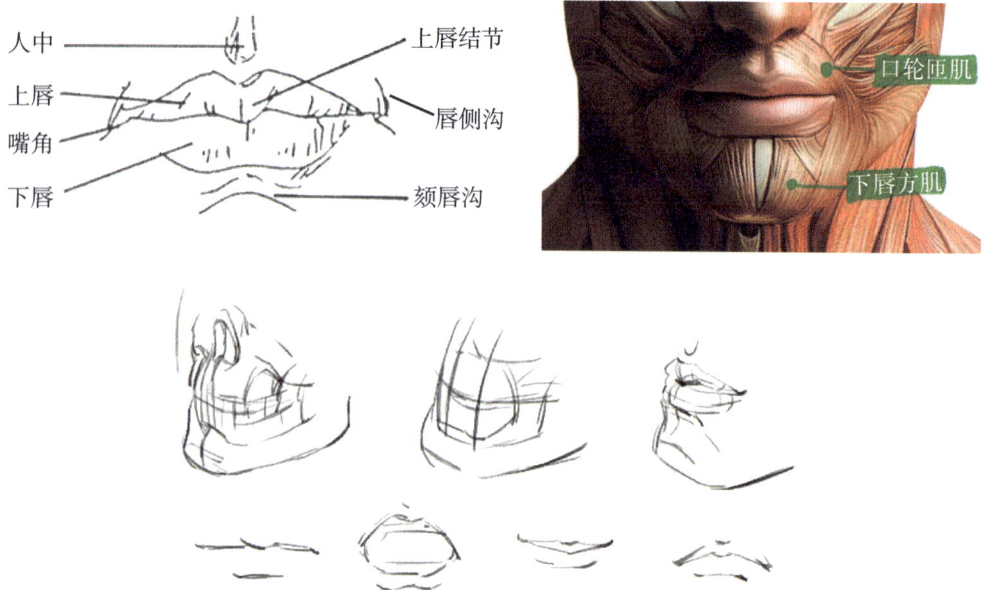

图 1-2-13

六、一切从“型”开始

在绘制人体时，通常会先提炼出画面所需要的骨架，在有了骨架之后，便可以展开对人体的绘制。去掉角色身上的装备并完善角色形体，这本身也是一种设计过程，市面上许多游戏的角色造型都经过了相当严谨的设计。

万丈高楼平地起，基础的骨架就像万丈高楼的地基一样重要，如果基础没有打好，后面便会出现一系列问题，最终导致修改和调整的幅度不断加大。因此，在绘制人体时，前期要做到尽善尽美，若有新的想法可在后期再进行调整。要根据自己的喜好来调整绘画方法，最终找到最适合自己的那一种。

游戏设计中，角色的形体并不完全符合现实中的人体结构，而是存在一定的夸张和变形，但是，研究人体还是需要从最基础的方法开始，即在绘制人体时多找真实照片来作参考，做好角色设计前的准备工作。

课题 3
角色设计前的准备

课题目标

理解游戏角色原画设计的设计元素。

一、什么是优秀的原画设计

原画设计是原画师最基本的工作，原画师要准确把握原画的定稿思想，通过画面来表达设计意图。可以说，原画就是面对观众的荧屏，绘制角色原画的原画师便是荧屏中的演员，他的性格将会被注入到角色中，赋予角色灵魂。

原画的制作过程其实就是简单元素的结合，从姿势、动作、线条到色彩，许多简单的元素被有意识、有目的地联系在一起，这一切其实就是原画师通过姿势和动作让角色“活”起来，赋予其性格和思想、意志和情感的过程。原画设计还应把角色动作与场景变换、镜头移动，以及角色态度等综合因素考虑进去，这样才能真正地打动观众。因此，如何理解原画，如何掌握原画设计的基本原理和技巧是学习原画设计的重要任务。

角色的设计元素在本书中指的是游戏角色形象的组成部分之一，在设定世界观以及角色属性的时候需要进行文案设定，完成了文案设定后，需要通过设计元素将文案中所想要表达的东西视觉化或者听觉化。设计元素的取材空间十分广泛，但其必须符合整个游戏的世界观，将现实中存在的事物进行拆解和重组便是一个设计的过程。当最终完成一个游戏角色的设计时，角色身上所呈现出的每一个细节都必须是经过设计师精心布局的。进行游戏角色原画设计时需要考虑以下设计元素。

1. 体型

体型指角色外轮廓的设计，使玩家通过剪影外轮廓就能清楚地分辨出不同角色。

2. 面貌特征

面貌特征指角色面部细节的设计，能最直接地表现角色的性格特征。

3. 服装道具

服装道具指角色服饰细节的设计，能充分体现角色的职业定位。

4. 色彩

色彩指角色皮肤和服装等细节的颜色设计，色彩的设计能在上面几项设计的基础上对游戏角色的性格特征进行渲染和强化，并能有效地拉开不同游戏角色在视觉上的差异。

一名合格的概念设计师应具备高度的社会责任感，保持冷静的头脑，履行设计师应尽的道德义务。设计创造是自觉的、有目的的社会行为，不是设计师的“自我体现”，它是应社会的需要而产生、受社会限制并为社会服务的。因此，作为从事原画概念设计创作的设计师，应明确自己的社会职责，自觉地为社会服务，吸收积极的设计，摒弃消极的元素，创造出更有意义的设计作品。

二、原画设计的实例

在项目中，原画的设计环节是非常重要的，它可以提高人们对项目艺术欣赏性的评价。原画设计的实例如图 1-3-1 所示。

图 1-3-1

课题 4
游戏角色造型设计

 课题目标

1. 掌握角色的建模思路。
2. 理解角色的类型。

一、角色的塑造

角色是一部作品的灵魂，很多 3D 数字游戏的角色设计都非常成功且深入人心，它们的共同特征是角色造型容易被识别且角色个性鲜明，如图 1-4-1 和图 1-4-2 所示。

游戏角色的建模思路一般分为两种：一种是从整体到局部，首先使用基本几何体概括模型整体，再通过对模型各部分加线来深入制作；另一种是从局部到整体，

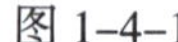
图 1-4-1

图 1–4–2

直接从模型局部开始制作，比如先从眼睛开始，从一开始就处理好布线。其中，第一种做法比较普遍，也比较适合初学者。

二、角色的类型

一般来说，不同项目或不同要求的模型在开始建模前都会确定具体的要求和规范，不同级别的模型其要求也不同。模型的级别一般可分为 A 类、B 类和 C 类，可以简单理解为主角、NPC 和怪物，如图 1–4–3 所示。对主角的要求自然要高很多，在开始制作前，建模师应该与各部门做好交流。

图 1–4–3

课题 5
角色设计中的构思

 课题目标

1. 掌握游戏角色的设计理念。
2. 能利用剪影来构思设计。
3. 理解绘画中结构与设计的穿插。

一、怪物和 NPC 的设计

在了解了游戏角色的形体和真实人体的区别以及游戏原画和传统艺术绘画的区别后，就可以利用所学的知识进行设计。

怪物通常属于游戏中与主角对立的敌方势力，它们具备与主角不同的职业特色和种族特点。在一些游戏中人形怪物和人类同属一个阵营，有相同的装束但是体型不同，且大多数体现的是意识的阴暗面；而有些怪物不属于人形怪物，它们长相奇特，通常具有飞禽走兽、昆虫或者海洋生物的特征。

作为设计师不必一开始就了解很多物种，因为这涉及大量的知识，而自身的精力是有限的。设计师只需要在接到某物种的角色设计工作时，花足够的精力去研究该物种的资料并备份即可，若以后对此类设计有需求，便可在这些资料的基础上创作出更丰富有趣的设计。

在设计角色之前，设计师需要思考以下问题：这是一个什么样的角色？他的身高和体重大概是多少？他的性格特征是什么？他的故事背景是什么？他处于什么阵营？他的信仰和文化背景是什么？他擅长的职业技能是什么？他的装束特色和护具、武器特色是什么？

在设计早期可以不用太明确角色的属性，因为策划方案中只包含部分概念设计，

其余内容则由设计师负责完善。如果这个设计需要 3 天的工作时间，相应的资料收集可能会占半天。

例如，现需构思一种黑暗怪物，其特征为：身高 190 cm，体重 80 kg 左右；是龙与人的结合体，以群居为主，厌恶所有人类；喜欢用自己的利爪挖取猎物的心脏为食；身手敏捷，性格残暴，多动，叫声沙哑尖锐。明确以上需求后，便可以根据构思的内容寻找相关的参考，在此例中搜集到的素材如图 1-5-1 所示。

图 1-5-1

二、用剪影来构思设计

在创作之初，可以从外形轮廓剪影做起，如图 1-5-2 所示。有了基础的剪影后，设计的灵感将由此慢慢产生。

图 1-5-2

剪影的绘制能更加直观地表现出绘画思路，更好地把控整个画面的布局。书写用纸上的方格可避免写歪的可能性，剪影便类似于纸上的方格，为创作的随意发挥提供了框架。当玩家打开游戏时，映入眼帘的首先是一个朦胧的轮廓，而并非细节。无论是人物还是角色，玩家总会先从整体感受他们的造型，如果对其产生了兴趣，才会再去摸索其中的细节。

因此，在构思一个新的设计时，将绘制剪影作为第一步，不仅可以快速打开思路，还可以帮助设计师迅速地罗列出一系列的设计方案，为后面的步骤做准备。

1. 剪影绘制方法

正极剪影绘制法是一种最简单且常用的方法，这种方法易上手，不需要表现太多的明暗层级关系，只需用不带透明度和压感的笔刷便可以进行。此方法不需要勾勒细小线条，只要剪影绘制好，整个的设计构思就已经完成了 20%，虽然呈现的是简单的黑白剪影，但它却是决定最终效果的基础。

2. 设置笔刷

打开“画笔”或使用快捷键 B 键选择默认圆头笔刷。正极剪影绘制法对笔刷并没有严格的要求，因此可直接选择圆头尖角笔刷。

或者可以通过菜单“窗口”→“画笔”调出面板，对笔刷进行设置，调整出合适的笔刷，如图 1-5-3 所示。

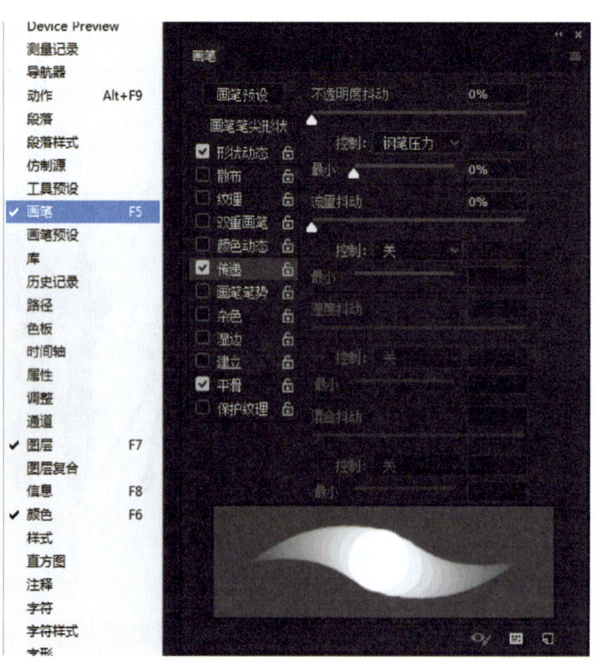

图 1-5-3

经过设置的笔刷，会出现两种效果：一种是不带传递效果，这类笔刷的压感只带来粗细变化；另一种是带传递效果，这类笔刷不仅带有粗细变化还带有浓度变化，如图 1-5-4 所示。

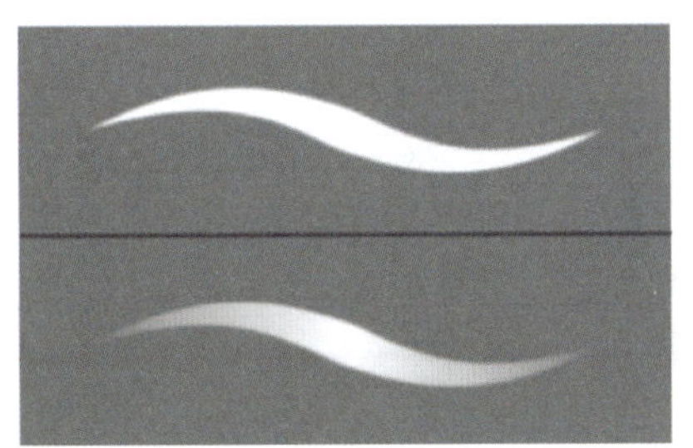

图 1-5-4

三、构造曲线网格形态

确定剪影后，在剪影的基础上去挖掘各个位置的元素，比如头盔、胸甲和靴子等，要在脑海中对这些元素进行整理分类，同时用一些线条为其外形骨架划分出结构。曲线网格可以在拆分元素的同时设计线条的走向和长短。

曲线的设计要符合物体的物理运动形态，如图 1-5-5 所示。在设计的过程中，如果设计师没有主动地考虑并带入物体的特性去设计分形与走向，那么不管是设计的轮廓还是内容，都会使人感觉到些许的别扭和不协调。因此，在设计之初，首先应当去考虑该设计的分形和走向是否符合自然规律。

图 1-5-5

在为一个角色设计剪影时，不仅要考虑到角色的结构形体，还要考虑到他的身份和招式。人的四肢、脖子和腰可以近似地看作圆柱体，在设计这些位置时大多使用螺旋式的网格线，如图 1-5-6 所示。在设计角色部位时理解线条的走向，不仅可以充分地发挥网格分形艺术的表现力，还可以让设计工作事半功倍。

图 1-5-6

四、结构与设计的穿插

绘画这门技术，听起来似乎很容易，真正实践起来却非常困难。大部分初学者会觉得学习人体结构无聊枯燥，不愿意在上面花过多的精力，或是觉得自己已经掌握人体结构、透视原理和色彩搭配等知识，在实际运用时却常常犯错。在绘画中要学会分层去思考、去整合，学会结构与设计的相互穿插，否则，即使知道需要分形绘画，效果也不会理想。

对画面整体感觉不满意通常并不是因为绘画技术不足，而是因为对结构的理解不到位，所以，在设计前需要做到心中有结构，仔细考虑人体比例是否正确、肌肉面积比例是否协调、肌肉的夸张程度是否合适、面部表情、头发走向，以及服饰佩戴等内容。如果没有综合考虑上述设计内容，即使设计的东西再多、再好，整张图的效果也会不尽人意。

如果一张设计作品需要靠细节的堆砌来掩盖形体基础的薄弱和缺陷，以及理解的偏差，便不会是一张好作品。在装备设计上，设计师不仅要考虑角色站立时的装备剪影，还要考虑它们处于别的姿态时设计是否合理。所以，如果没有结构来支撑设计，那么整张图只能是个花架子，中看不中用。

课题 6
案例——角色设计

课题目标

能以鹿人为例完成“草图—上色—细化—三视图”的设计过程。

在设计一个角色之前，需要做一些准备工作。

首先，在角色特征的把控上，角色定位是比较重要的一个环节。通过仔细分析策划方案中角色的背景故事，可以了解到角色的时代、种族、性格、年龄和职业等一些对设计有用的信息，在了解到这些信息后，便可以更好地为角色定位。

角色的定位包含以下几个方面：

（1）他的背景、剧情。

（2）他是为“谁”设计的角色。

（3）他是用于“何处”的角色。

（4）他是为“何”设计的角色。

（5）他的社会性。

其次，通过对策划方案内容的反复研究，确定角色的职业定位。设计游戏中的职业一般不会过多考虑其现实作用，所以设计时更多考虑的是该职业的定位。一般来说网络游戏中有三大职业定位：第一种是坦克、肉盾型，用于承受主要伤害和保护队友，例如战士和圣骑士；第二种是输出伤害型，打击目标，例如法师和猎人；第三种是辅助型，用于治疗，给队友提供增益，例如牧师和祭司。

除了职业定位之外还有种族上的定位，例如人类、精灵、矮人、兽人或亡灵等。

考虑清楚以上内容之后便可以开始绘制。

一、利用结构绘画

1. 绘制角色形体剪影

为了更好地把握形体关系，需要用剪影去快速地概括出形体。首先可以用一个三角形来确定角色头的大小及位置，确定头的大小有助于更好地观察角色的头身比例。从头部到躯干和四肢的延伸部分可以概括地用几笔绘制，重点把控整体的总关系，如图 1-6-1 所示。

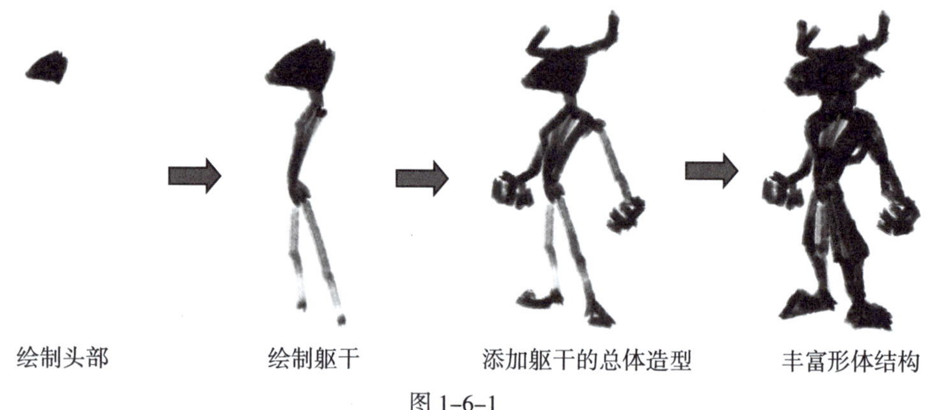

图 1-6-1

2. 处理并新建图层

将以上绘制好的图层的不透明度调到 50%，再新建一个图层，如图 1-6-2 所示。

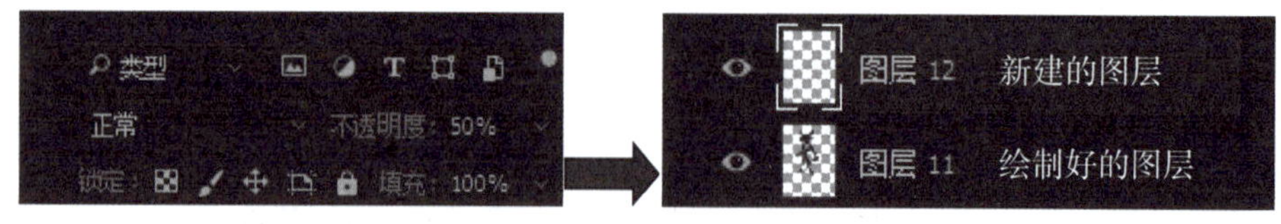

图 1-6-2

3. 绘制角色设计草图

用较细的笔刷来确定角色大的体块，如图 1-6-3 所示。

4. 完成

至此，该角色的基本设计草图就算完成了。在此阶段可以大概地看出草图用线条的方式概括了角色每一个部分的结构关系。

图 1-6-3

二、整理绘制线稿

1. 整理草图

以上绘制是采用线稿的方式来描述角色具体的形体，在整理草图这一步需要更加谨慎地去推敲各个结构间的穿插和透视关系，在草图的基础上细化出最终线稿。在线稿绘制中要灵活调整线条的粗细，如图 1-6-4 所示。

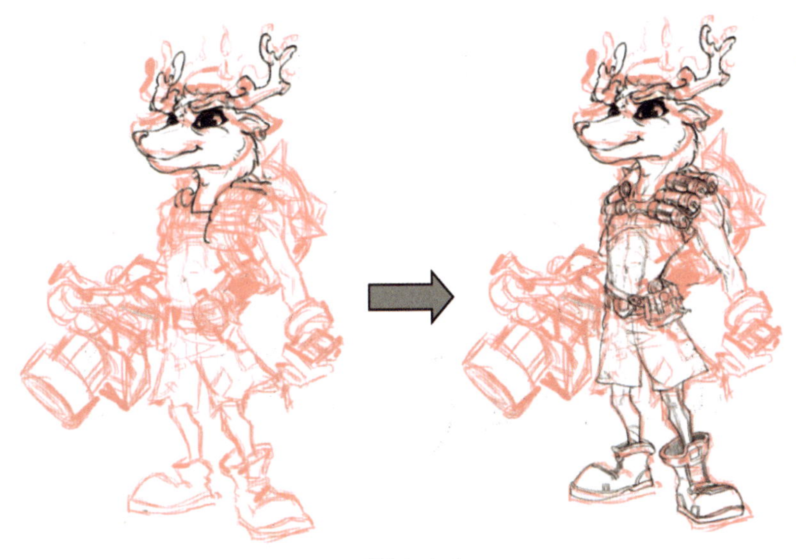

图 1-6-4

2. 找合适的参考

在绘制时需要寻找参考作为辅助，如图 1-6-5 所示。大多数时候灵感会来自于大量的参考，参考越多灵感也会更加具体，进而为绘制提供帮助。

图 1-6-5

3. 绘制五官

使用缩放工具放大参考图和线稿以绘制五官，如图 1-6-6 所示。

图 1-6-6

4. 绘制武器

对武器进行设计绘制，注意透视关系，可适当添加符合角色特征的小道具，如图 1-6-7 所示。

图 1-6-7

5. 绘制道具

对角色的腰带和挎包等道具进行设计，这需要对人体的结构有较深刻的理解，被装备遮挡的地方虽然没有呈现在画面上，但也需要在脑海中进行想象，如图 1-6-8 所示。

6. 调整与组合

线稿的绘制从角色的剪影草图开始，一步步地进行调整与组合，角色也越来越明朗，如图 1-6-9 所示。其中，鞋子的设计要特别注意结构，此处的鞋子进行了适当的夸张处理。

图 1-6-8

图 1-6-9

三、基础配色

1. 选区

线稿完成后便可以开始进行简单的配色。使用魔棒工具，勾选上“连续”选项 消除锯齿 连续，选中线稿以外的空白区域，按住 Shift+Ctrl+I 键进行反选，填充灰色，要确保灰色区域没有超出线稿，如图 1-6-10 所示。

图 1-6-10

2. 关联图层

灰色区域将成为之后上色的规定区域，新建一个图层，按住 Alt+ 鼠标右键点击两图层的中间，便可以使新图层与下面的灰色图层关联在一起，这样可以避免绘制到灰色区域之外。

3. 铺色

首先铺肤色，然后铺角色中占较大面积的颜色和次要颜色，最后增加点缀色，如图 1-6-11 所示。

图 1-6-11

4. 完成

至此，基础配色便完成了。上色时要注意不宜过多使用同一纯度的颜色，颜色要有主次之分，通常情况下选择 3 ~ 5 种颜色来进行搭配，搭配时要注意明确主色调。如果最终配色效果不理想，可以通过“图像”→“调整”→“色相 / 饱和度”来对颜色进行调整，如图 1-6-12 所示。

图 1-6-12

四、绘制明暗

1. 复制并调整图层

复制出三个灰色图层，分别将它们的图层模式调整为“正常”“正片叠底”和“颜色减淡”模式，如图 1-6-13 所示。

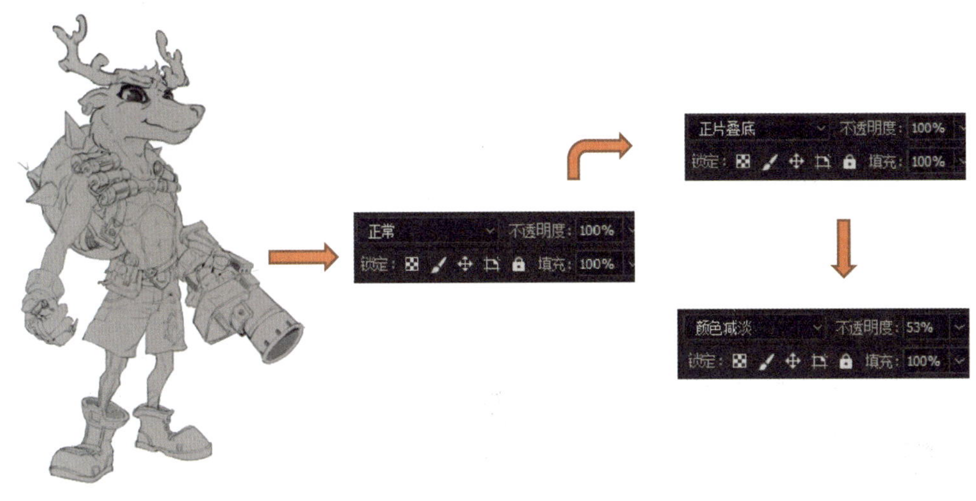

图 1-6-13

2. 蒙版

在“正片叠底”图层点击下方“蒙版”，将蒙版填充黑色，在“颜色减淡”图层也进行同样操作。操作完成后会发现灰色图层又回到了原来的灰度，这是因为蒙版中的黑色表示不显示该区域，可以理解为对当前图层的遮盖，当在蒙版上绘制白色时，当前图层被黑色遮盖的区域便会显示出来，这样做的目的是提取出暗部和亮部。提取的方法有很多种，此处只展示其中一种方法，即选择“正片叠底”的蒙版，选择画笔颜色为白色来进行绘制。

3. 绘制暗部

在绘制暗部时要注意整体的统一性，此处若将光源拟定在角色的左上角，则角色的右下角属于暗部区域。暗部绘制完成后，可以隐藏“正片叠底”图层下面的“正常”灰色图层来观察效果，如图 1-6-14 所示。

4. 绘制亮部

如果光源在左上方，那么角色的亮部也在左上方。亮部是小块的面，离光源越近亮度越高，如图 1-6-15 所示。

图 1-6-14

图 1-6-15

五、笔刷的应用

笔刷设置不仅可以应用在画笔工具上，还可以应用在橡皮擦工具和涂抹工具等可以添加笔刷的工具当中，画笔的设置面板如图 1-6-16 所示。

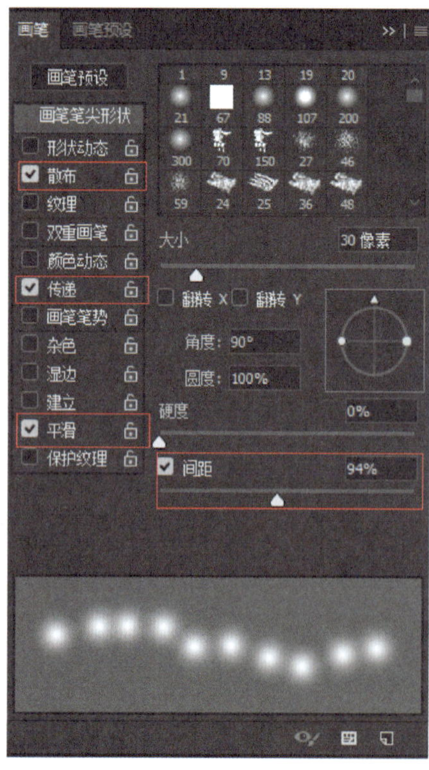

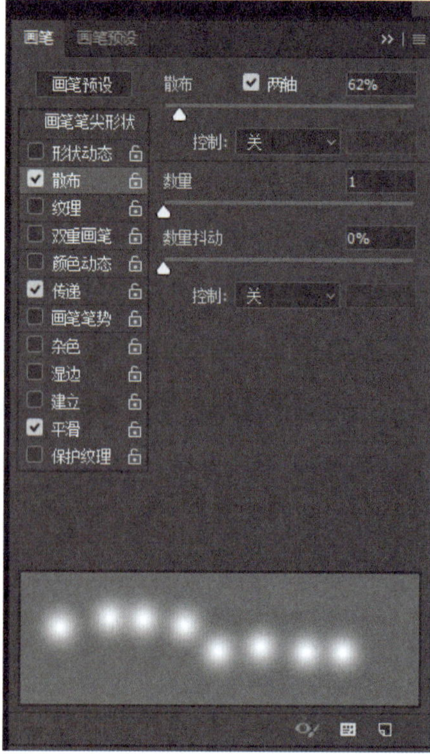

图 1-6-16

六、细化

1. 细化暗部

选择设置好的涂抹笔刷，并将其强度调至 20% 左右。暗部的细化要在蒙版中进行，如图 1-6-17 所示。

图 1-6-17

2. 细化亮部

用同样的方法细化亮部，在亮、暗部细化好之后，使用组合快捷键 Ctrl+Alt+E 键合并除背景以外的所有图层，以得到一张新的图层，便可以进行后续步骤。

3. 调整色相 / 饱和度

若在绘制中发现暗部的颜色偏灰，可以选出需要调整的部分，按住 Ctrl+B 键应用色彩平衡来进行调整，也可用 Ctrl+U 键来调整明度和饱和度，如图 1-6-18 所示。

4. 提亮

新建图层，将图层模式改为“颜色减淡”，画笔选择柔边 300 号，选取颜色来进行整体提亮。

5. 修正明暗关系

调整图层的透明度，选取橡皮擦工具，擦除画面中的暗部区域来修正明暗关系，在完成后合并图层。

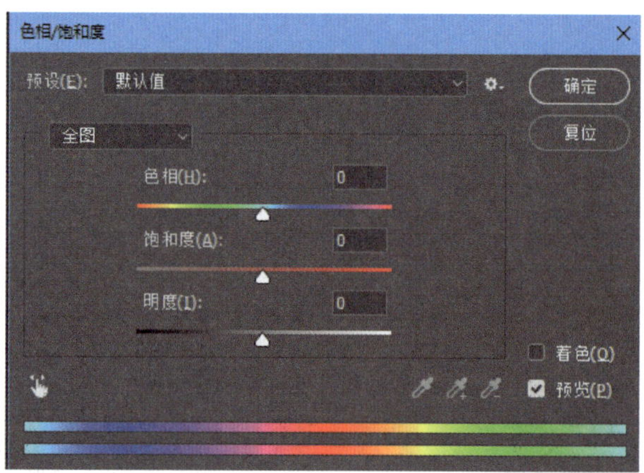

图 1-6-18

6. 刻画结构点

角色的结构点可以呈现出略微血色，从而使皮肤有透气感，使用的笔刷“模式”应为“柔光”。

7. 刻画细节

使用正常硬边 19 号笔刻画细节，需要特别注意形体边缘的结构点。

8. 刻画五官

对眼睛和眉毛等部位进行刻画，如图 1-6-19 所示。注意要整体地去进行刻画，若对脸部的刻画把握不准确，可以适当地找一些参考。

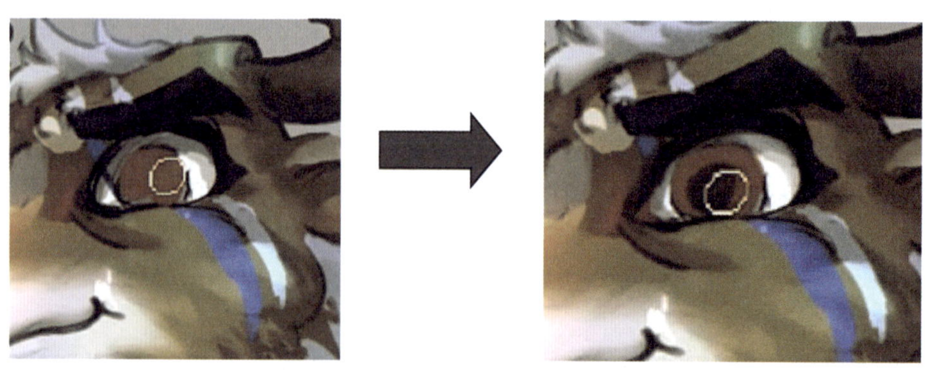

图 1-6-19

9. 刻画特殊材质

金属材质的刻画要注意质感，尤其是高光的绘制，如图 1-6-20 所示。布料的刻画要注意褶皱的方向。

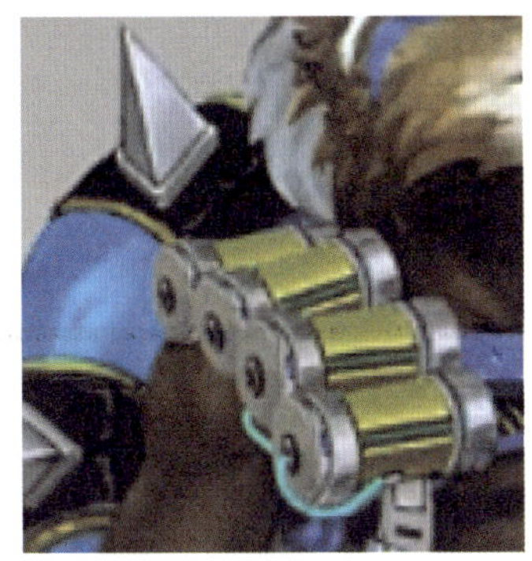

图 1-6-20

要处理整齐武器轮廓，如图 1-6-21 所示，注意特殊材质的表现。

10. 添加边缘光

添加边缘光，如图 1-6-22 所示。

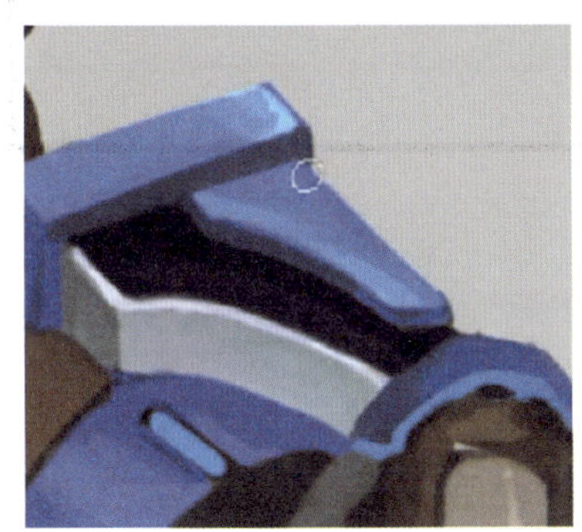

图 1-6-21

图 1-6-22

11. 完成

至此，角色便绘制完成，如图 1-6-23 所示。

图 1-6-23

七、绘制三视图

三视图属于角色转面图，通常分为正面、45 度侧面和侧面或者正面、侧面和背面这两种方式。在团队制作中，为了保证模型师所建造的模型风格统一且形体准确，便需要给角色一个标准的全方位造型。三视图也可以给后期制作起到示范作用。

1. 作标尺

在角色图的头、颈、肩、关节和重要的装备等细节部位以水平线作出标尺，如图 1-6-24 所示。

图 1-6-24

2. 绘制正面

先绘制出正面的剪影，然后调整图层透明度，新建一个图层，再在剪影上进行草图绘制。对称的部位可以先完成中线一侧的绘制，然后通过复制翻转来完成另一侧，如图 1-6-25 所示。合并图层，将其透明度调整至 50% 左右，然后新建图层进行勾线操作。

3. 绘制侧面

侧面的绘制步骤与正面的相同，如图 1-6-26 所示。

4. 绘制背面

背面可通过修改正面的剪影来绘制，步骤同上。

图 1-6-25

5. 完成

至此，三视图的绘制完成。绘制三视图的过程中一定要注意在不同视角下装备的位置要一致，如图 1-6-27 所示。

图 1–6–26

图 1–6–27

八、拆分道具

在角色三视图绘制完成后，需对一些比较重要的道具进行标注和拆分绘制。本案例对角色身后的背包进行了拆分绘制，在绘制时应先做出草图，再进行整理提炼，最后绘制出完整道具图，并注意背包的结构透视，如图 1–6–28 所示。

九、收尾

在三视图及道具绘制完成后，进入收尾工作。将角色不同角度的图摆放在一张图中，删除多余图层，并将道具拆分图摆放到三视图中，如图 1–6–29 所示。

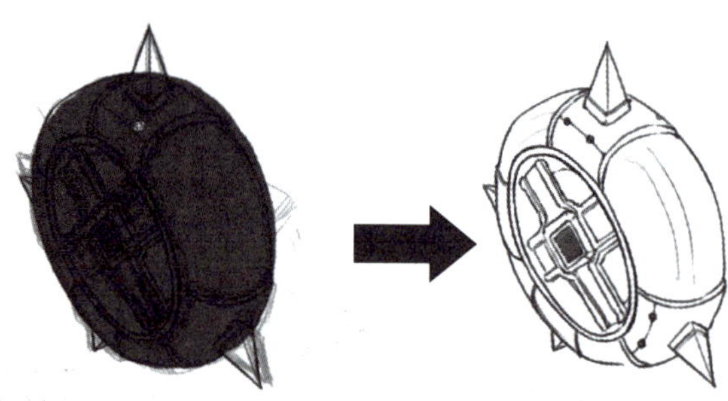

图 1-6-28

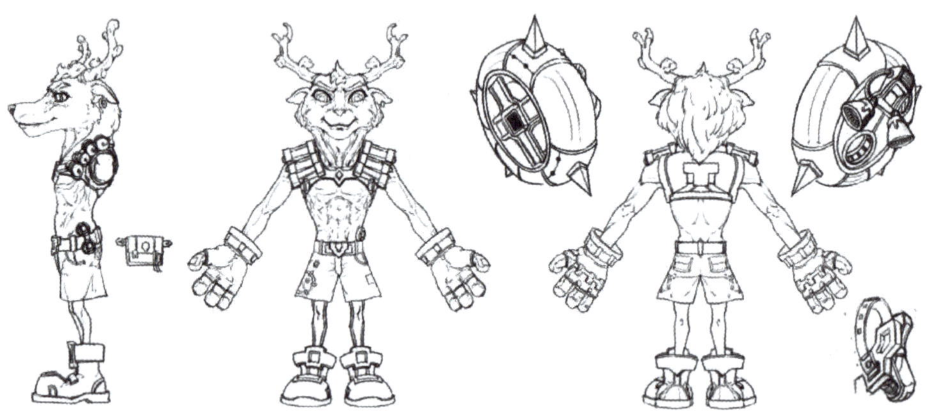

图 1-6-29

项目二 3D建模和UV拆分

如何把

原画

转化成

“模型”

课题 1
Maya 的界面与功能

熟悉 Maya 软件的界面组成与功能。

一、Maya 界面概述

Maya 2018 的主界面如图 2-1-1 所示，在 Maya 的主界面中，最基本的操作有以下几种。

1. 平移工具为 Alt+ 鼠标中键；翻滚工具为 Alt+ 鼠标左键；推拉工具为 Alt+ 鼠标右键。

2. “建模”菜单集如图 2-1-2 所示，包含用于制作模型的各类菜单。

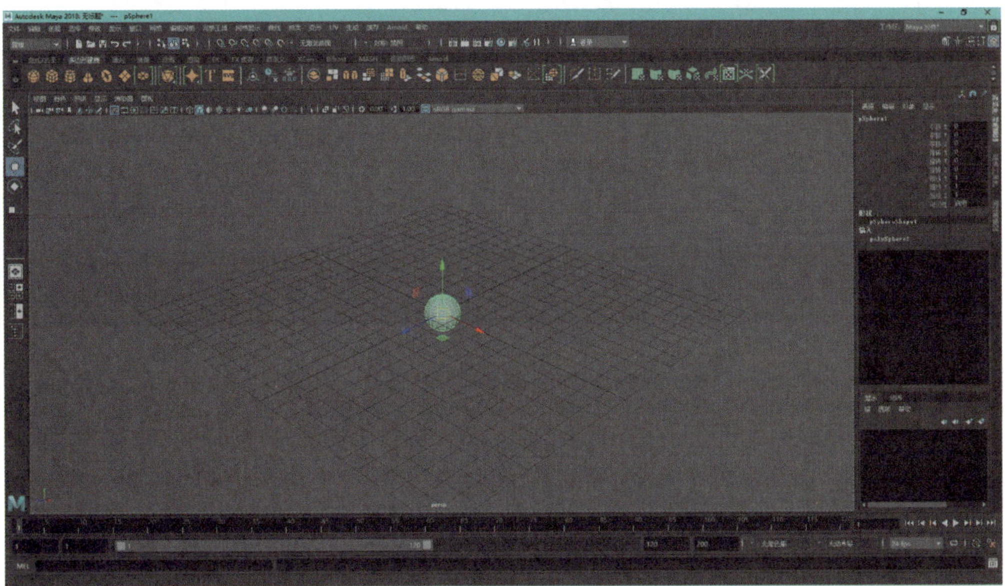

图 2-1-1

图 2–1–2

3. “装备”菜单集如图 2–1–3 所示，包含用于骨骼绑定的“骨架”“约束”和“控制”等菜单。

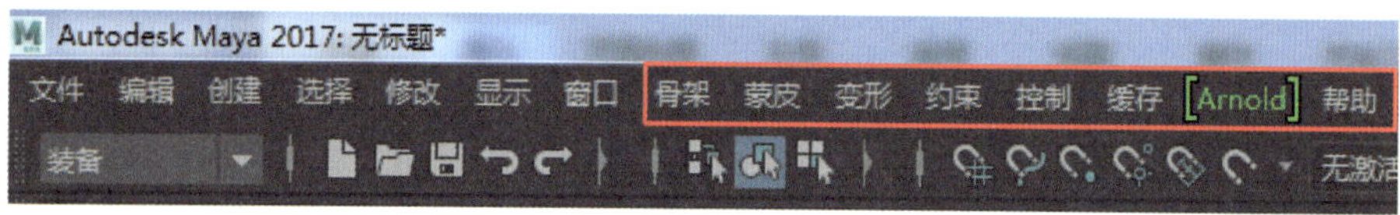

图 2–1–3

4. “动画”菜单集如图 2–1–4 所示，用于调整动画。

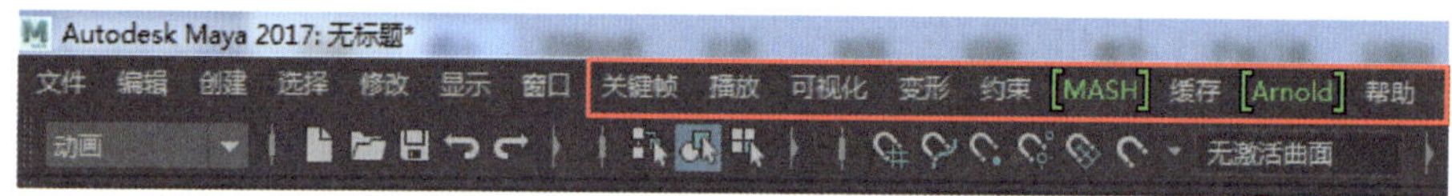

图 2–1–4

5. “FX”菜单集如图 2–1–5 所示，用于制作特效，如粒子和流体等。

图 2–1–5

6. “渲染”菜单集如图 2–1–6 所示，用于渲染效果和制作灯光等。

图 2–1–6

7. 公共菜单栏如图 2–1–7 所示，公共菜单栏是所有模块共同拥有的，不管切换到任何模块它都会显示在界面上。

8. 选择模式菜单如图 2–1–8 所示，从左往右依次是“层次”“对象”和“组件”按钮。

图 2-1-7

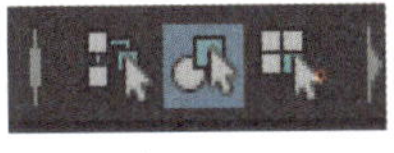

图 2-1-8

9. 渲染按钮如图 2-1-9 所示，当对场景和人物进行渲染时，需要用到这几个按钮。

图 2-1-9

10. 多边形建模部分如图 2-1-10 所示，Maya 作为一款 3D 制作软件，在行业内具有极高的地位，很多影视公司也在使用它，本书将着重讲解其建模模块的相关知识。

图 2-1-10

多边形建模工具栏如图 2-1-11 所示，它包含一些常用的工具快捷按钮。

图 2-1-11

11. 时间滑块如图 2-1-12 所示，用于动画制作。

图 2-1-12

12. 通道盒如图 2-1-13 所示，在右边的输入框中输入参数，便可以精准地操控模型的平移、旋转和缩放。

13. 历史记录如图 2-1-14 所示，可用于查看制作过程中操作的历史记录。

14. 在制作过程中，选择、移动、旋转和缩放这四种操作的使用是很频繁的，熟记它们的快捷键有助于提高工作效率。选择的快捷键为 Q，移动为 W，旋转为 E，缩放为 R。

15. 快速布局按钮和大纲视图按钮如图 2-1-15 所示。

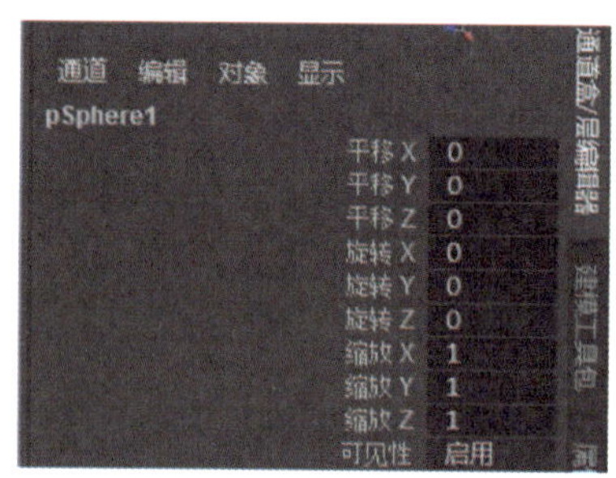

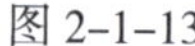
图 2-1-13

图 2-1-14

一个窗格
四个窗格
两个窗格
大纲视图

图 2-1-15

二、常用快捷键

1. 键盘数字类

粗糙质量显示设置——1；中等质量显示设置——2；

平滑质量显示设置——3；线框——4；着色显示——5；

着色且带纹理的显示——6；使用所有灯光——7。

2. 键盘字母类

在活动面板中框显所有内容——A；在活动面板中框显选定项——F；

选择工具——Q；移动工具——W；旋转工具——E；缩放工具——R；

捕捉到栅格——X；捕捉到点——V；捕捉到曲线——C；

修改高端笔刷半径——B。

课题 2
Maya 多边形建模

课题目标

1. 明确多边形建模的概念。
2. 能使用多边形建模工具栏处理模型。

一、多边形建模的概念

如图 2-2-1 所示，多边形建模也可称为 Polygon 建模，是目前三维软件的两大流行建模方法之一，与之相对应的是曲面建模（NURBS）。多边形建模创建的物体表面由直线组成，其在建筑行业应用较为广泛，例如用于室内设计和环境艺术设计。

图 2-2-1

多边形建模是一种使模型对象转化为可编辑的多边形对象，然后通过对该多边形对象的各种子对象进行编辑和修改来实现的建模过程。可编辑的多边形对象包含节点（vertex）、边界（edge）、边界环（border）、多边形面（polygon）和元素（element）五种子对象模式，与可编辑网格相比，可编辑多边形展现了更大的优越性，即多边形对象的面不仅可以是三角形或四边形，还可以是任何具有多个节点的多边形。

多边形建模在早期主要用于游戏行业，现在被广泛应用于电影等行业。多边形建模已经成为 CG 行业中能与 NURBS 并驾齐驱的建模方式。

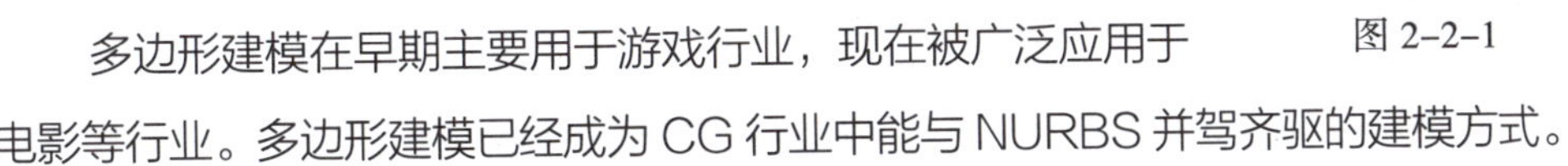

一方面，从技术角度来看，多边形建模比较容易被掌握，在创建复杂表面时，其细节部分可以任意加线，这使它在建造结构穿插较复杂的模型时体现出优势。另一方面，多边形建模不像 NURBS 那样有固定的二维纹理坐标（UV），而是可以在

贴图工作中对 UV 进行手动编辑，以防其出现重叠或拉伸等现象。

多边形建模的相关概念如下：

1. 多边形——由多条边围成的闭合路径所形成的面。
2. 节点——线段的端点，构成多边形的最基本元素。
3. 边界——连接两个多边形节点的线段。
4. 面（face）——由多边形的边围成。

Maya 允许 3 条及以上的边构成一个多边形面。三角形面是所有建模的基础，在渲染前每种几何表面都会被转化为三角形面，这个过程被称为镶嵌。一般情况下建模应尽量使用三角形或四边形面。

5. 法线（normal）——表示面的方向。法线朝外的一面是正面，反之是背面。节点也有法线，均匀或打散节点法线可以控制多边形外观的平滑程度。

模型有多边形、曲面和细分表面三种类型，如图 2-2-2 所示。多边形可控性强且易操作，但精度高时面数较多；曲面难操作，但不变形且面数少；细分表面介于多边形和曲面之间，但逐渐融合进了多边形建模模块。

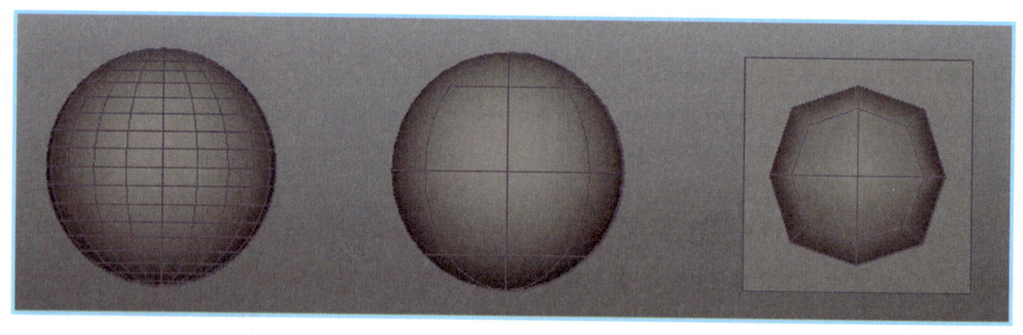

多边形 polygon　　曲面 NURBS　　细分表面 subdivison

图 2-2-2

二、多边形建模的基础知识

1. 对多边形点、线和面的要求

（1）模型制作过程中对点、线和面的要求是非常严格的，模型的面数不宜过多，应注意控制，渲染引擎对四边形面的支持最为理想。

（2）在对生物建模时，尽量减少三角形和五边形的使用，在面部和关节处，一般情况下禁止使用这些形状，因为这些部位在运动时需要变形。

（3）若游戏引擎只支持三角形，那么模型在导入引擎前需要被转化，在模型制作时可使用三角形和四边形，但不允许有四条边以上的多边形出现。

（4）不同平台的游戏对面数均有严格的要求。

（5）建模时不允许出现重叠面、扭曲的面，以及无用的点、线和面。

2. 对物体设计的要求

如图 2-2-3 所示，在模型制作过程中，可通过选择一个多边形物体然后点击鼠标右键来弹出菜单。

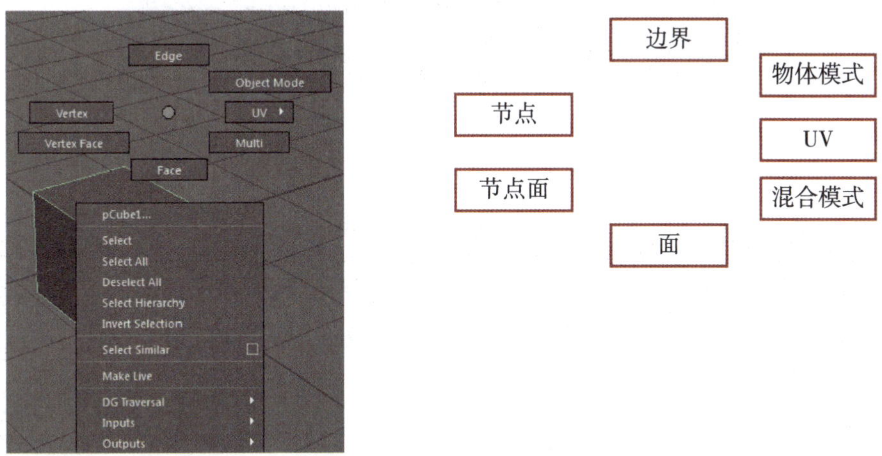

图 2-2-3

在制作道具模型时，要注意造型的准确性，可使用少量的线对结构进行概括，如图 2-2-4 所示。

图 2-2-4

三、多边形建模工具的功能介绍

1. 创建多边形基本体

点击多边形建模工具栏中的图标可以创建出相应的多边形基本体，如图 2-2-5 所示。创建以后，可以在多边形基本体的属性栏更改它的长、宽、高以及线段数量，如图 2-2-6 所示。

图 2-2-5

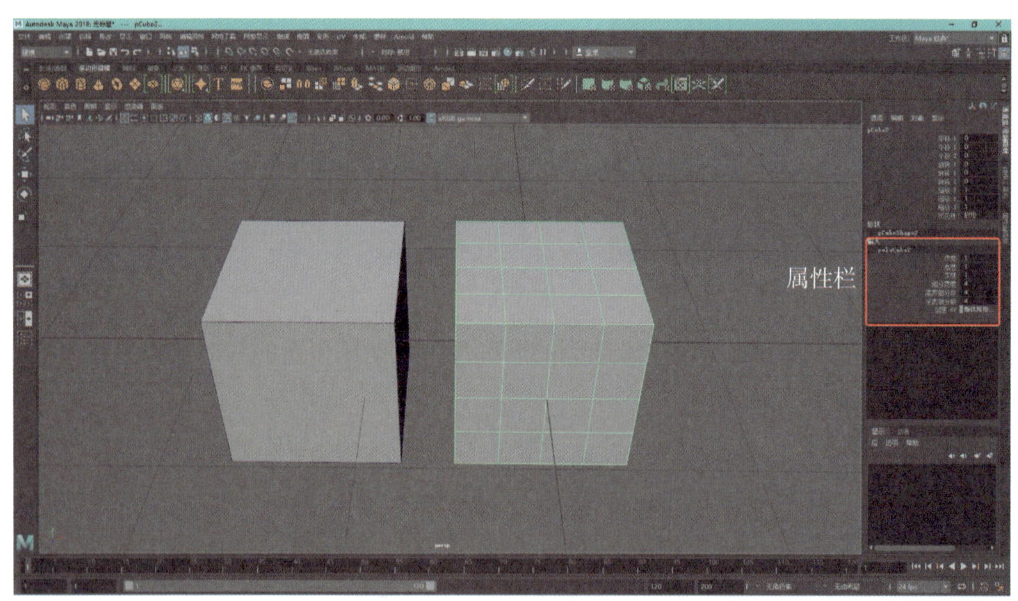

图 2-2-6

2. “结合”

将两个或多个多边形网格组合到一个网格中。

3. “分离”

将没有进行点合并的物体分离为单独的网格。

4. “镜像几何体”

沿着某个轴镜像复制物体。

5. “平滑”

选中多边形，点击该图标可添加新的多边形以使其平滑。

6. “减少”

选中多边形，点击该图标可使多边形面数减少。

7. “细分曲面代理”

选中代理的物体，点击该图标可增加多边形。

8. “多切割”

自由地在多边形上切线。

9. “挤出”

挤出多边形的点、边或面。

10. “桥接”

在两个面或边之间创建面进行桥接。

11. “倒角”

选定面或边进行倒角。

12. “点合并”

将多边形的点与点进行焊接。

13. “目标焊接”

选定一个点或边并往另一个点拖拽以将其焊接。

14. “翻转三角形边”

翻转两个三角形边的方向。

15. “收拢”

收拢选定的边或面。

16. “提取”

选定某些多边形面，将它们从物体上提取出来成为另一个物体。

课题 3
Maya 建模布线

课题目标

1. 掌握角色模型布线的规范。
2. 能按照角色模型布线的规范进行布线。

一、人物头部布线

制作角色模型时，要注意布线的合理性，做到让线跟着结构走。特别是在头部布线时，因为表情动画对布线的要求较高，应尽量使用四边形，如图 2-3-1 所示。

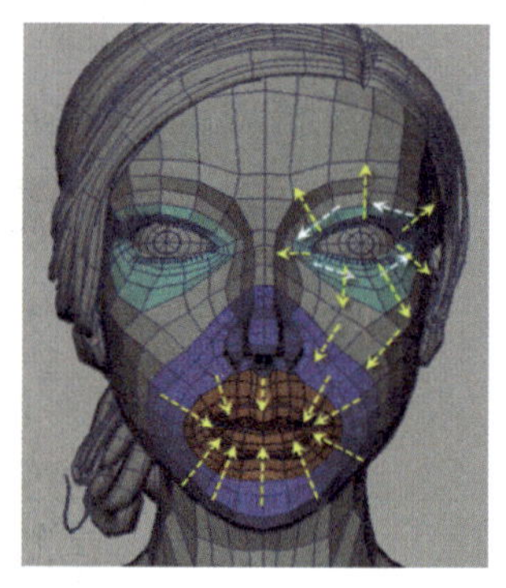
图 2-3-1

二、人物身体布线

身体布线除了要按照结构走，还要满足动画的要求，在关节处要多布线，如图 2-3-2 所示。

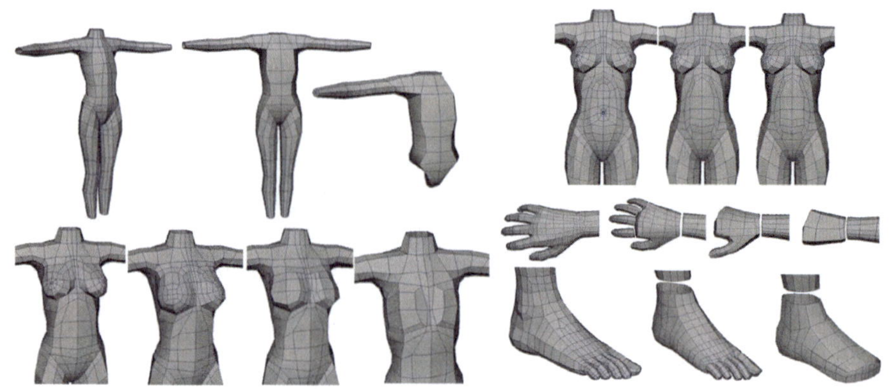
图 2-3-2

三、人物四肢布线

制作人物四肢的时候要注意对关节的处理，在关节处需要预留足够的线，以避免制作动画的时候模型变形，如图 2-3-3 所示。

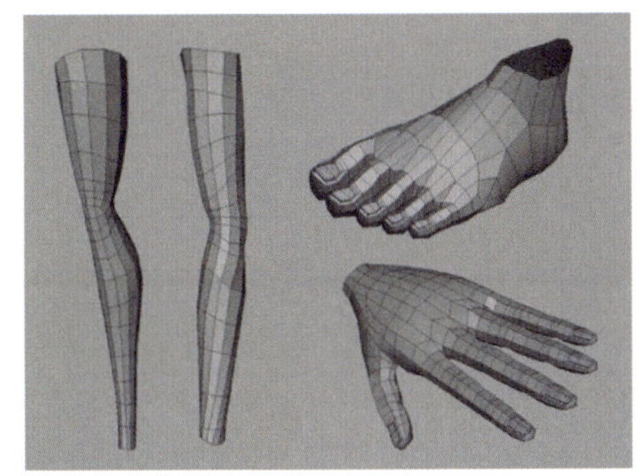
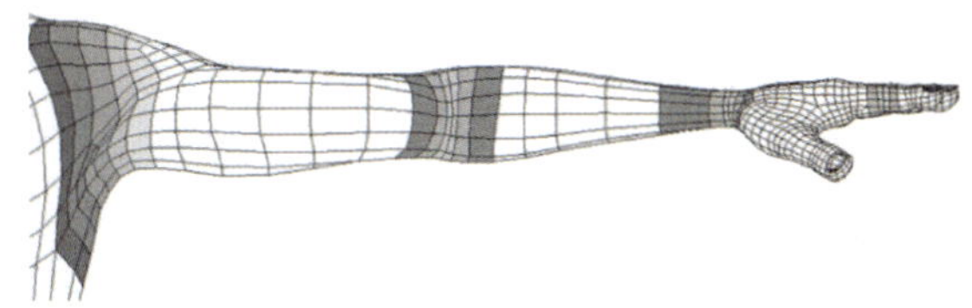

图 2-3-3

四、道具的布线

道具的制作也是很讲究的。在做好道具外形之后，需要在其硬边转折的地方加上两条线或者倒角，这样才能保证模型在平滑处理后不会变形，如图 2-3-4 所示。

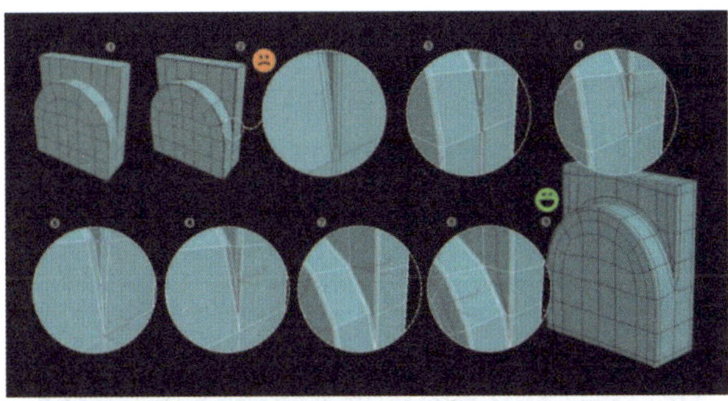
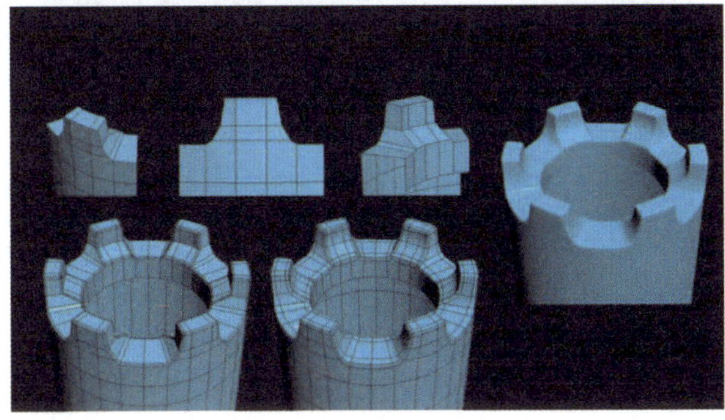

图 2-3-4

课题 4
UV 的使用

课题目标

1. 理解 UV 贴图的定义。
2. 能使用 Maya UV 编辑器展开 UV。
3. 能使用 Maya UV 编辑器分配 UV。

一、UV 贴图的定义

UV 是驻留在多边形网格节点上的二维纹理坐标，它定义了一个二维纹理坐标系，即 UV 纹理空间，这个空间用 U 和 V 两个字母来表示坐标轴。UV 纹理空间被用于确定如何将一个图像纹理贴图放置在三维模型的表面上，如图 2-4-1 所示。

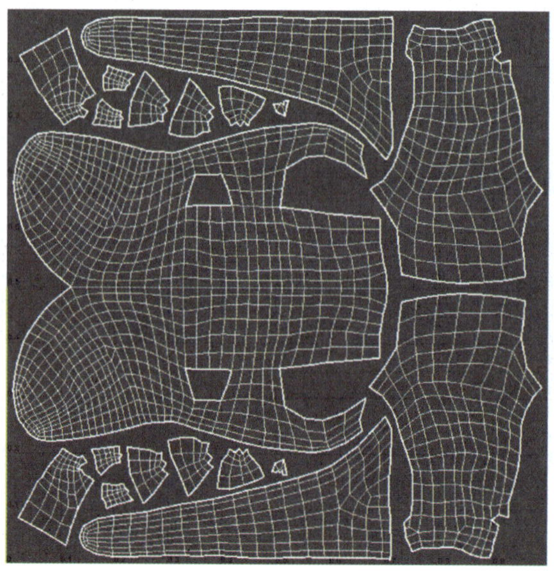

图 2-4-1

二、Maya UV 编辑器的界面

在多边形建模工具栏中点击图标打开 UV 编辑器，如图 2-4-2 所示。

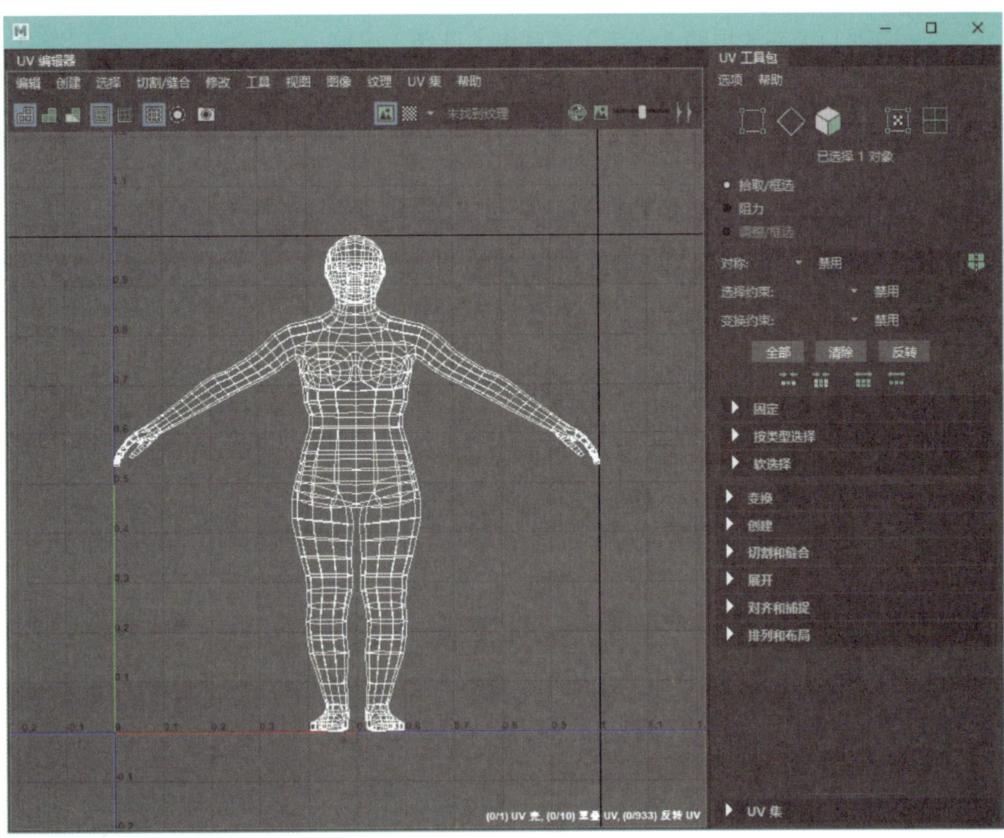

图 2-4-2

其菜单栏如图 2-4-3 所示。

图 2-4-3

其视图栏如图 2-4-4 所示。

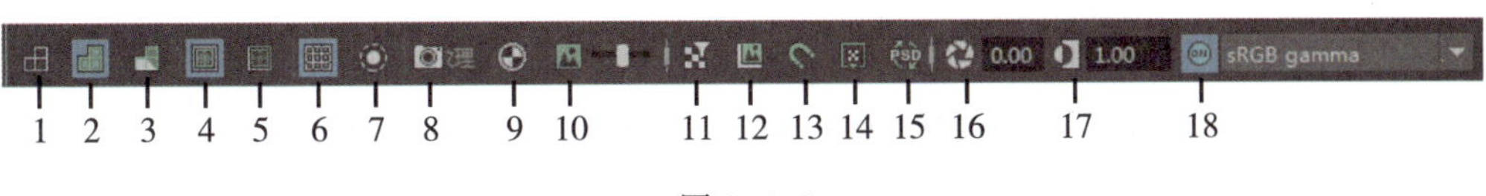

图 2-4-4

视图栏中 18 个按钮的功能如下：

1. 将 UV 壳显示为未着色的线框。
2. 使用半透明着色显示 UV 壳，以识别 UV 是否重叠或反转。
3. 识别 UV 壳的拉伸（红色）或压缩（蓝色）区域。
4. 将 UV 壳纹理边界显示为加粗的效果。
5. 切换选定 UV 壳边界的着色。
6. 将每个选定 UV 移动到 UV 纹理空间中距离其最近的栅格交点处。
7. 单独显示选定 UV 或当前 UV 集中的 UV。
8. 将当前 UV 布局的图像保存到外部文件中。
9. 显示通道。
10. 暗淡图像。
11. 过滤图像。
12. 使用图像比，在显示方形纹理空间和显示与该图像具有相同的宽高比的纹理空间之间进行切换。
13. 捕捉像素。
14. UV 编辑器烘焙。
15. 更新 PSD 网络。
16. 调整显示亮度。
17. 调整要显示的图像的对比度和中间调亮度。
18. 变换视图。

UV 工具包如图 2-4-5 所示。

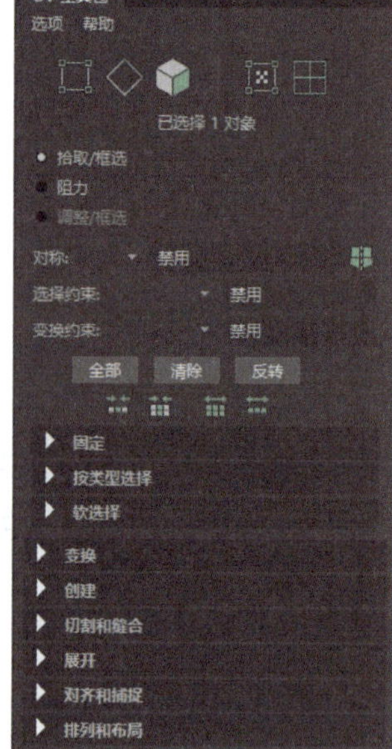

图 2-4-5

三、Maya UV 编辑器的功能

1. “平面”

使用平面投影为选定对象创建 UV 纹理坐标，此功能适合相对平坦或从摄像机角度完全可见的曲面对象。

2. “圆柱形”

使用圆柱形投影为选定对象创建 UV 纹理坐标，此功能适合完全封闭且曲面上完全无孔或投影的圆柱形对象。

3. “球形”

使用球形投影为选定对象创建 UV 纹理坐标，此功能适合完全封闭且曲面上完全无孔或投影的球形对象，其投影形状绕网格折回。

4. “自动”

通过“自动”投影多个平面来选取最佳 UV 放置方式，为选定对象或选定面创建 UV 纹理坐标。

5. “切割工具”

首先要给模型一个平面投影，然后使用“切割工具”在模型上切出需要展开的切口，如图 2-4-6 所示。

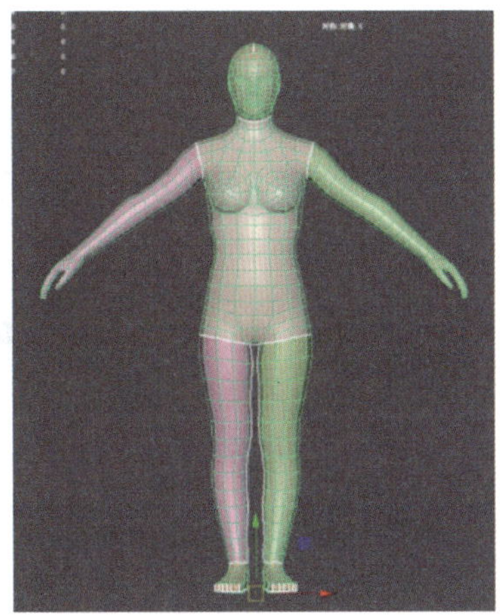

图 2-4-6

四、UV 的展开

1. 右键点击模型，选中“UV 壳”，按住 Shift+ 鼠标右键，然后点击“展开”，如图 2-4-7 所示。

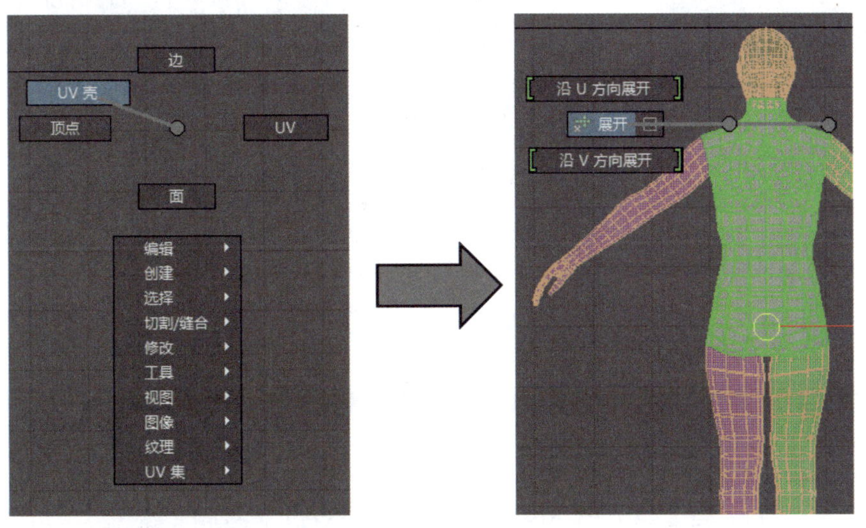

图 2-4-7

2. 展开模型后可以得到模型的 UV 平面图，此时 UV 都是随意排列在一起的，如图 2-4-8 所示，需要通过手动或者自动排列来将它们摆放整齐，以符合游戏行业的标准。

图 2-4-8

3. 若要将 UV 自动排列，需要依次点击“修改”→“排布”，在“壳变换前设置”中的“壳缩放前”选项栏中选择“保留三维比”，如图 2-4-9 所示。

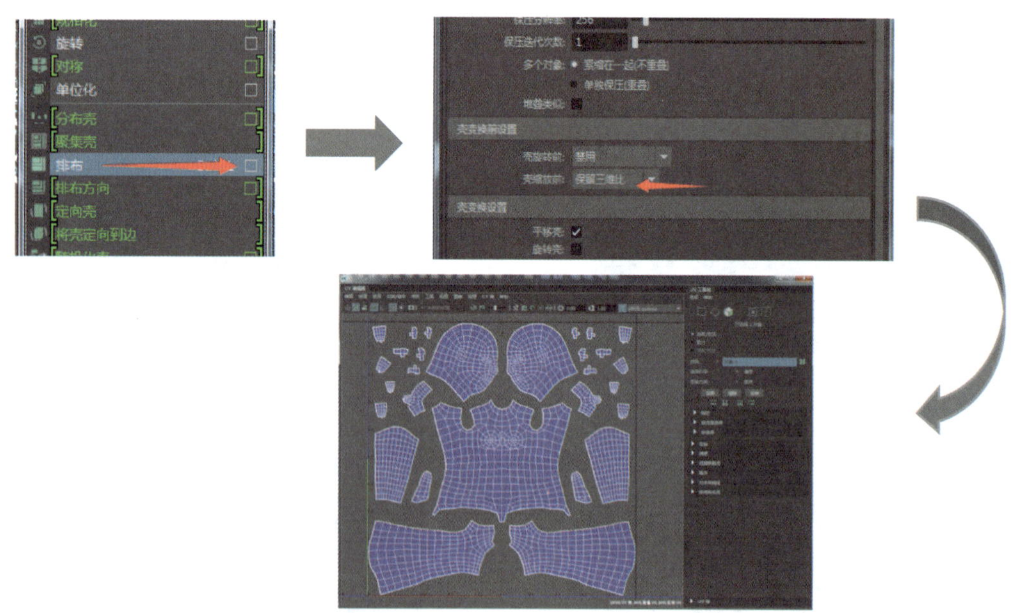

图 2-4-9

4. 打开 UV 编辑器里的“棋盘格贴图”来查看 UV 是否扭曲或拉伸，在 UV 制作过程中需要仔细观察这一项。如果 UV 有扭曲或拉伸的地方，应手动调整，如图 2-4-10 所示。

5. 点击“保存图像”，导出 UV 网格位图。

6. 点击“文件名”选项后方的“浏览”可设置文件名和储存路径，在“文件格式”选项中可选择 UV 的储存格式。

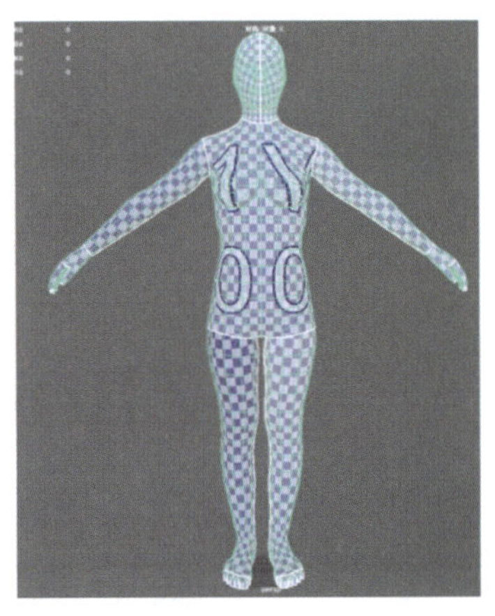

图 2-4-10

五、UV 的分配

在模型的制作过程中要将 UV 摆放整齐，并为其分配合适的像素大小。有些部位需要突出细节，如脸部、头发和上身等。在只允许使用一张贴图的限制下，一般需要适当地减小下身贴图的像素比例，如果允许使用多张贴图，则可以把身体、装备和武器分别设为独立的 UV 贴图，这样可以使角色细节更丰富，但在摆放 UV 的时候应尽量节约 UV 空间，不能随处乱放，浪费空间。UV 错误排列和正确排列的对比如图 2-4-11 所示。

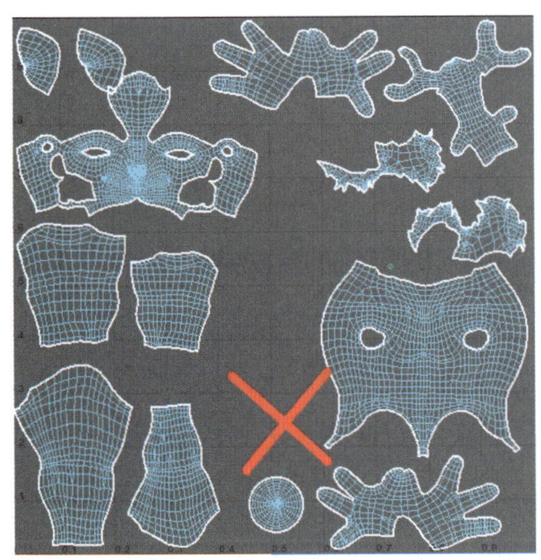

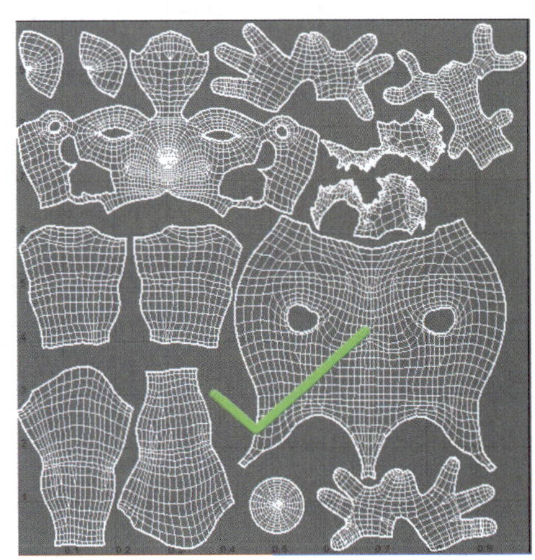

图 2-4-11

课题 5
ZBrush 的功能与界面

课题目标

1. 熟悉 ZBrush 软件的操作界面组成。
2. 熟悉 ZBrush 软件的常用笔刷。
3. 熟悉 ZBrush 软件的常用命令。

一、ZBrush 的功能

ZBrush 是一款数字雕刻和绘画软件，它以强大的功能和直观的工作流程彻底改变了整个 3D 行业。在一个简洁的界面中，ZBrush 为当代数字艺术家冲破了创造力的屏障，ZBrush 以实用的思路开发出的功能组合，在激发用户创作力的同时，也在操作中带给用户非常顺畅的感受。ZBrush 能够雕刻含有高达 10 亿个多边形的模型，使建模的限制只取决于用户自身的想象力。ZBrush 的出现完全颠覆了过去传统 3D 设计工具的工作模式，解放了用户的双手和思维，让他们告别过去那种依靠鼠标和参数来创作的笨拙模式，完全尊重了他们的创作灵感和传统工作习惯。

二、ZBrush 与影视和游戏的结合

ZBrush 非常适合被用于在短时间内制作高细节的模型，在游戏和影视领域里面非常吃香。没有 ZBrush 的参与，高细节模型的创作几乎是不可能的，ZBrush 将三维动画中最复杂、最耗费精力的角色建模和贴图工作变得简单有趣，设计师可以通过手写板或者鼠标来控制 ZBrush 的立体笔刷工具，自由自在地雕刻任意形象。至于拓扑结构和网格分布这类烦琐问题，ZBrush 都可以在后台自动完成。它细腻的笔刷可以轻易塑造出皱纹、发丝、青春痘和雀斑之类的皮肤细节，还有这些微小

细节的凹凸模型和材质。ZBrush 不但可以轻松塑造出各种数字生物的造型和肌理，还可以将这些复杂的细节导出为法线贴图和展开 UV 的低分辨率模型（以下简称低模），这些法线贴图和低模可以被大型三维软件如 Maya、Max、Softimage|Xsi 和 Lightwave 等识别和应用。

三、ZBrush 的操作界面

1. ZBrush 安装完成后会在计算机桌面生成一个 ZBrush 图标，双击它打开软件会出现操作界面，如图 2-5-1 所示。

图 2-5-1

2. ZBrush 界面板块如图 2-5-2 所示。

（1）菜单栏。菜单栏中包含了所有的操作命令，其中，菜单选项按其名称的英文首字母顺序排列，点击菜单选项可以展开其下拉面板。

（2）工具架。工具架包含了一些常用工具，如编辑绘画按钮、笔刷尺寸滚动条和笔刷强度滚动条等。

（3）左侧导航栏。左侧导航栏包含了处理画笔、笔触、纹理、材质和调色盘等控件的按钮。

（4）右侧导航栏。右侧导航栏包含了用来控制画布显示效果的各种快捷按钮，如模型的缩放、移动和旋转等。

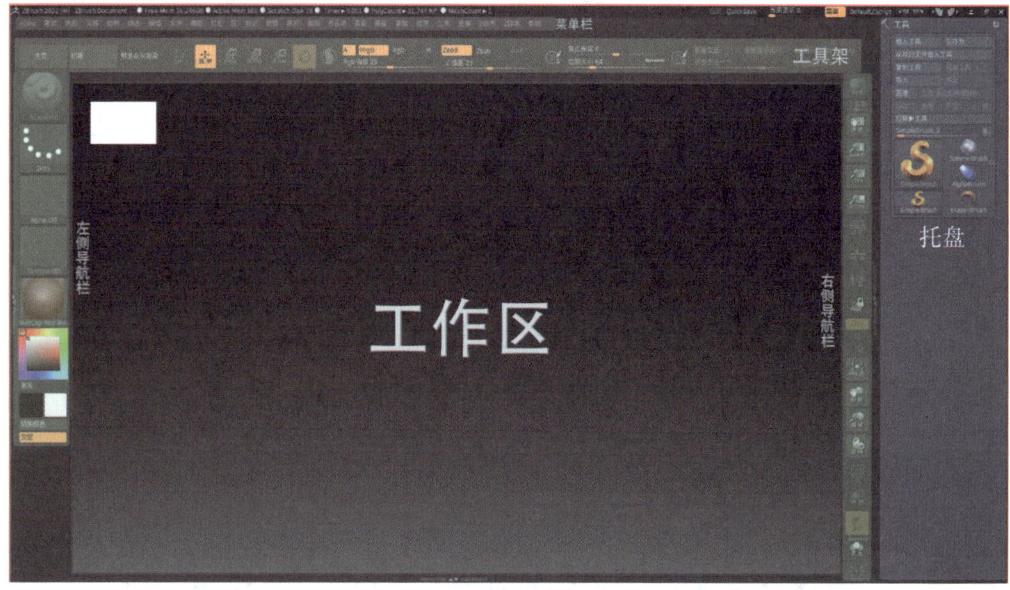

图 2-5-2

（5）托盘。托盘用于存放菜单栏中各选项的下拉面板或按钮，以便于快捷操作。

（6）画布。画布是 ZBrush 最主要的部分，菜单栏、按钮和托盘等都围绕在画布周围。

3. ZBrush 界面功能的翻译如图 2-5-3 所示。

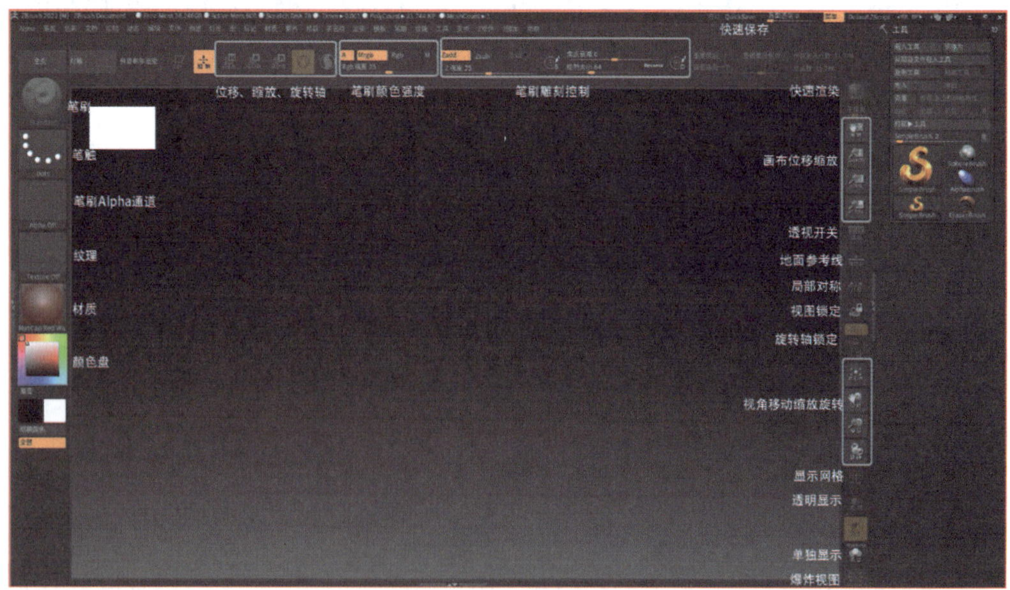

图 2-5-3

四、ZBrush 的常用笔刷

1. 标准笔刷——ZBrush 的默认笔刷，它会影响一定范围内的点，使它们朝同一个方向移动。

2. 移动笔刷——用来对模型进行拉拽，调整其大体形状。

3. ClayBuildup 笔刷——用来制作模型表面的起伏，在使用时常把 Alpha 贴图关闭。

4. Flatten 笔刷——用来制作表面转折面以及较大的造型。

5. Slash3 笔刷——用来刻画比较深且细的线条，通常配合 Alpha 贴图使用。

6. 平移工具——用来调整穿插或者合并的模型。

7. 膨胀笔刷——用来绘制由中心向四周膨胀的效果。

8. hPolish 笔刷——可以在模型表面制作出平整锐利的面。

五、设置笔刷快捷键

首先点击 ZBrush 界面上如图 2-5-4 所示的位置或者按快捷键 B 键打开笔刷面板，然后按住 Ctrl+Alt 键，用鼠标点击需要的笔刷，再松开 Ctrl+Alt 键，注意不要移动点击过笔刷的鼠标指针，仍然将其放在笔刷图标上，最后按下键盘上任意数字或者字母来作为该笔刷的快捷键。

图 2-5-4

六、ZBrush 的常用命令

1. 遮罩——遮罩是 ZBrush 模型制作中运用最频繁的命令，按住 Ctrl 键在模型上绘制，被绘画的地方便无法再进行编辑，再按 Ctrl 键在模型以外的画布上拖拽，便可取消遮罩。

2. “SubTool”→选择模型→“单独显示” ——单独显示模型，是制作过程中必要的功能。

3. “Geometry”→“DynaMesh”→“Resolution”——重新计算模型的面数和布线。

4. “SubTool”→“Split”——分离。

5. “SubTool”→“MergeVisible”——合并可见层。

6. “SubTool”→“Extract”——取面，可在模型上画上遮罩以提取想要的形状。

7. “Deformation”→“Inflate”——可在模型上画上遮罩，然后在此命令中输入数字参数以凹陷或者突出模型。

8. “SubTool”→“Duplicate”——复制模型。

9. “SubTool”→“Delete”——删除模型。

10. “SubTool Master”→“Mirror”——对称镜像复制模型。

11. “Decimation Master”——在高模制作完毕并分好类后，用此功能可进行减面并导出低模。

12. “Polygroups”——模型分组。

13. “Brush”→“Auto Masking”→“Back Face Mask”——打开此功能可防止雕刻期间笔刷破坏模型背面。

14. “ZAppLink Properties”——在高模制作完成后，可渲染输出作品的图片。

15. “Geometry”→“ZRemesher”——重新计算模型结构的布线。

16. “Display Properties”→“Double”——双面显示，与其关联的“Flip”命令可反转法线。

课题 6
ZBrush 雕刻工具的运用

课题目标

1. 能使用 ZBrush 软件的笔刷进行雕刻制作。
2. 能使用 ZBrush 软件的选择、分组和裁切工具进行雕刻制作。

一、如何使用雕刻笔刷

在 ZBrush 中进行雕刻制作首先要设置好笔刷，只有这样，才可以在之后方便快捷地调用每个笔刷。

1. 笔刷的控制

如图 2-6-1 所示进行笔刷属性的调整。

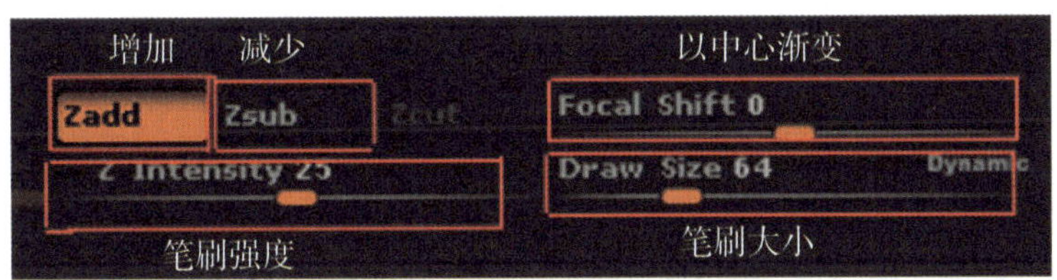

图 2-6-1

2. 笔刷配合 Alpha 贴图的方法

可以在“笔触”中选择绘制方式，然后在“Alpha”中选择合适的 Alpha 贴图，还可以通过“Alpha”→“Import”导入制作好的或者已下载的 Alpha 贴图。

3. 环形笔刷的使用方法

通过“Transform”→“Activate Symmetry”打开环形笔刷功能并调整数值，便能雕刻出花纹。“RadialCount”数值越大，环形笔刷越密集。

4. 对称雕刻的使用方法

在通常情况下，导入到 ZBrush 里的模型是对称的且位于世界坐标中心，这时，可直接通过按 X 键进行对称雕刻制作。如果导入到 ZBrush 里的模型自身是对称的，但它并不在世界坐标中心，此时按 X 键便无法使用对称雕刻，应先点击“局部对称”按钮，才可进行对称雕刻制作。

二、雕刻的小技巧

1. 如果想制作或重复利用独特的笔刷，应首先用环形笔刷制作出它的造型，如图 2-6-2 所示，然后点击“Alpha”→“GrabDoc”，完成自定义笔刷的创建。

图 2-6-2

2. 在雕刻的时候如果遇到笔刷不顺畅或断断续续的问题，点击“Stroke”→“Lazy Mouse”，将“LazyStep”的数值调小即可。

三、选择、分组和裁切工具的运用

1. 选择

在 ZBrush 中进行雕刻制作，有时画布里会存在几个甚至几十个模型，若需要快速选择其中一个模型进行雕刻，则应按住 Alt 键，再用笔刷或者鼠标左键点击所需模型。

2. 分组

当雕刻一个模型时，和它距离较近的模型也可能会被影响甚至被误雕，例如在人手的模型中，5 根手指距离比较近，所以须对 5 根手指逐一分组，分组后它们便可互不影响，且在 ZBrush 中可以单独显示一个组。

在以上例子中，首先用遮罩把其中 1 根手指遮起来，如图 2-6-3 所示，然后点击“Polygroups”→“Group Masked”，此手指便被区分开来，以此类推，5 根手指便可被分成 5 个组。打开线框显示，按住 Ctrl+Shift 键，用鼠标左键点击其中 1 根手指，便可独立显示它。

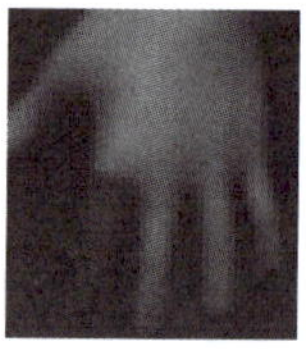

图 2-6-3

3. 裁切

在制作模型时，若想切除模型上的某处，可按住 Ctrl+Shift 键，选择笔刷→，在其中选择所需的裁切类型，

然后在□→□ ○ 3 ß中选择所需的裁切方式。

以上文的手的模型为例，按住 Ctrl+Shift 键，选择裁切类型，再选择裁切方式，使用鼠标左键选出想要切除的部分，如图 2-6-4 所示，然后松开鼠标左键（不要松开 Ctrl+Shift 键），选中部分便会被切掉。

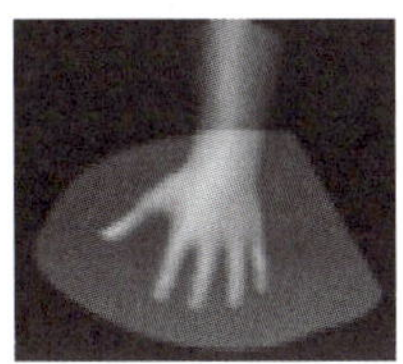

图 2-6-4

课题 7
Maya 拓扑模型

课题目标

1. 理解拓扑模型的原因。
2. 掌握拓扑模型的基本操作。
3. 掌握拓扑模型的基本规范。

一、拓扑模型的原因

用 ZBrush 制作模型的过程中会产生非常多的面，由此产生的模型对游戏引擎造成的负担太大，且不利于进行 UV 展开和骨骼绑定，此时，便需要重新拓扑一个面数比较少的模型来作为媒介，将高模的信息烘焙到低模上，这样便可以在低模上得到高模的细节信息，从而减少资源的浪费。

二、拓扑模型的基本操作

1. 选中高模。
2. 点击磁铁工具，如图 2-7-1 所示。
3. 打开建模工具栏。

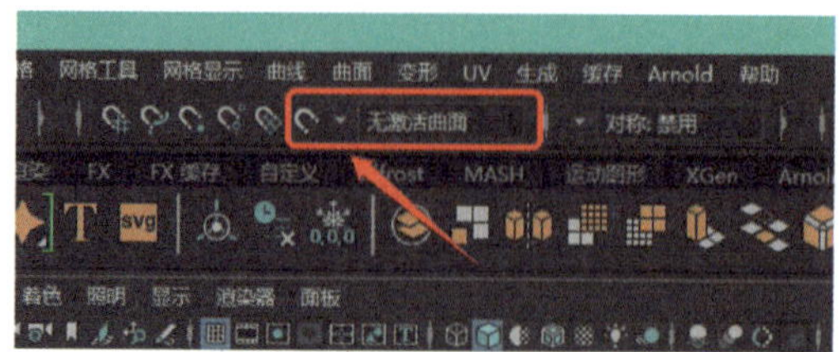

图 2–7–1

4. 选择“四边形绘制”工具 四边形绘制 ，如图 2-7-2 所示。

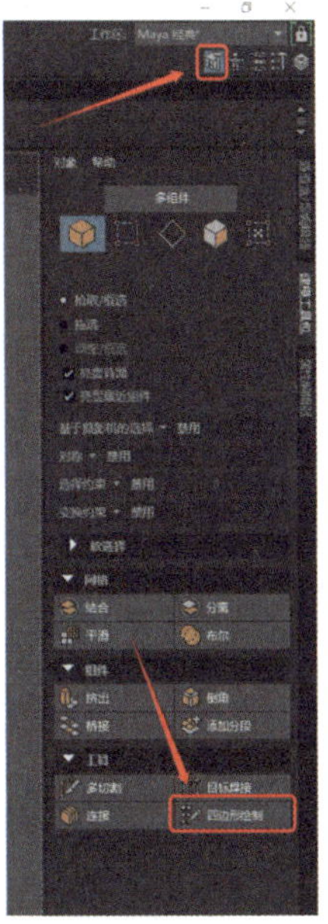
图 2-7-2

5. 在高模上沿着结构绘制四边形。用鼠标左键点击需要拓扑的地方，就会产生绿色的点，然后用 Shift+ 鼠标左键点击四个点的中间，即可生成一个四边形。用鼠标左键可以调整点、线或面的位置，如图 2-7-3 所示。

6. 开启对称模式可在高模的相应部位绘制出对称的低模。

7. 按住 Tab+ 鼠标左键可拖出一个面片，按住 Tab+ 鼠标中键可拖出连续边缘的面片。按 Ctrl+Shift+ 鼠标左键可删除点、线或面。

8. 按住 Shift+ 鼠标左键可调节布线的流畅度，开启约束可编辑边界和循环边，如图 2-7-4 所示。在拓扑完成后关闭磁铁工具，便可以对低模进行下一步的操作。

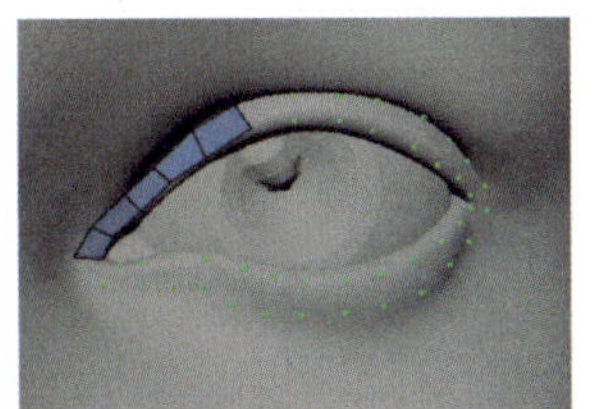
图 2-7-3

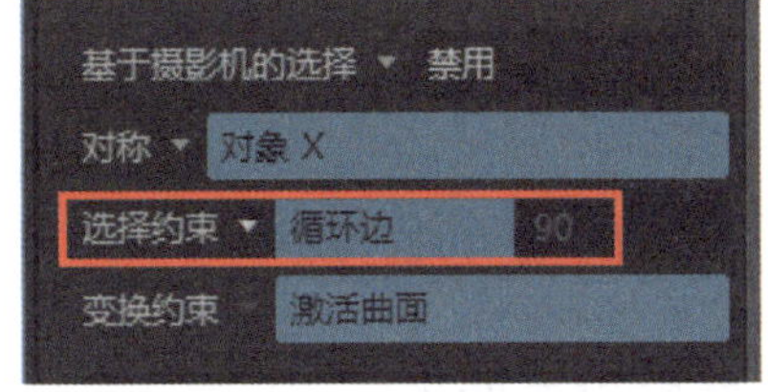

图 2-7-4

三、拓扑模型的基本规范

拓扑需要按照人体的肌肉结构走向来进行，在眼、口和鼻的周围都应该设置循环边，如图 2-7-5 所示，以避免在模型表情丰富的部分出现三角面或者五星点的连线方式，或出现模型凹凸不平的情况。

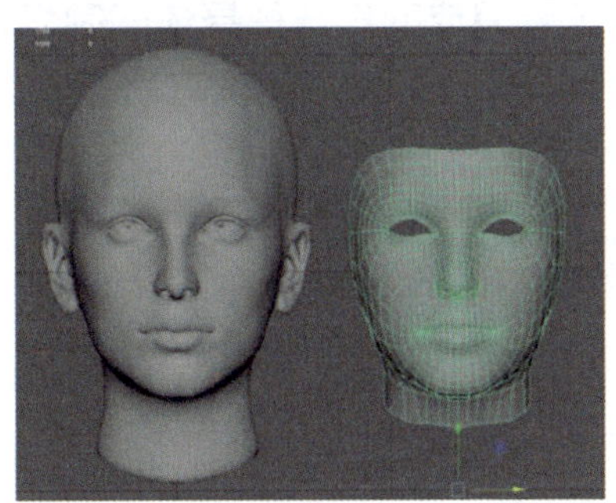
图 2-7-5

课题 8
案例——角色雕刻

课题目标

能以鹿人模型制作为例完成“大体造型（简称大型）雕刻—细节刻画—最终调整”的建模与雕刻过程。

在模型制作时可将角色分为四个部分来设计，第一部分为身体，第二部分为服装，第三部分为装备，第四部分为武器。

一、角色大型雕刻

1. 观察角色形象

在雕刻之前，应认真观察原画，了解角色的形象，如是写实人物还是卡通人物，是现代人物、古代人物还是未来人物等，以便抓住角色要点，准确把握角色特征。

通过观察原画（见图 2-8-1）可知，本案例要制作的是一个“Q 版”角色，其原型是鹿。可通过在网络上查找资料，以及搜集实物照片和卡通形象图片来进一步了解鹿的主要特征。在这个部分主要完成的是角色身体的制作，包括头部、躯干、四肢、鹿角和毛发的制作。

图 2-8-1

2. 制作头部

（1）明确角色特征后，打开 ZBrush 软件，新建一个球来作为角色头部，使用移动笔刷（见图 2-8-2 左）调整其侧面和正面轮廓，再使用 ClayBuildup 笔刷（见图 2-8-2 右）雕刻其五官等粗略的外形，过程如图 2-8-3 所示。

（2）点击菜单“子工具”→“追加”，选择一个球体，如图 2-8-4 所示。

（3）使用缩放工具缩放第（2）步中追加的球体，将其放入眼眶中，如图 2-8-5 所示。

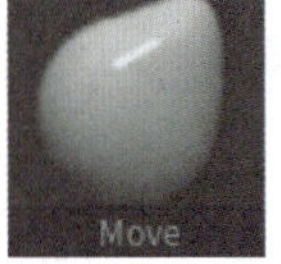

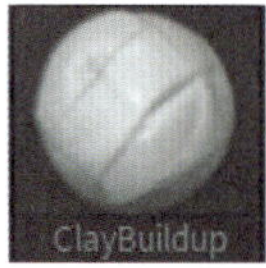

图 2-8-2

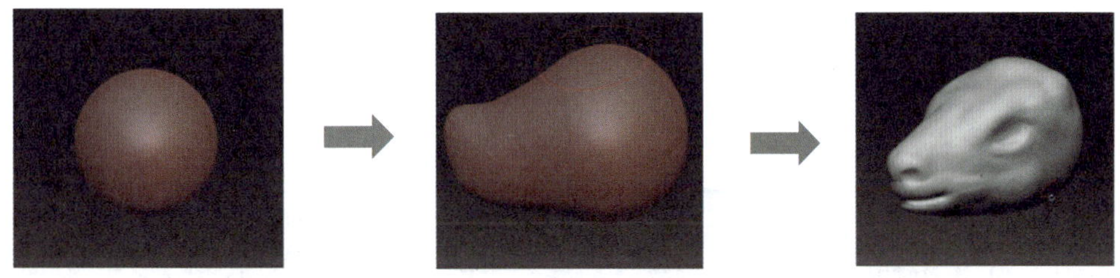

图 2-8-3

图 2-8-4

（4）追加另一个球体来制作耳朵，再用移动笔刷调整其轮廓，用 ClayBuildup 笔刷雕刻耳朵的具体结构，如图 2-8-6 所示。

（5）选中雕刻好的耳朵，依次点击“Duplicate（复制）”→“Mirror（镜像复制）”→“MergeDown（向下合并）”命令，如图 2-8-7 所示，选择相应的复制轴向（此处为 X 轴），点击“OK”按钮完成镜像复制。

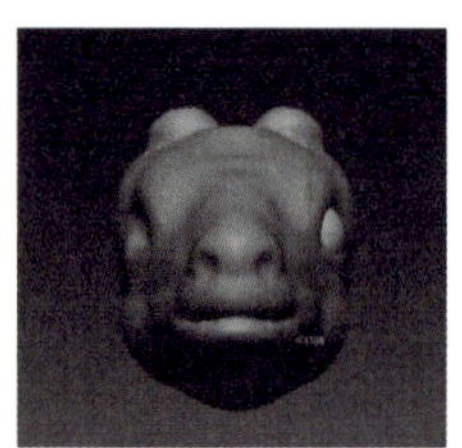
图 2-8-5

图 2-8-6

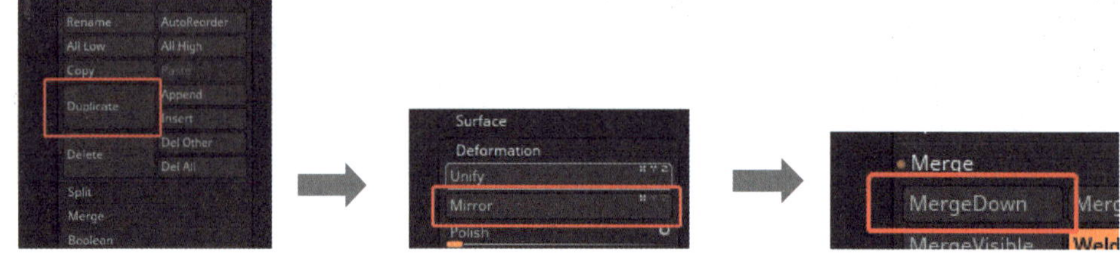

图 2-8-7

（6）继续调整模型头部的轮廓和嘴的形状，注意此时不要添加任何细节。

（7）在头部下方绘制一个遮罩，然后按住 Ctrl 键在空白处点击鼠标左键，使遮罩反向。用平移工具拖动遮罩至一定长度，形成脖子。此时模型上的面拉伸变形严重，需要使用“DynaMesh”命令工具调整，其过程如图 2-8-8 所示。

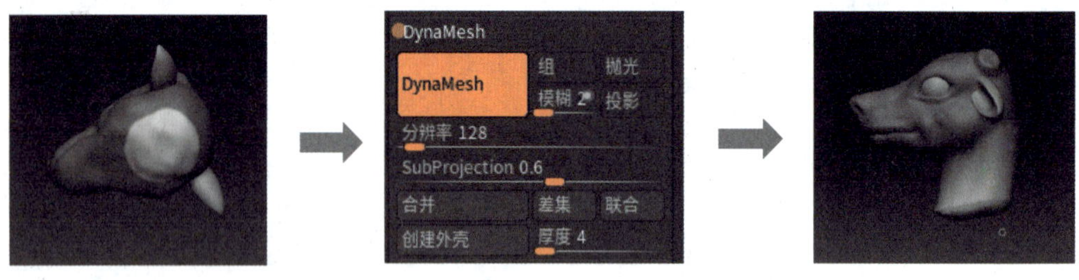

图 2-8-8

3. 制作躯干和四肢

（1）追加一个球体，使用平移工具将其拉长，作为角色身体的胸腔，再使用移动笔刷调整出肩膀的形状和胸骨的外轮廓，如图 2-8-9 所示。

（2）选中胸腔模型，使用平移工具并按住 Ctrl 键将其向下拖动，复制出新的一节，并进行缩放调整，以得到角色的腰部。

（3）追加一个球体来制作盆骨，使用移动笔刷调整盆骨的形状。注意侧面躯干的曲线，即脊柱的四个生理弯曲，包括颈曲、胸曲、腰曲及骶曲，颈曲凸向前、胸曲凸向后、腰曲凸向前、骶曲凸向后，如图 2-8-10 所示。

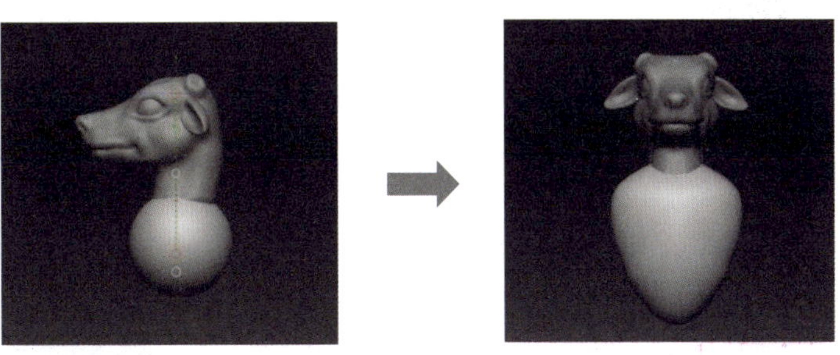

图 2-8-9

（4）追加一个球体，将其缩放后用移动笔刷调整为角色的三角肌部分。

（5）选中三角肌模型，再选择平移工具并按住 Ctrl 键拖拽以复制出新的一节，制作大臂。

（6）再用同样的方法复制一节作为小臂，然后调整形状，注意其结构和长度。

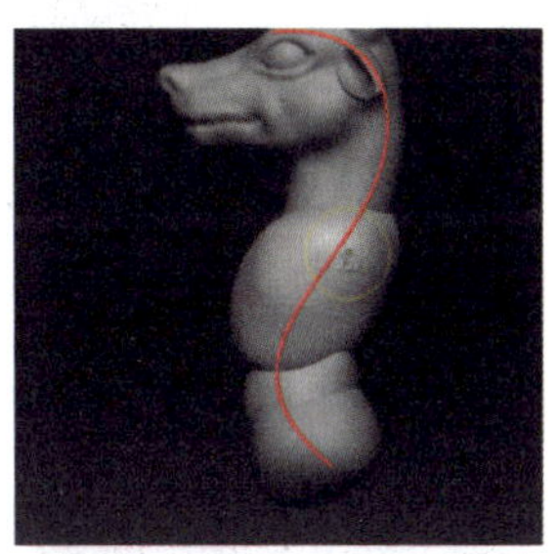

图 2-8-10

（7）将前面制作的三节手臂合并，然后采用镜像方式复制到另一侧，如图 2-8-11 所示。

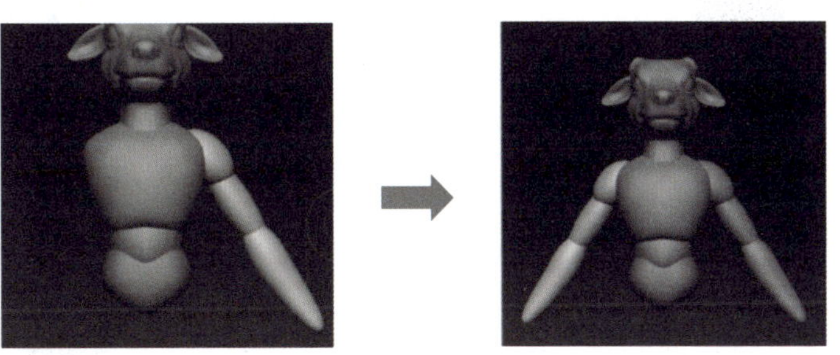

图 2-8-11

（8）追加一个球体来制作大腿，并调整其形状和长度。再复制一节大腿作为小腿，调整好它的形状和侧面的弧度，注意结构。

（9）追加一个球体来制作脚掌，利用裁切工具将脚底切平，然后用移动笔刷调整出脚掌的形状。制作完成后从底面观察脚掌的形状并进行适当调整，使它看起来更自然。

（10）将脚掌的大小与原画进行比对，确保它的尺寸正确，然后将脚掌、大腿和小腿合并起来，并采用镜像方式复制到另一侧。

（11）用同样的方法制作手掌。最终，角色的正面效果如图 2-8-12 所示。

4. 制作手指

图 2-8-12

（1）追加一个圆柱体来制作手指的第一节。选中圆柱体的底面，将其旋转一个角度后拖动，以制作手指的第二节，然后使用“DynaMesh”命令工具对其进行调整。

（2）用同样方法制作手指的第三节，将其拉伸之后同样使用“DynaMesh”命令工具调整。手指的制作过程如图 2-8-13 所示。

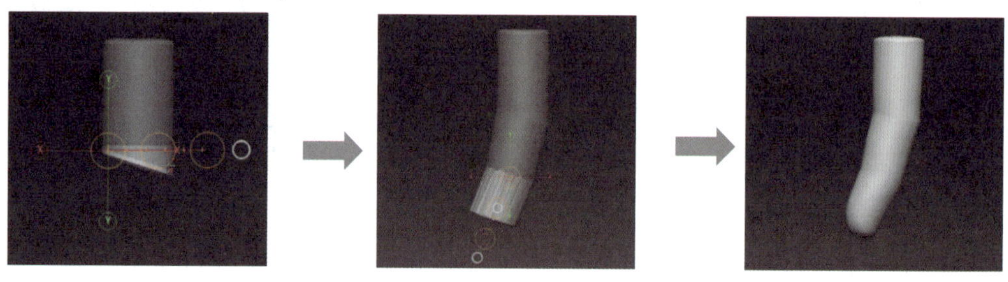
图 2-8-13

（3）按住 Shift 键并点击鼠标左键，将手指尖调整圆滑，然后用平移工具调整手指的轮廓。

（4）通过复制得到另外两根手指，然后适当调整它们的长度和粗细程度，如图 2-8-14 所示。注意要对照原画，此角色仅有 8 根手指。

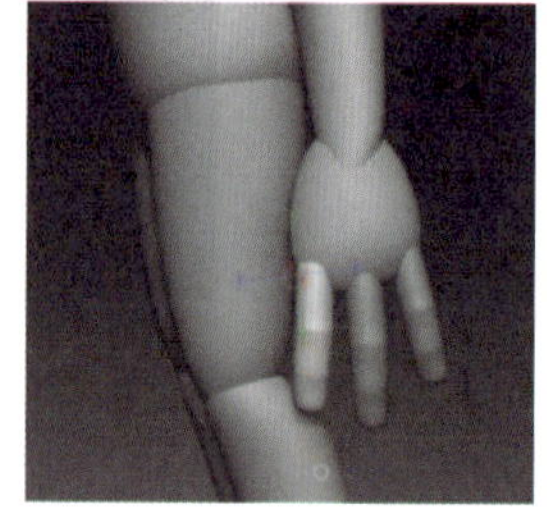
图 2-8-14

（5）将手掌与大拇指连接的位置适当拉长，利用与前面步骤相同的方法制作大拇指，然后将其拼接到手掌上，适当调整大拇指和手掌的连接处。

（6）将手指和手掌合并，如图 2-8-15 所示。用镜像方式将手复制到另一侧，形成另一只手。

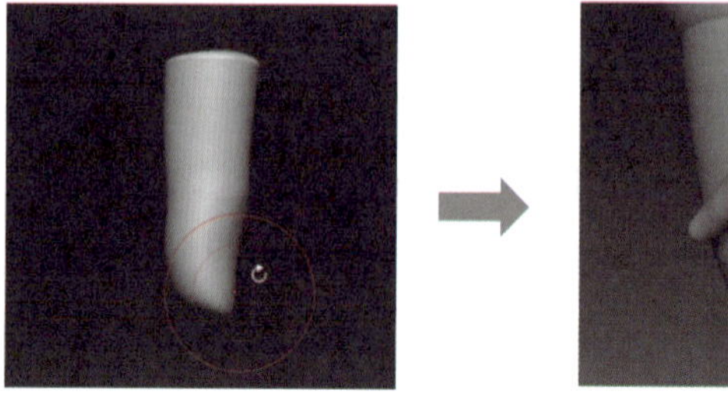
图 2-8-15

5. 进一步雕刻身体

（1）将除眼球外的各个部件合并起来，按住 Shift 键并点击鼠标左键，将模型的接缝处调整光滑。

（2）用 ClayBuildup 笔刷在模型身体上从上至下绘制肌肉起伏的效果，如图 2-8-16 所示。

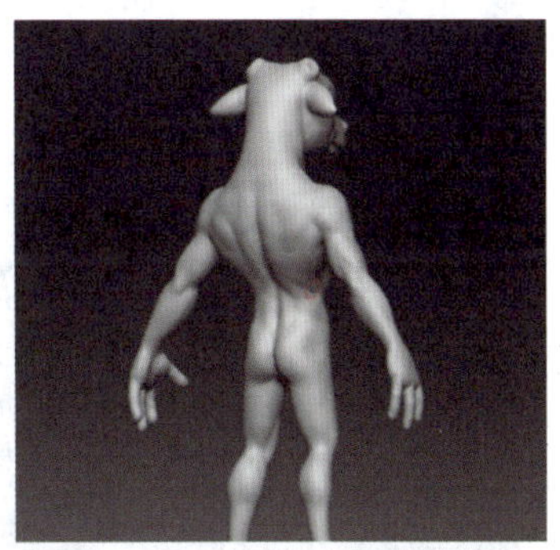
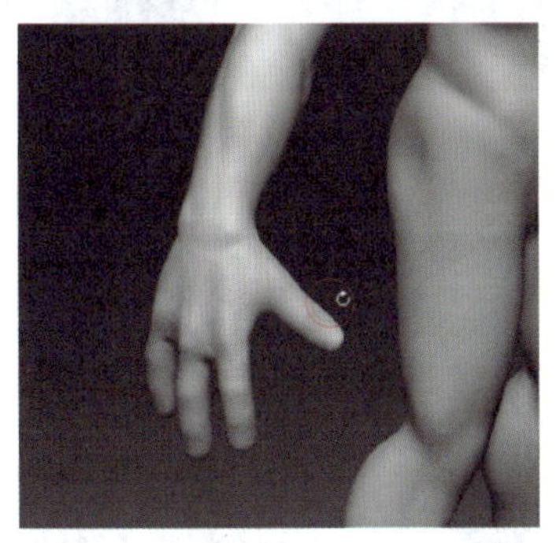
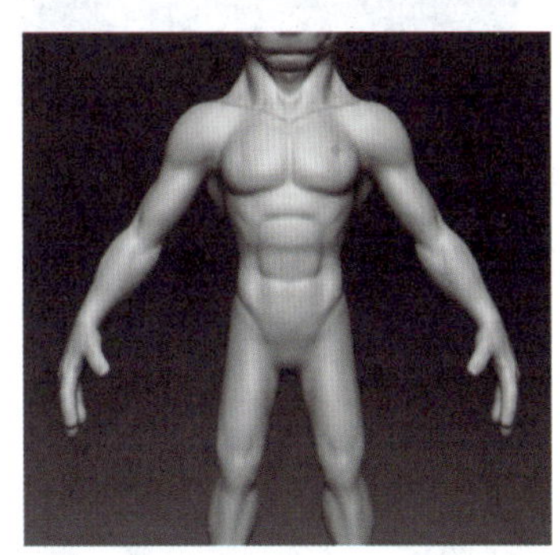

图 2-8-16

（3）逐步细化，从各个角度观察模型的结构，如图 2-8-17 所示。

（4）对头部进行进一步的修整，如图 2-8-18 所示。

6. 制作鹿角

（1）追加一个圆柱体来制作鹿角，打开对称工具（快捷键为 X 键）进行雕刻，如图 2-8-19 所示。

（2）进一步完成鹿角的雕刻，注意此时只需完成鹿角的大致外形和角度调整，不需要为其添加细节，如图 2-8-20 所示。

7. 制作毛发

（1）使用遮罩覆盖头发的部位，如图 2-8-21 所示。

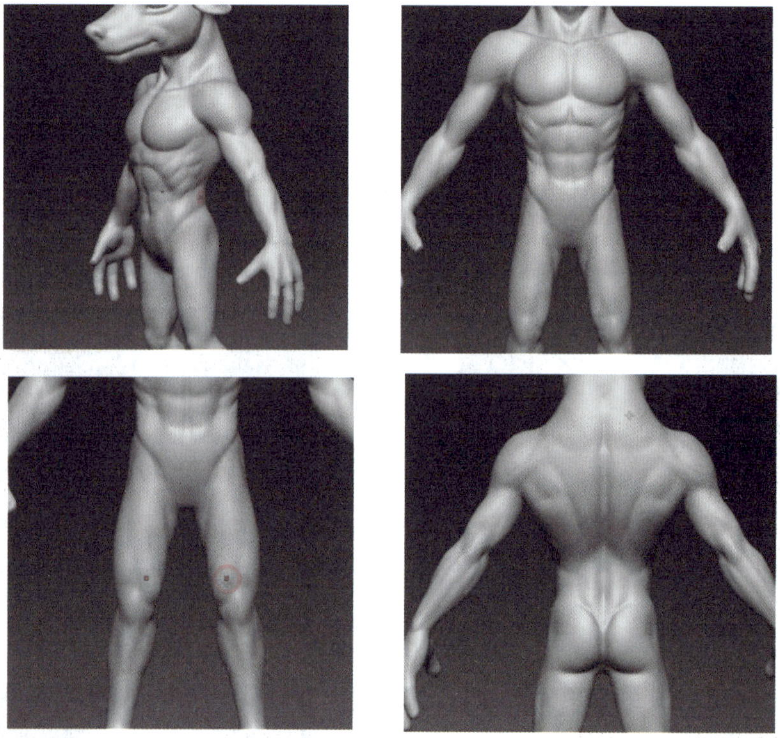

图 2-8-17

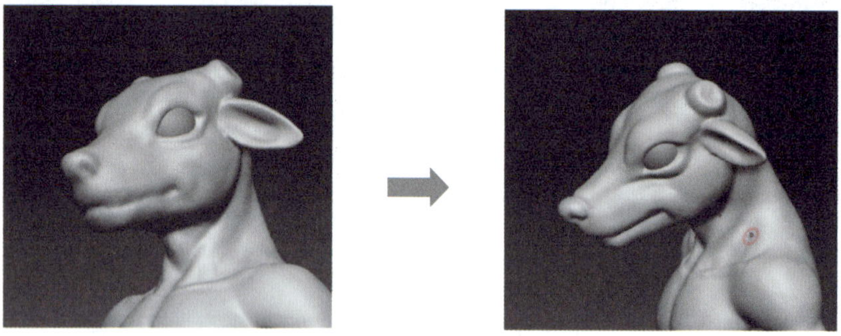

图 2-8-18

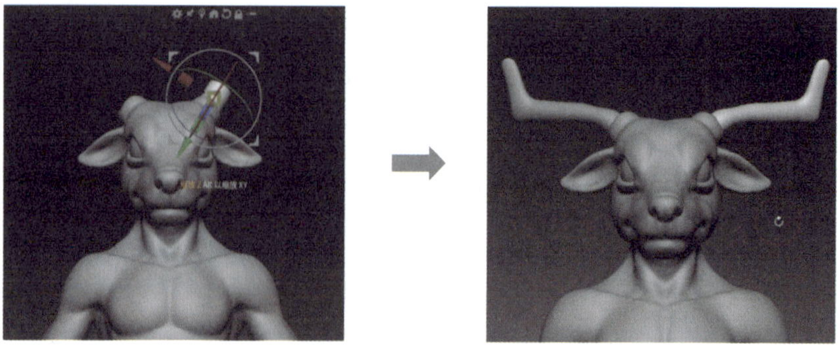

图 2-8-19

图 2-8-20

（2）在“SubTool”菜单栏中点击“Extract”按钮，便可在第（1）步的选中区域提取出厚度来制作头发，如图 2-8-22 所示，点击“Accept”（见图 2-8-23）确认后，即可使用提取出的模型来进行雕刻。

图 2-8-21

图 2-8-22

（3）用移动笔刷拉出头发末端的发束，然后再拉出侧面的发束（雕刻两侧时可以打开对称选项）。在所有发束尖端的制作完成之后，再去绘制它的走势，如图 2-8-24 所示。除了移动笔刷，也可使用绘制笔刷来画出头发发束，如图 2-8-25 所示。

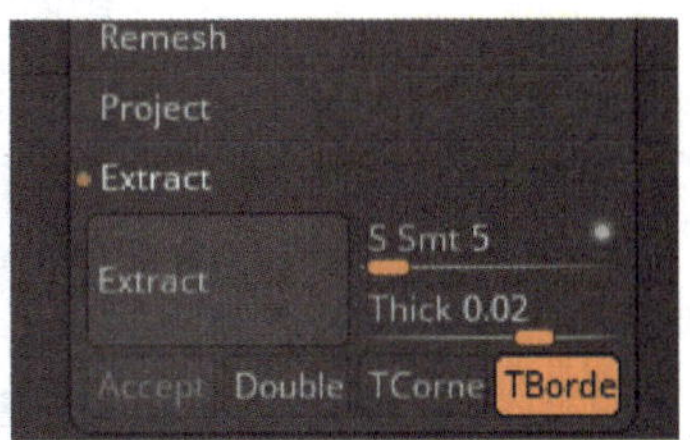

图 2-8-23

（4）选择 CurveTube 画笔，在点击菜单“笔触”→“曲线修改器”后，选中“大小”和“曲线衰减”选项，并在打开的“曲线修改器”中调整曲线，如图 2-8-26 所示。

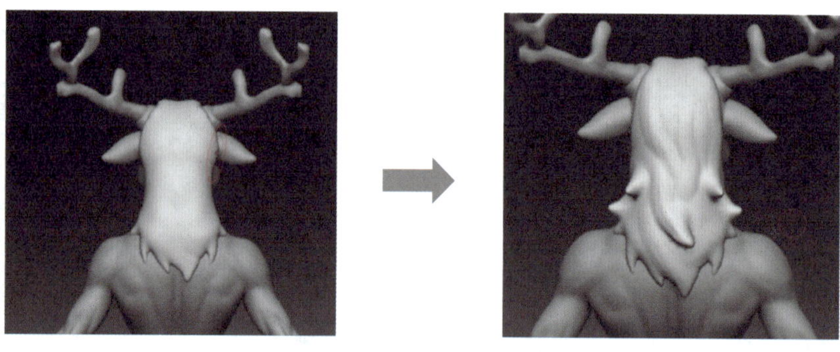

图 2-8-24

图 2-8-25

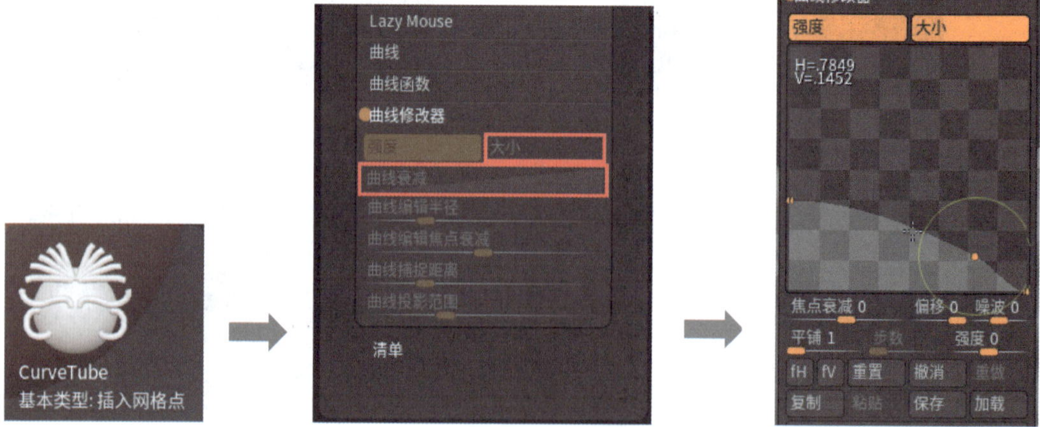

图 2-8-26

（5）画完发束后，在空白处点击，然后使用“DynaMesh”命令工具对发束进行调整，使它们融为一体，如图 2-8-27 所示。

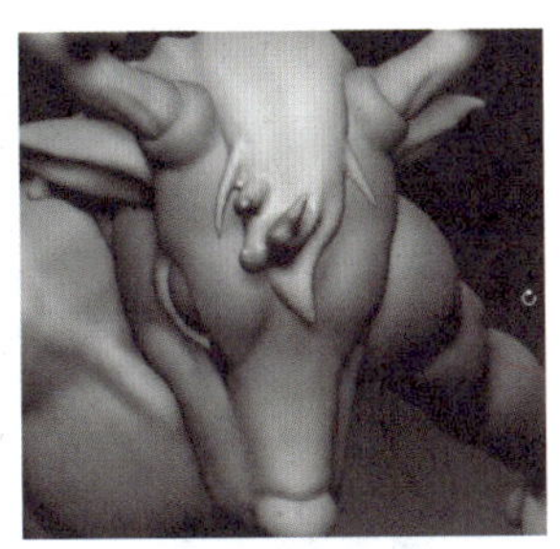

图 2-8-27

（6）进一步完善发束的结构，如图 2-8-28 所示。

图 2-8-28

（7）绘制遮罩，使用提取工具提取出一个模型来制作眉毛，雕刻眉毛的起伏效果，如图 2-8-29 所示。

图 2-8-29

（8）使用 CurveTube 画笔雕刻一侧的胡须，如图 2-8-30 所示。

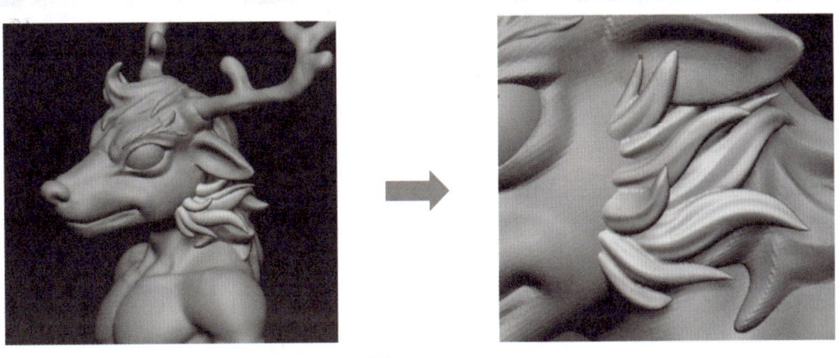

图 2-8-30

（9）雕刻胡须的大致走势，将其复制到另一侧并与脸颊部位合并，完成的效果如图 2-8-31 所示。

图 2-8-31

二、角色细节雕刻

1. 胡须与头发细节雕刻

（1）用 DamStandard 笔刷（见图 2-8-32）细化角色的胡须，效果如图 2-8-33 所示。

图 2-8-32

图 2-8-33

（2）增加细分表面，并逐渐雕刻出细节，如图 2-8-34 所示。

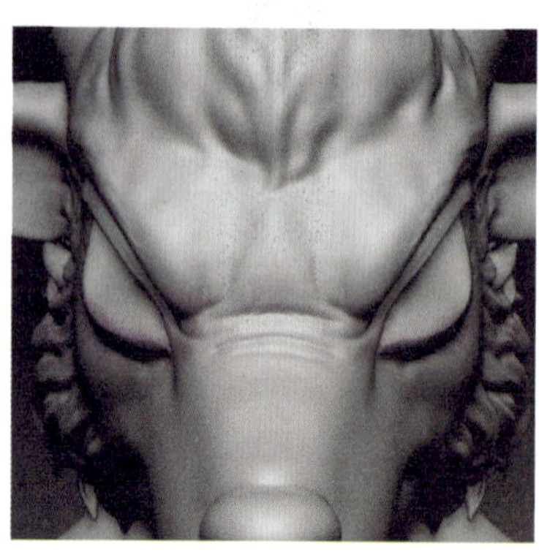

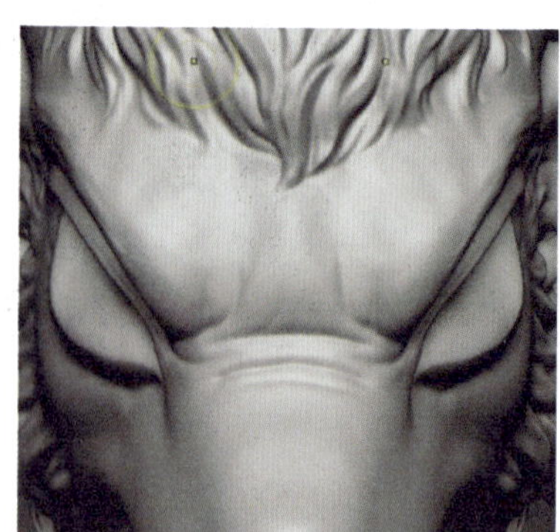

图 2-8-34

2. 四肢细节雕刻

（1）雕刻出手部肌肉的起伏和骨头的突起部分，如图 2-8-35 所示。

（2）雕刻出腿部肌肉的形状，因为角色穿的是紧身裤，所以在关节的地方雕刻出褶皱即可，如图 2-8-36 所示。也可以用另一款软件 Marvelous Designer 来制作紧身裤。

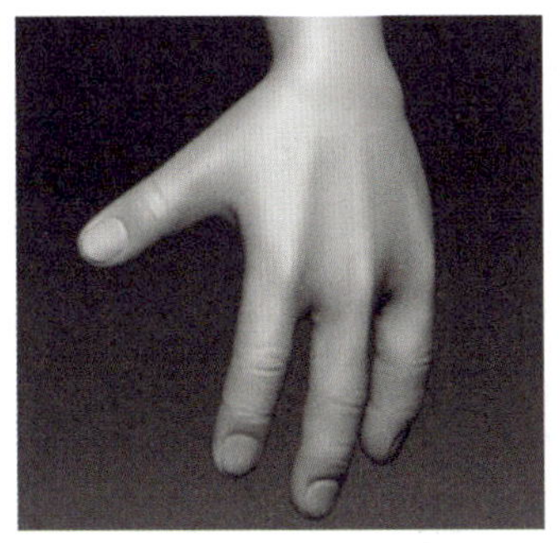
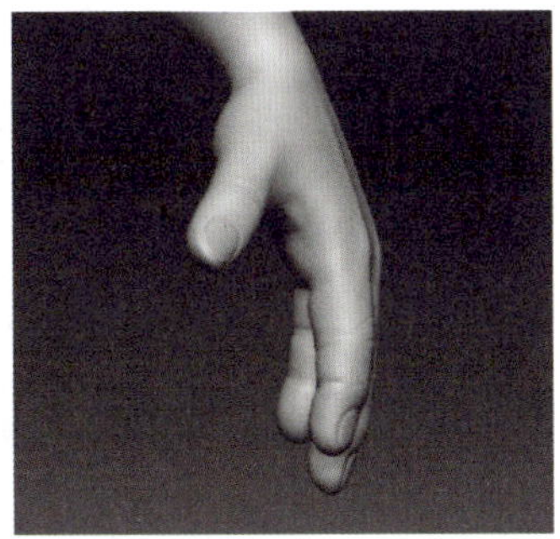
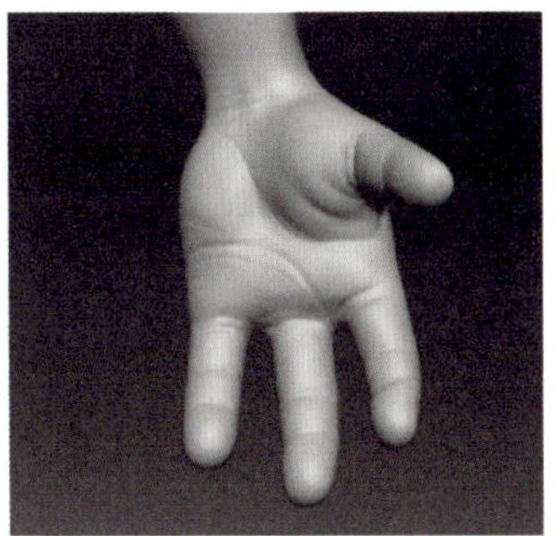

图 2–8–35

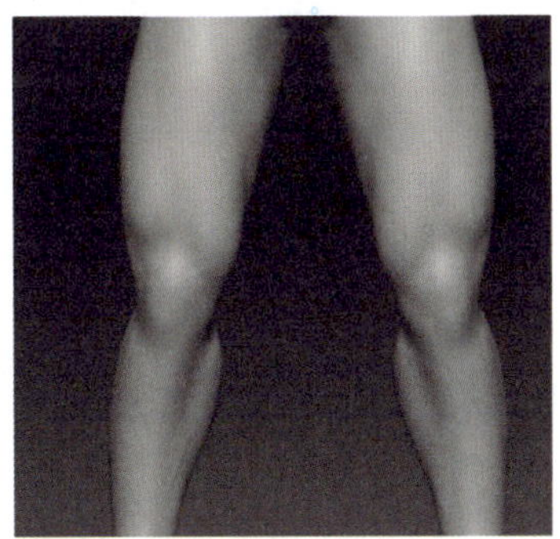

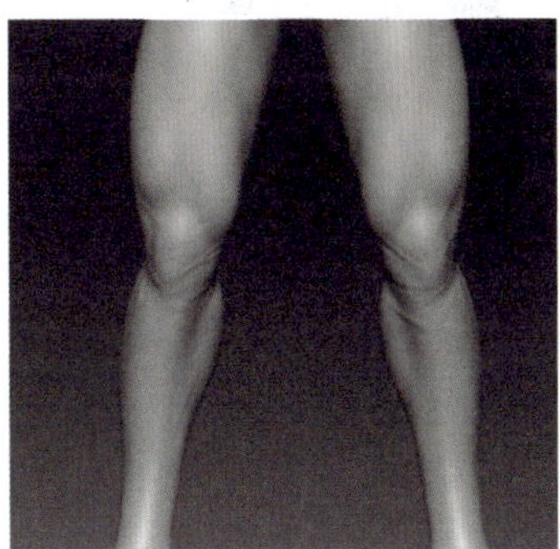

图 2–8–36

3. 鹿角细节雕刻

鹿角要用带有 Alpha 贴图的笔刷雕刻，要注意笔刷的轻重，尽量沿着鹿角的走势去雕刻，如图 2–8–37 所示。

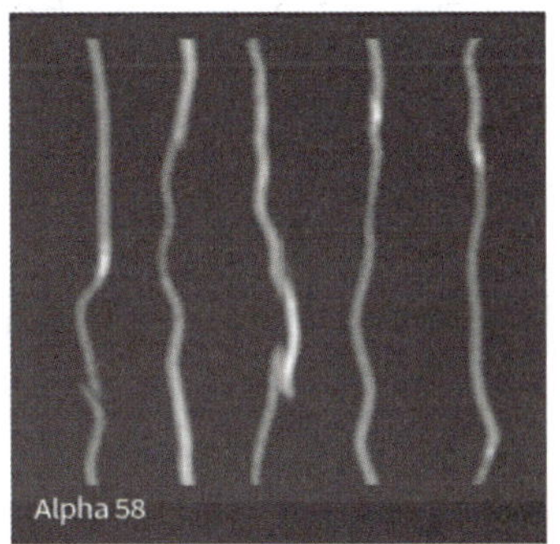

图 2–8–37

三、角色服装制作

在角色服装制作部分，要用到 Marvelous Designer 软件。

1. 制作裤子

（1）在 Marvelous Designer 软件中导入角色身体模型，然后使用“长方形”工具绘制出裤子腰部的裁片，如图 2-8-38 所示。

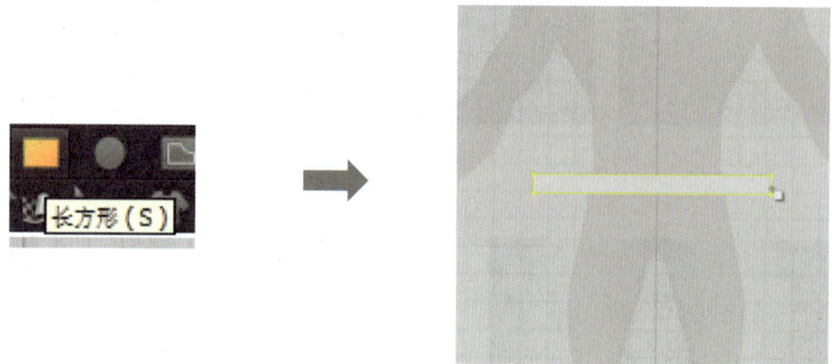

图 2-8-38

（2）使用“内部多边形 / 线”工具，在裁片中间添加一条裁缝线，再使用“折叠安排”工具将裁片稍微折叠以便缝合，如图 2-8-39 所示。

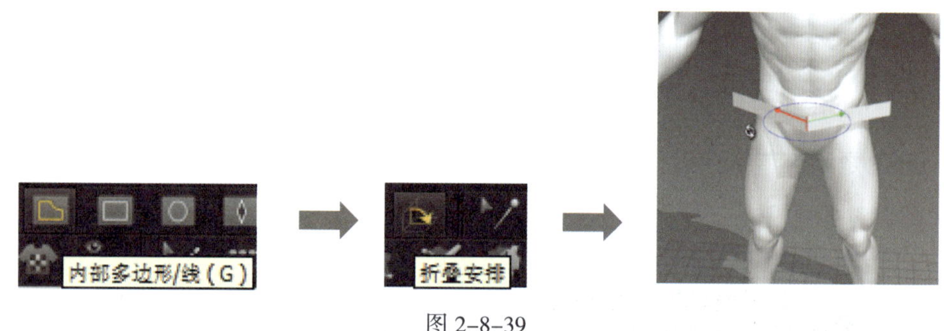

图 2-8-39

（3）用“线缝纫”工具将裁片两端缝合在一起，然后点击“模拟”按钮，如图 2-8-40 所示。

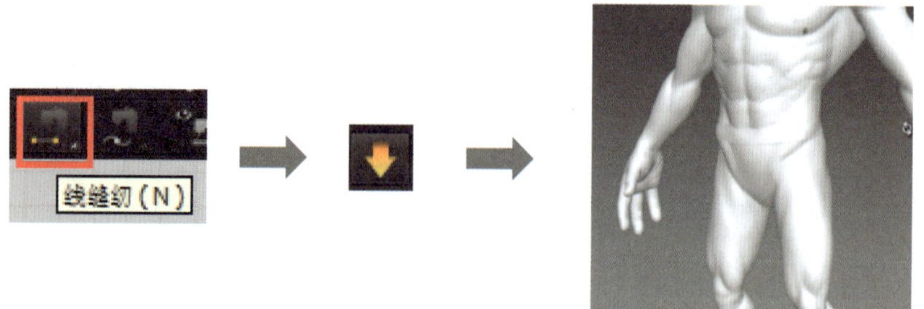

图 2-8-40

（4）绘制一个裤腿前侧的裤片，并调整至正确的形状。选中裤片，依次点击“复制”→“镜像粘贴”来完成裤子前侧两个裤片的制作，如图 2-8-41 所示。

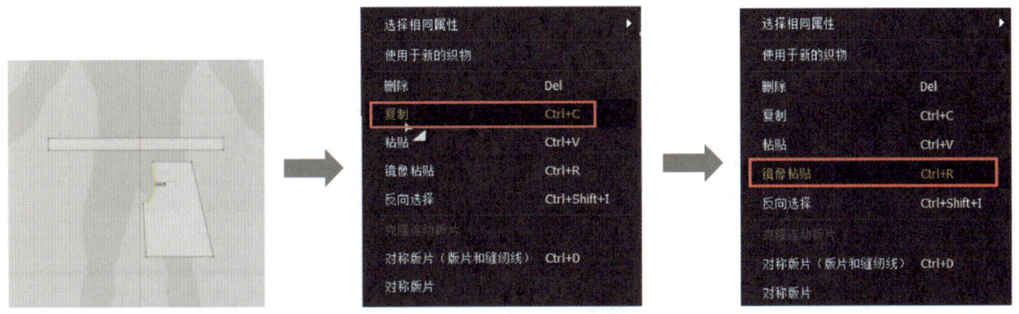

图 2-8-41

（5）复制前侧的两个裤片并将其绕垂直于水平面的直线旋转 180°，然后将它们移动到角色背面，完成裤子后侧两个裤片的制作，如图 2-8-42 所示。

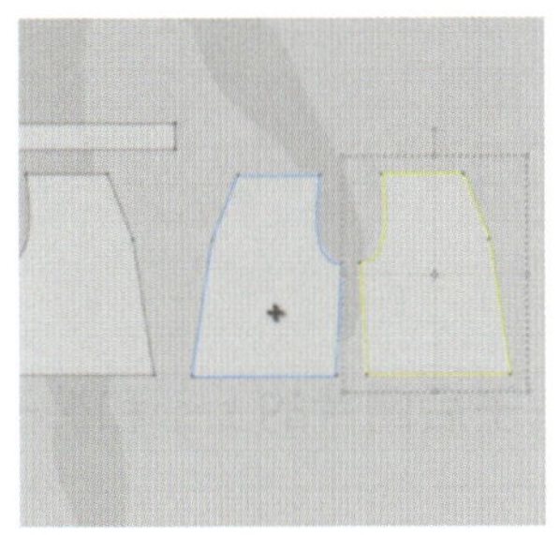

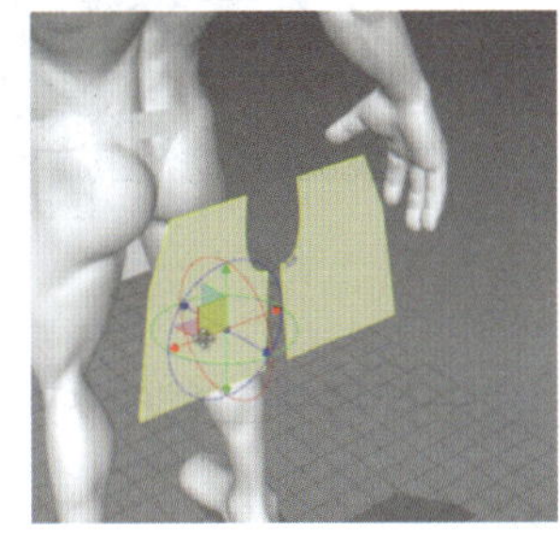

图 2-8-42

（6）用“自由缝纫”工具缝合除裤脚口之外的所有裤片边缘，如图 2-8-43 所示。

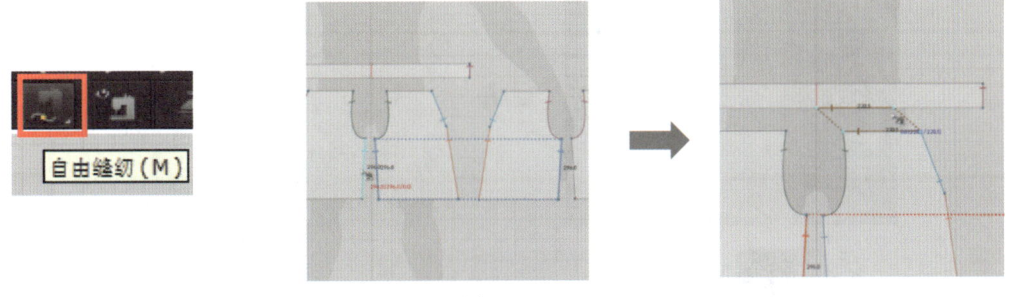

图 2-8-43

（7）此时的裤子过于紧绷，可以使用手形状的鼠标指针（此时的鼠标指针为一只手的形状，以下简称“手”）拖拽裤片以调整其褶皱，如图 2-8-44 所示。

（8）使用“删除缝纫线”来删除裤子两侧和上方的缝纫线，调整裤子边缘的缝纫线，做出口袋，如图 2-8-45 所示。

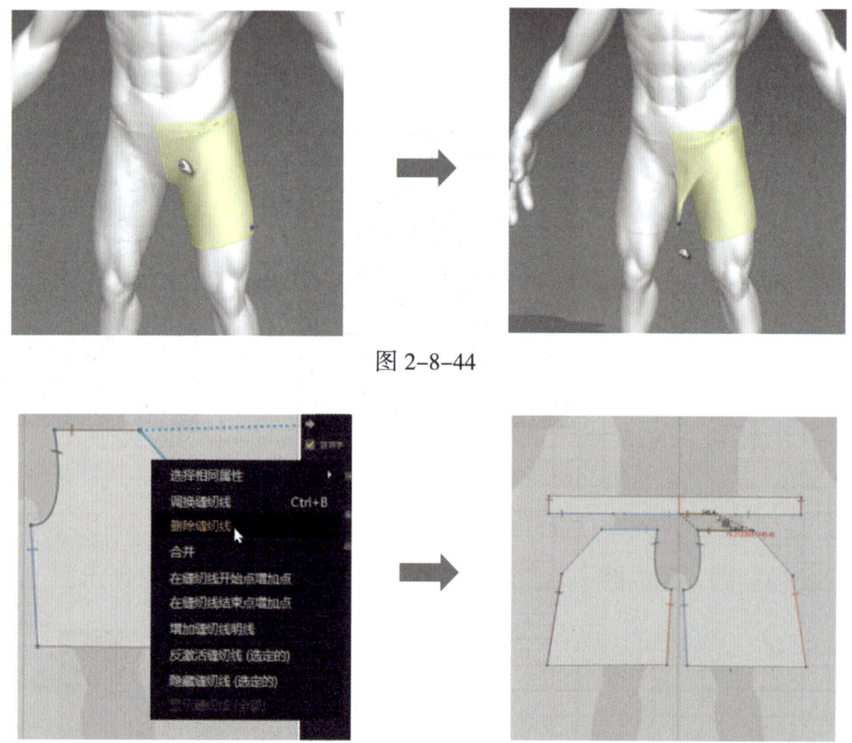

图 2-8-44

图 2-8-45

（9）创建一片裤子口袋的内衬，将其缝到裤子后侧片的上部和裤子顶部，如图 2-8-46 所示。

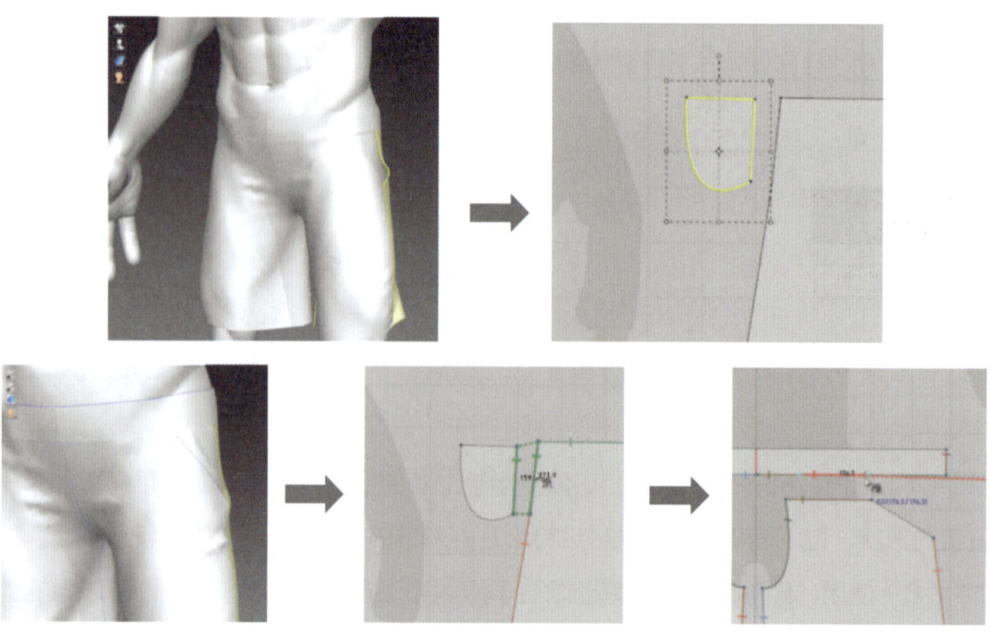

图 2-8-46

（10）用“手”拖拽内衬，将内衬置于裤片内侧，如图 2-8-47 所示。

（11）在两条裤腿的前侧和后侧分别加上一条竖向的裁缝线，然后点击鼠标右键→“切断”，如图 2-8-48 所示。

（12）调整裤片底部的宽度，缝合，然后解算，如图 2-8-49 所示。

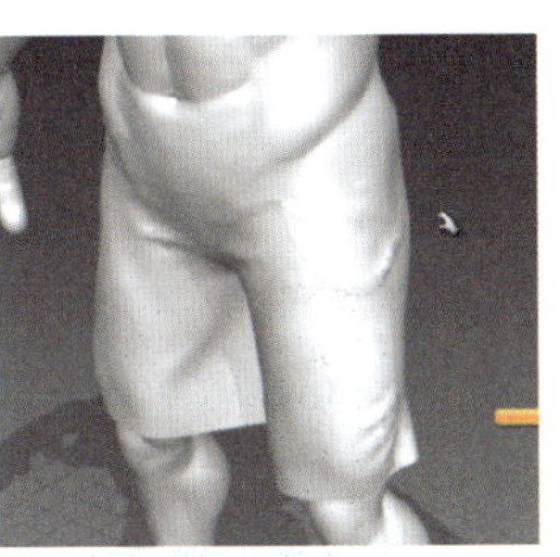
图 2-8-47

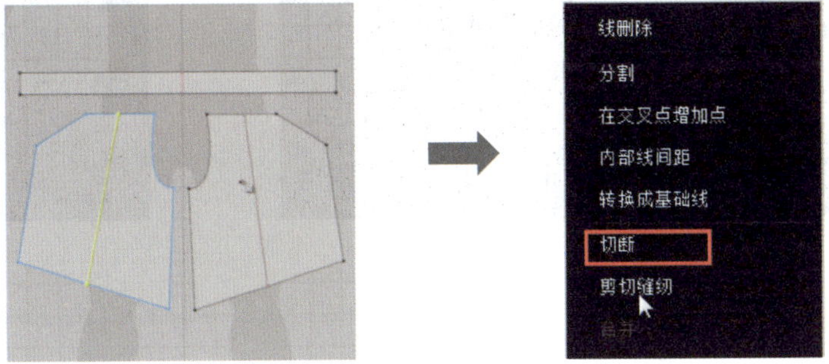

图 2-8-48

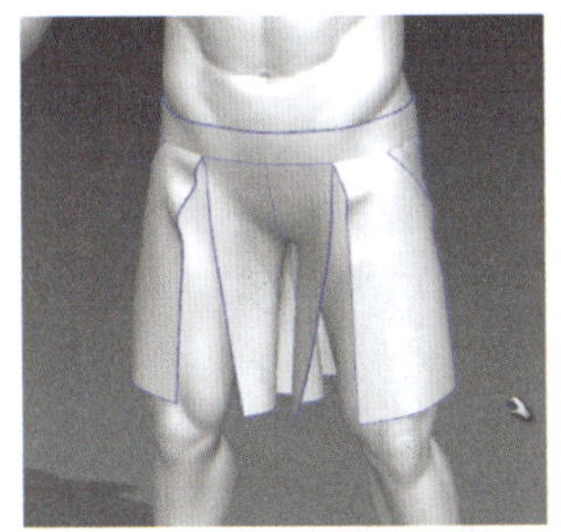
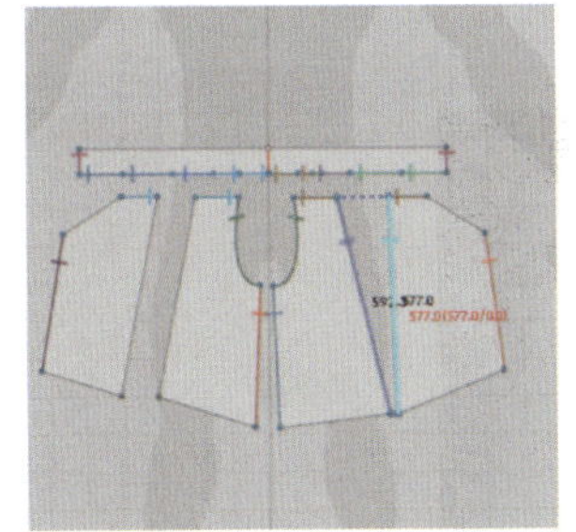

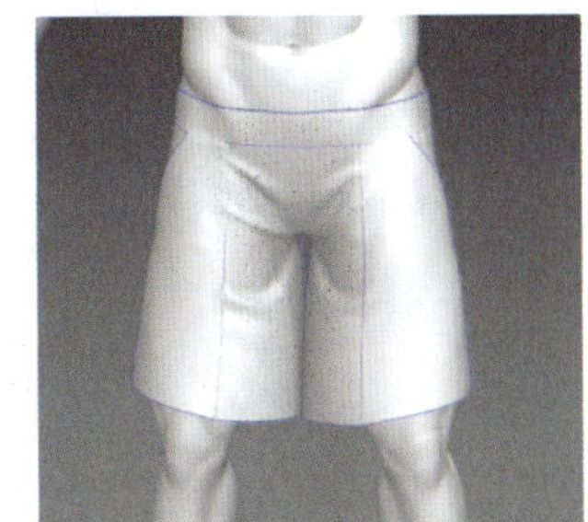
图 2-8-49

（13）选中所有裤片并点击鼠标右键→“四方格”可以将所有裤片转化为四边形面，如图 2-8-50 所示。

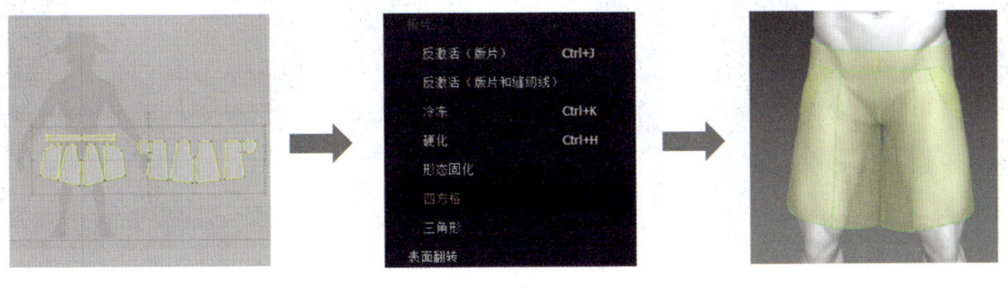

图 2-8-50

（14）选中所有裤片，点击菜单栏“文件”→“导出”→“OBJ（选定的）”，勾选上“合并”和“薄的”，便可导出裤子模型，如图 2-8-51 所示。

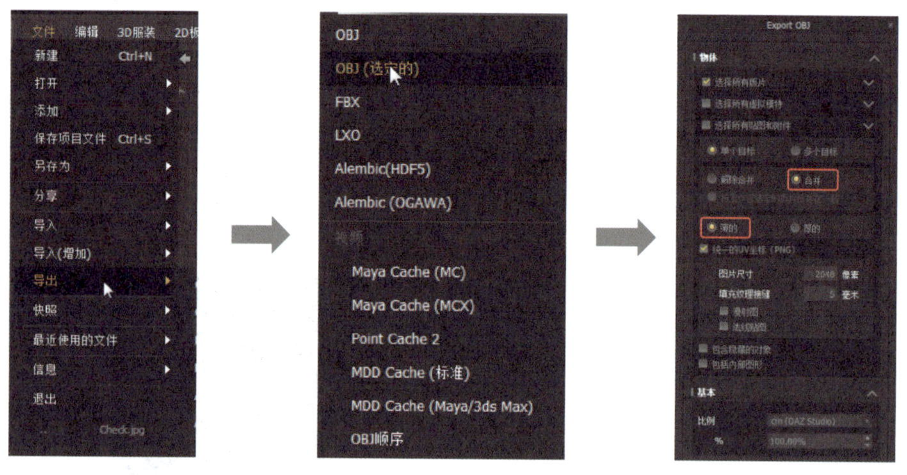

图 2-8-51

（15）将裤子模型导入 ZBrush，补充雕刻细节。在有缝线的地方适当雕刻细小褶皱，再制作出后侧的口袋，如图 2-8-52 所示。

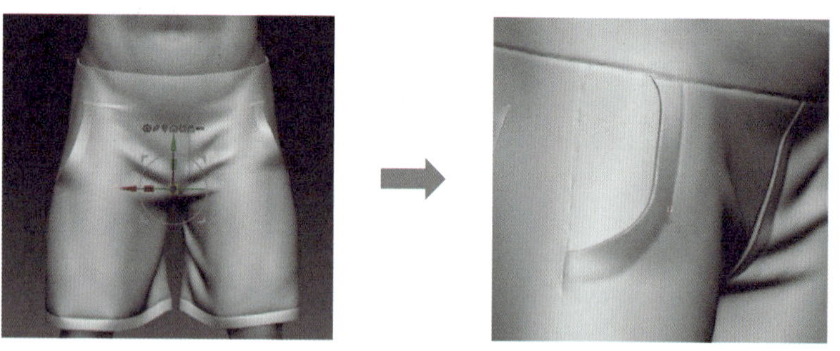

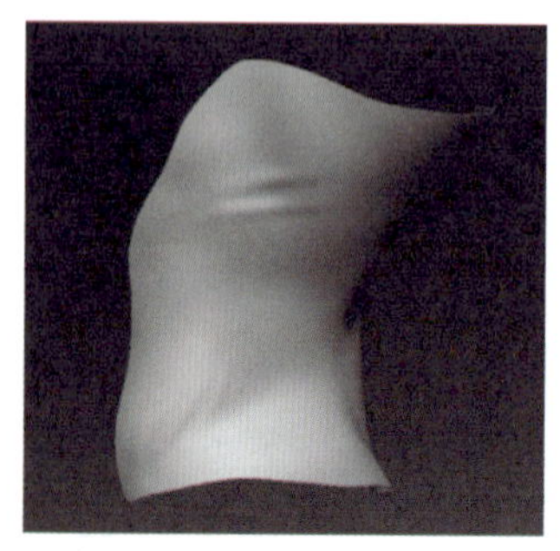
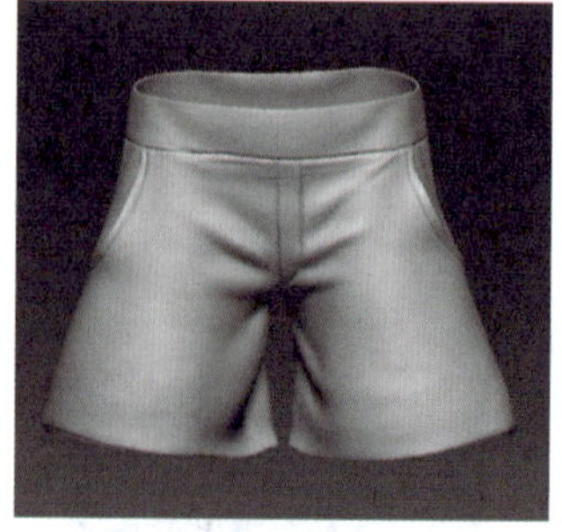
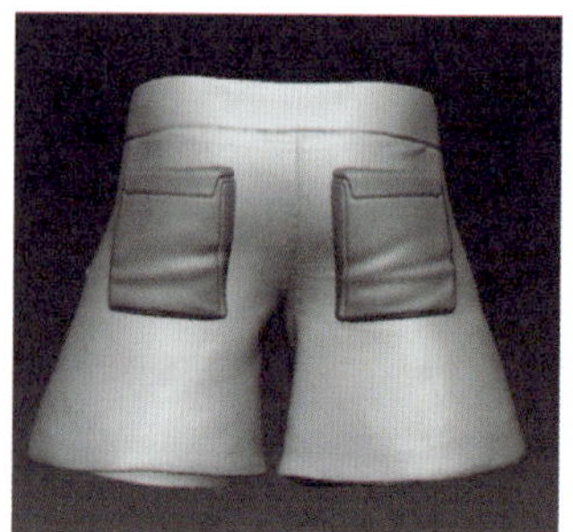

图 2-8-52

（16）使用 CurveStrapSnap 笔刷在裤腰上绘制出裤耳的形状，如图 2-8-53 所示。也可以通过直接从裤子上提取模型来制作裤耳。

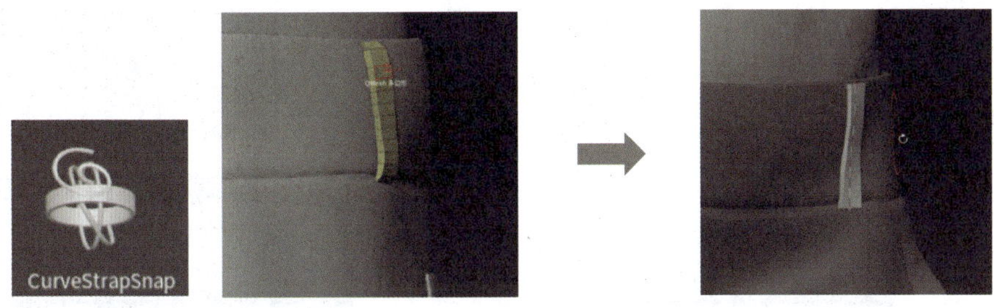

图 2-8-53

（17）依次点击“ZModeler”→“移动无穷半径”→“完整边缘环”来对裤耳进行调整，如图 2-8-54 所示。

图 2-8-54

（18）制作好一侧的裤耳后，将其镜像复制到另一侧，并进行适当调整。

2. 制作皮带

（1）复制整条裤子的模型，切除其下面部分，使用“ZRemesher”工具减少面数，如图 2-8-55 所示。

（2）按住 Shift+Ctrl 键打开选择工具，点击模型的纵向线，隐藏不需要的面。

（3）点击“子工具”中的“几何体编辑”→“修改拓扑”→“删除隐藏”，如图 2-8-56 所示。

（4）点击“ZModeler”→“QMesh”→“所有多边形”来挤出厚度，注意先删除细分表面，再使用移动笔刷对模型进行调整，使皮带穿插于裤耳中，如图 2-8-57 所示。

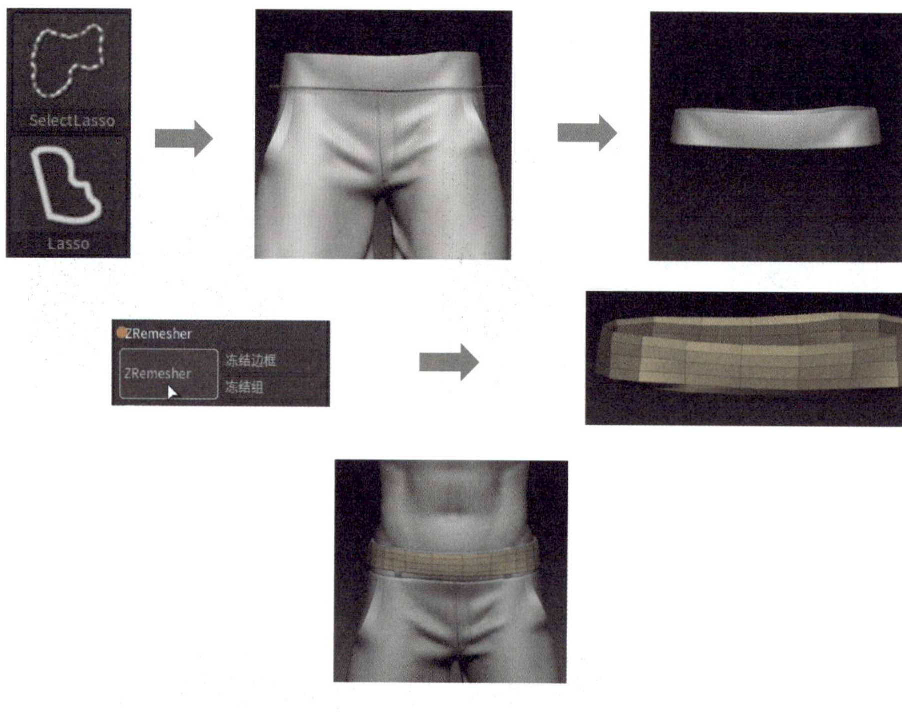

图 2-8-55

图 2-8-56

（5）使用选择工具隐藏分组并进行分组折边便可以制作出卡边的效果。使用“ZModeler”收缩循环边，增加细分，再雕刻一些划痕和褶皱，皮带便制作完成了，如图 2-8-58 所示。

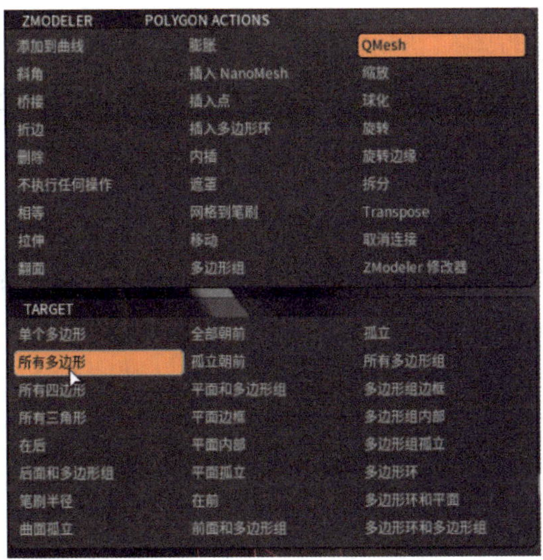

图 2-8-57

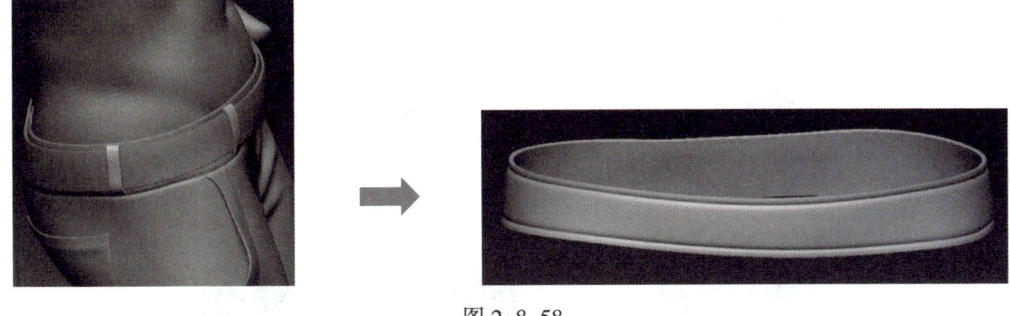

图 2-8-58

四、装备制作与细节雕刻

1. 制作躯干装备

（1）在 ZBrush 中，一般使用拓扑工具来制作躯干上较为贴身的装备。绘制出外轮廓之后将其挤压出厚度即可，如图 2-8-59 所示。

（2）用分组工具将紧身衣分离出来，注意在分组之前须删除细分级别，如图 2-8-60 所示。

（3）分好组以后，将需要的部分显示出来，隐藏多余的部分，依次点击“子工具”中的“几何体编辑”→“修改拓扑”→“删除隐藏”，如图 2-8-61 所示。

（4）使用“ZRemesher”工具为模型重新布线，得到较少的面和结构整洁的线。用 CurveStrapSnap 笔刷绘制紧身衣的边缘，如图 2-8-62 所示。

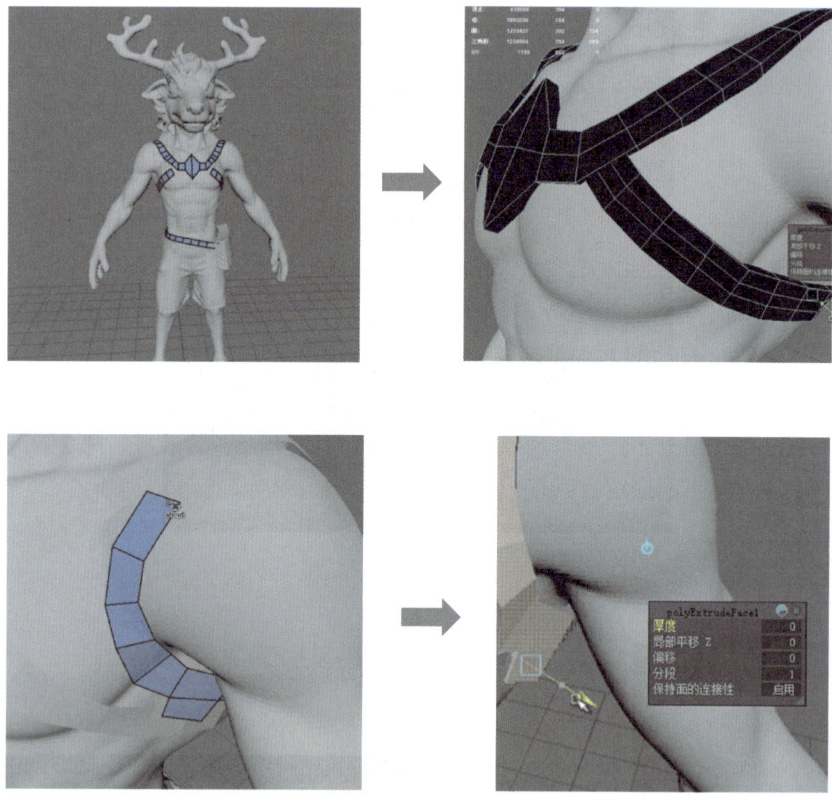

图 2-8-59

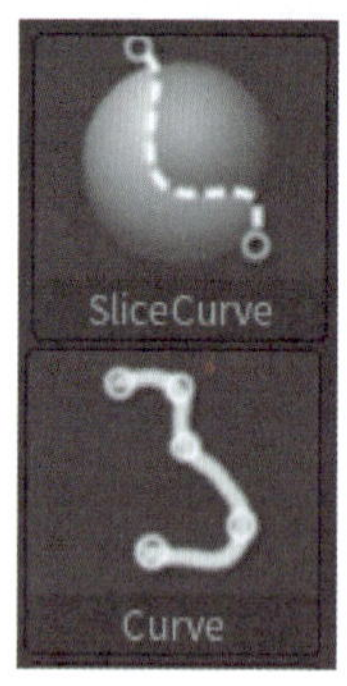

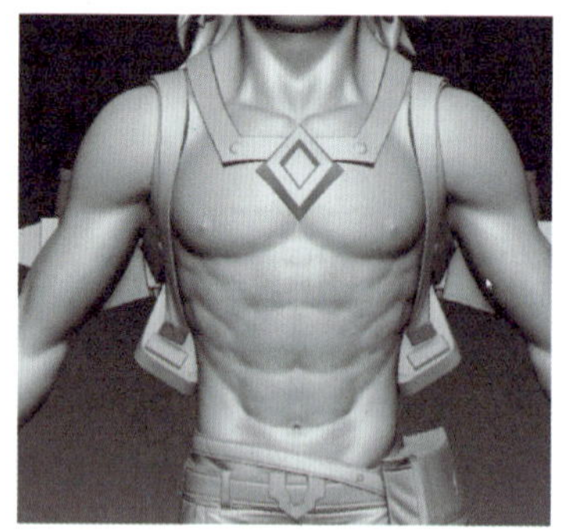

图 2-8-60

（5）选择画笔，点击“笔触”→“曲线函数”→“适合网格”，此时模型边缘会出现虚线，调整画笔大小，点击虚线所在位置，如图 2-8-63 所示。

（6）对其余躯干装备部分进行同样的操作。

（7）用 CurveStrapSnap 笔刷绘制出包边，删除多余的部分，如图 2-8-64 所示。

图 2-8-61

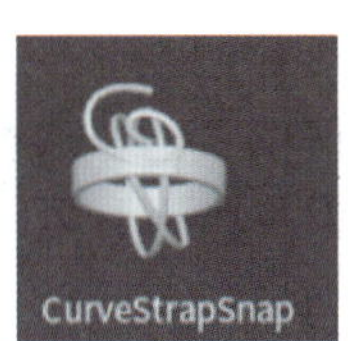

图 2-8-62

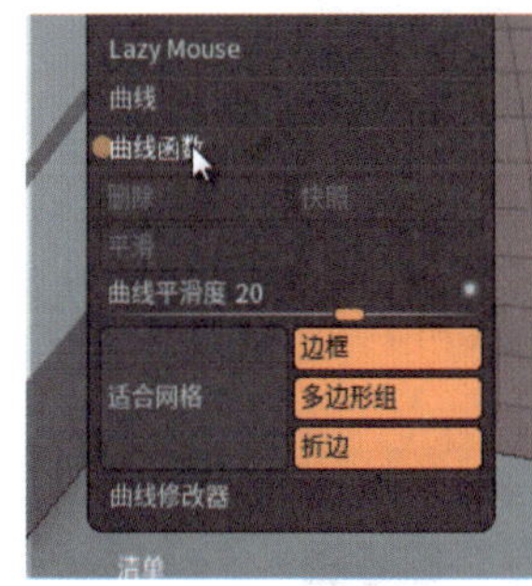

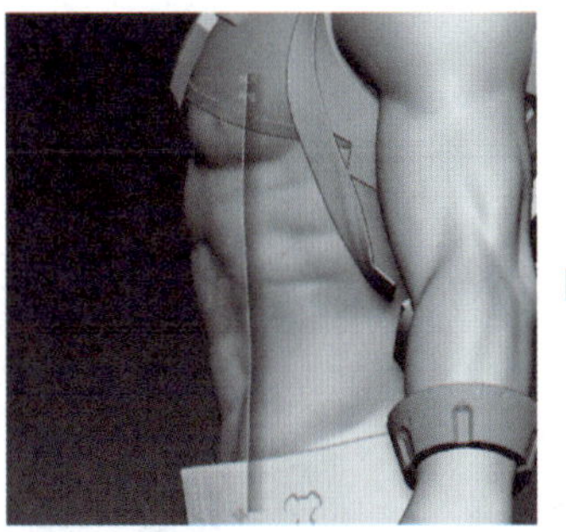

图 2-8-63

（8）在角色肌肉起伏较大的地方适当雕刻一些褶皱，以体现紧身衣的拉伸感。

2. 制作四肢装备

（1）在手掌上绘制遮罩并将其提取出来，使用“ZRemesher”工具进行处理，然后将模型分组并增加面数，如图 2-8-65 所示。

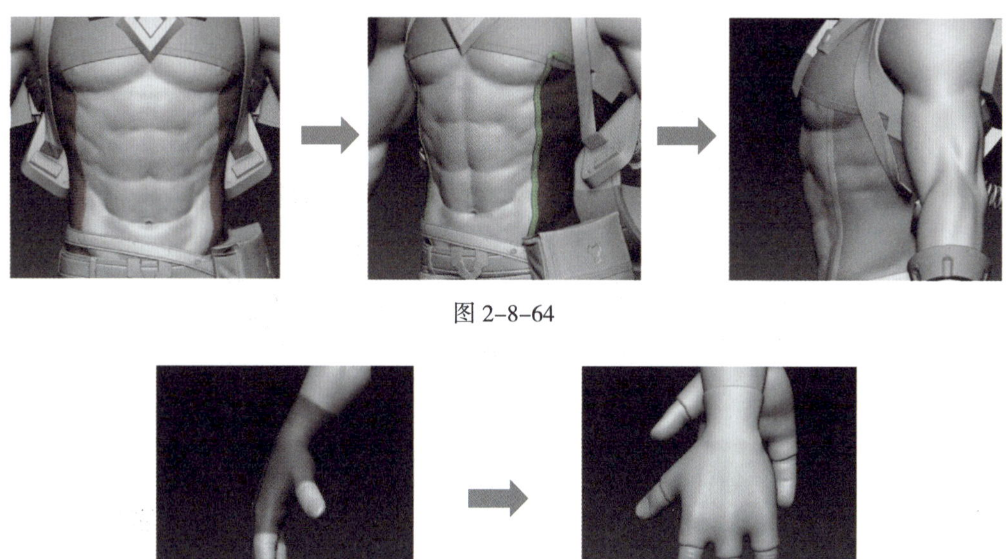

图 2-8-64

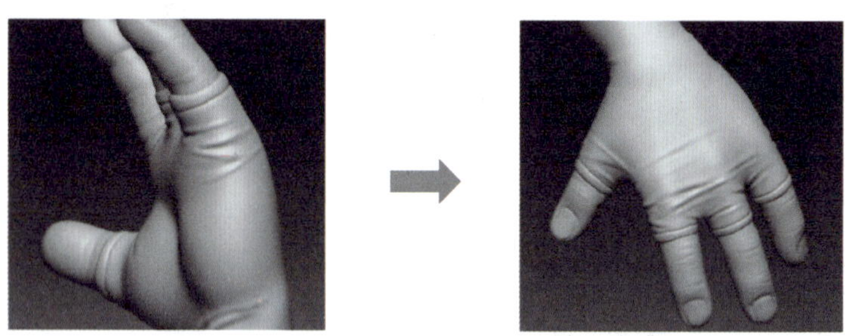

图 2-8-65

（2）雕刻手套褶皱，如图 2-8-66 所示。

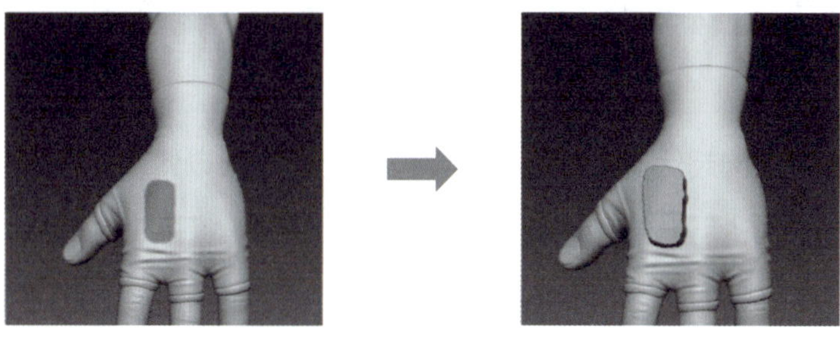

图 2-8-66

（3）使用遮罩绘制出一个长方形来制作手上的装饰金属片，如图 2-8-67 所示。

图 2-8-67

（4）按住 Shift+Ctrl 键切换到裁切工具对金属片进行裁切，如图 2-8-68 所示。

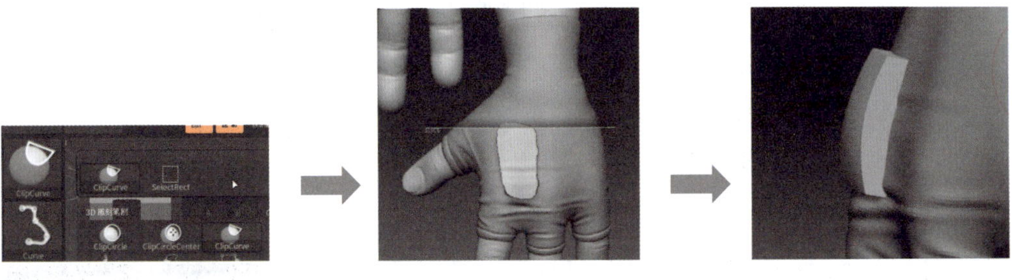

图 2-8-68

（5）对金属片进行抛光。在托盘中点击“变形”→“按组抛光”（将后面的圆点勾选上），在金属片上制作出凹槽，如图 2-8-69 所示。

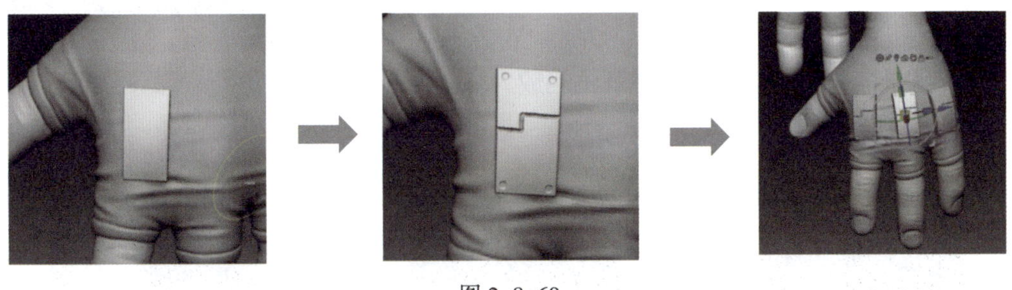

图 2-8-69

（6）追加一个圆柱体，删除其两端多余的地方并将其放到手腕上，放大其顶部轮廓，如图 2-8-70 所示。

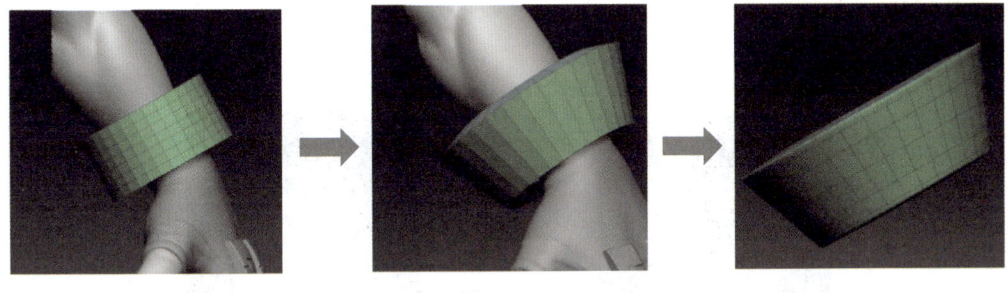

图 2-8-70

（7）使用 Layer 笔刷，在 Alpha 中选择一个 Alpha 贴图（Alpha 贴图需要在 Photoshop 中进行制作），绘制出腕饰上的装饰。将腕饰复制到另一只手腕上，如图 2-8-71 所示。

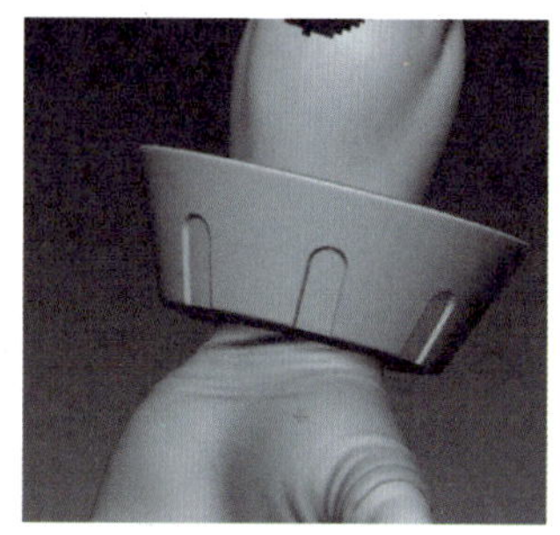

图 2-8-71

（8）复制脚部模型，删除多余的部分，使用提取工具快速制作出鞋子的造型并对其进行调整，在调整完毕后，增加细分表面，如图 2-8-72 所示。

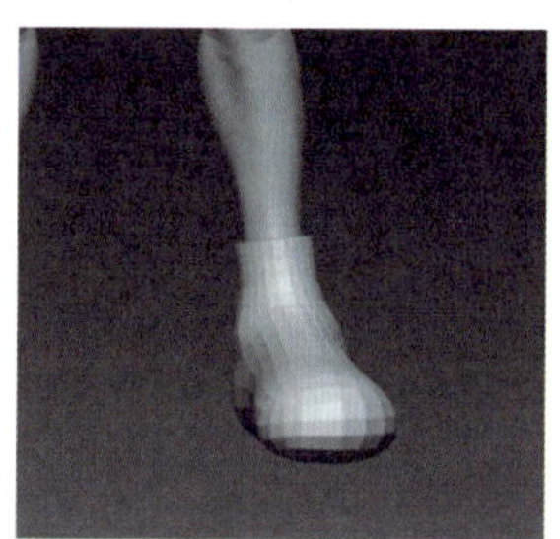

图 2-8-72

（9）使用裁切工具裁切出鞋子的轮廓，然后对其造型进行适当的调整，将鞋子模型复制并向下移动适当距离，再使用“变形”→“充气”工具将其适当放大来作为鞋底，调整鞋底的外轮廓，如图 2-8-73 所示。

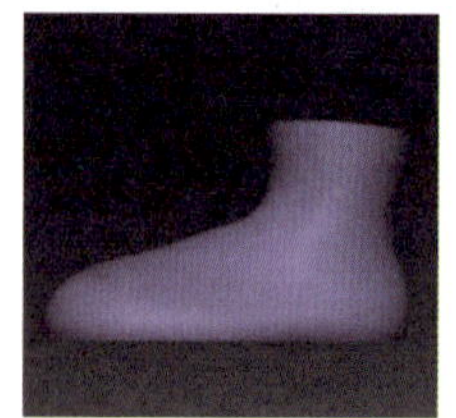
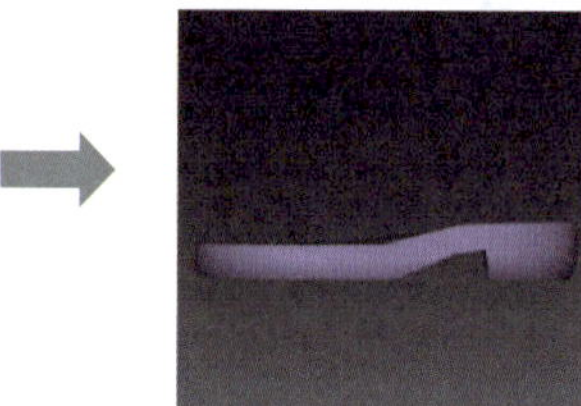

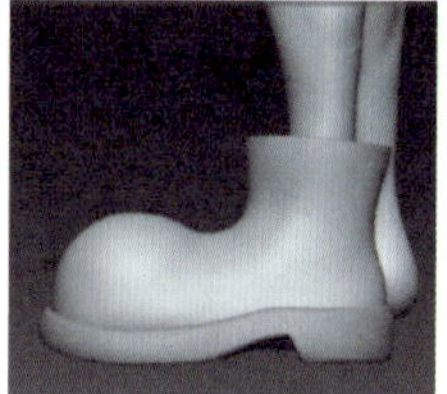

图 2-8-73

（10）复制出一个鞋面，然后将其分组并隐藏多余的部分，制作出装饰的部分，调整鞋面的造型，如图 2-8-74 所示。

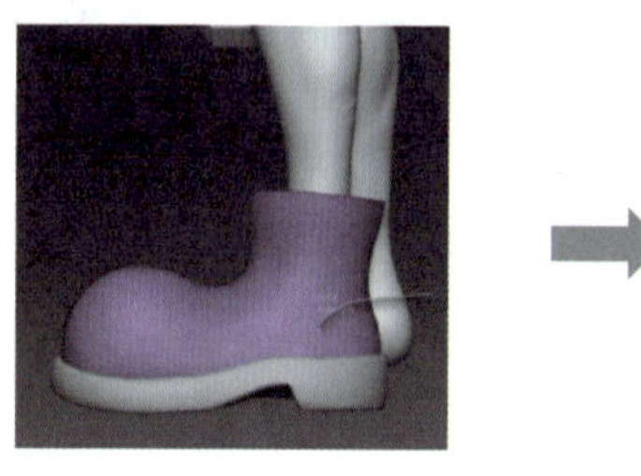
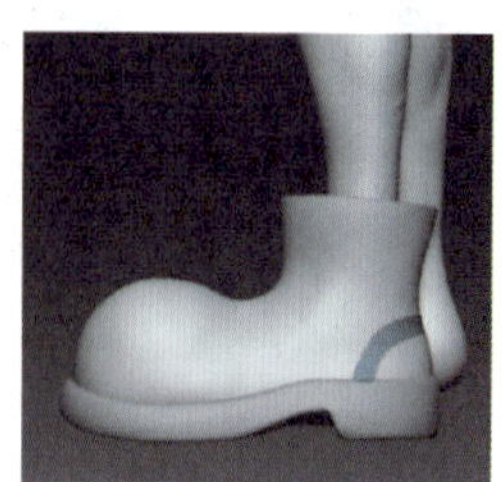

图 2-8-74

（11）复制鞋面模型，切掉多余部分，用分组得到想要的鞋面装饰形状，如图 2-8-75 所示。

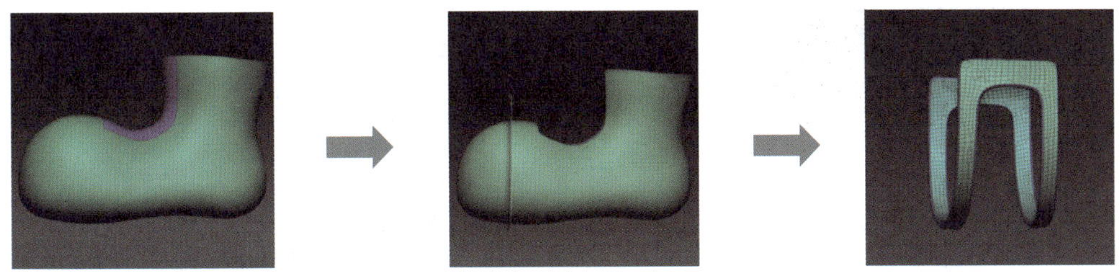

图 2–8–75

（12）使用“几何体编辑”→“边缘环”→“面板环”制作出鞋面厚度，删除多余部分。再复制一个鞋面模型，以裁切出鞋子的包边，如图 2-8-76 所示。

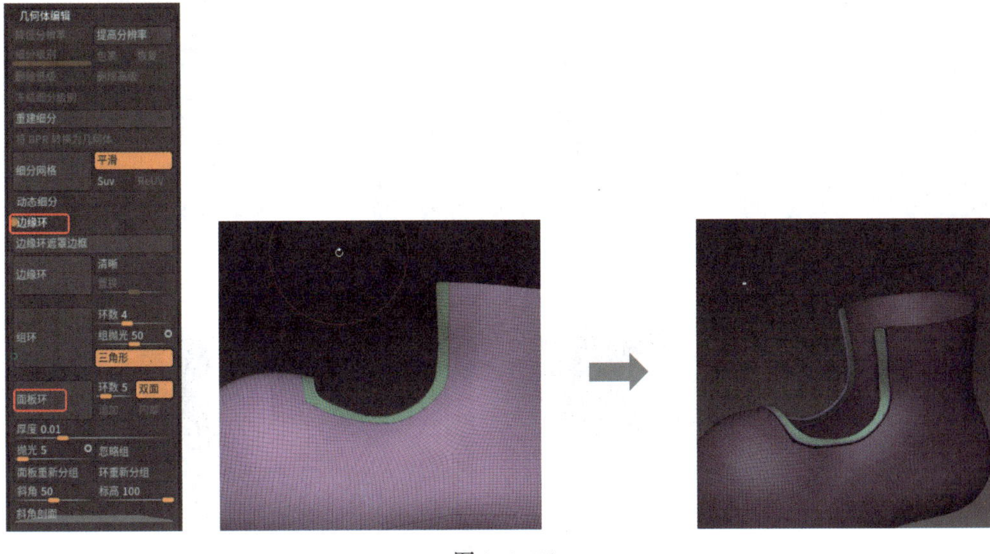

图 2–8–76

（13）使用“面板环”做出包边的厚度，删除多余部分，用移动笔刷调整未贴紧的部位。

（14）复制鞋面模型，制作鞋舌和鞋子上的装饰物。

（15）使用“ZModeler”工具对模型进行卡边，然后增加细分表面，使用 Layer 笔刷绘制出鞋面的凹槽，如图 2-8-77 所示。

（16）将鞋面模型导入 Maya 来制作鞋帮，追加一个圆柱体，调整其外轮廓和高度，在其中间添加两条线，删除多余的面，使用挤出工具制作出鞋帮的厚度和凹槽，如图 2-8-78 所示。

（17）对鞋面模型边缘进行布线，然后将其导入 ZBrush，在鞋面的皮革和其余常弯折的地方雕刻适量褶皱，在鞋带两端雕刻一些装饰图案，如图 2-8-79 所示。

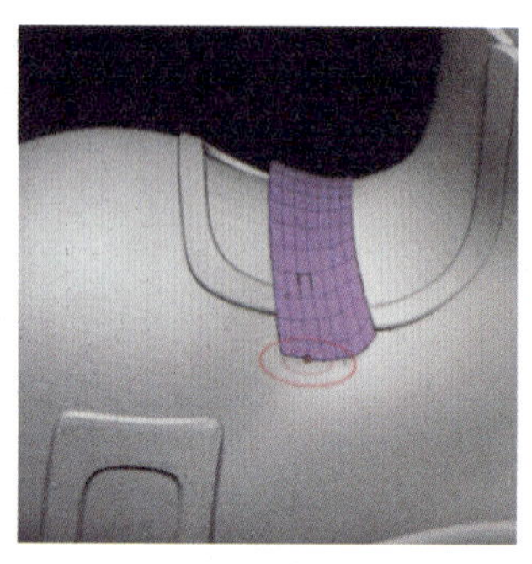

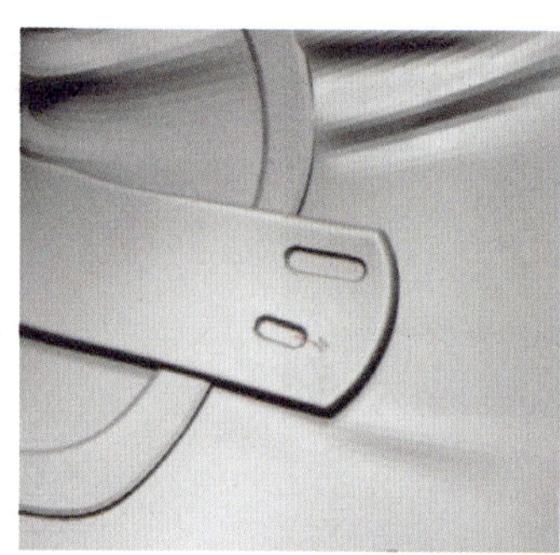

图 2-8-77

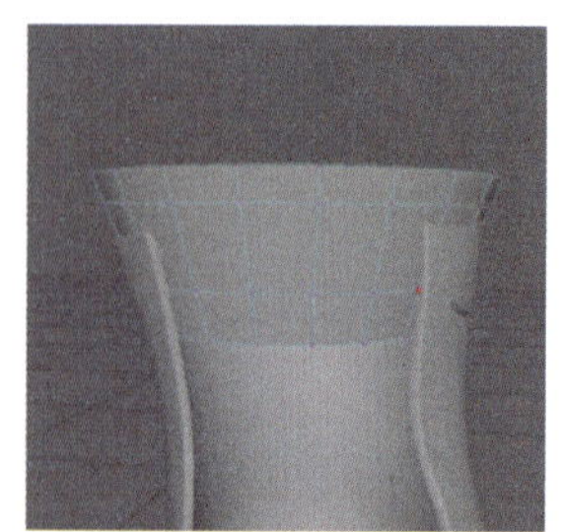
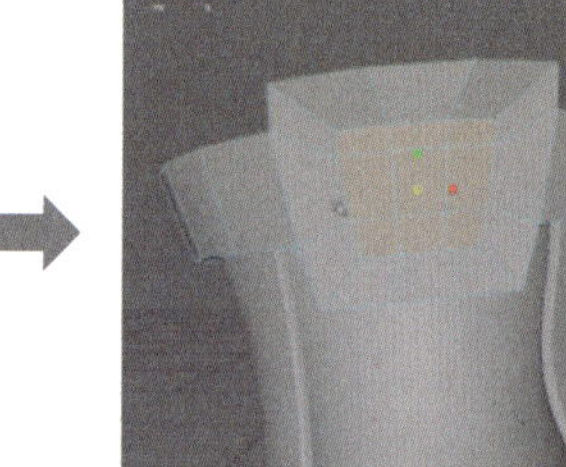
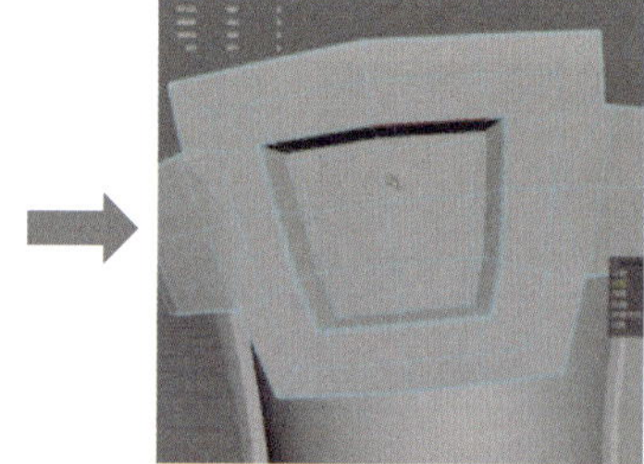

图 2-8-78

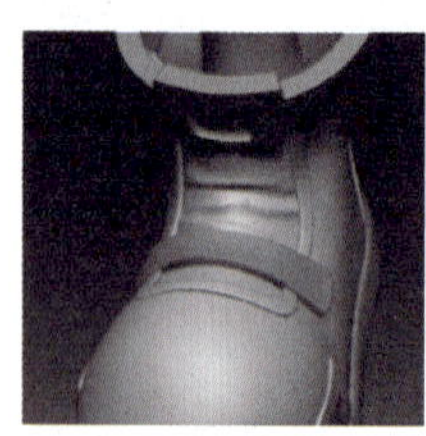
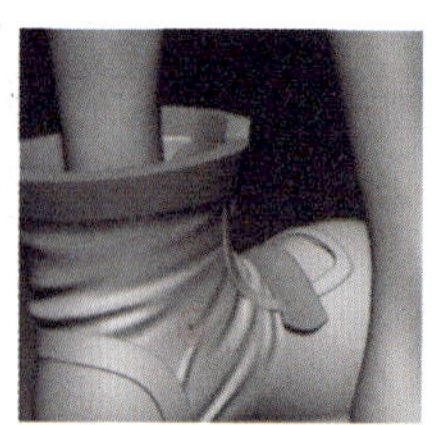
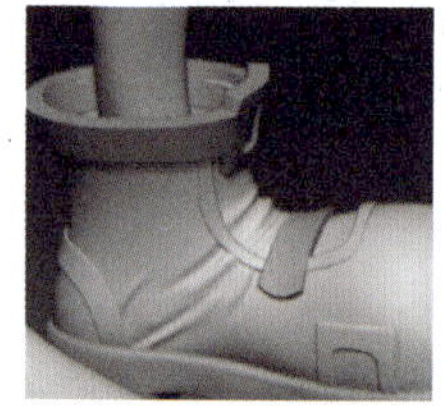
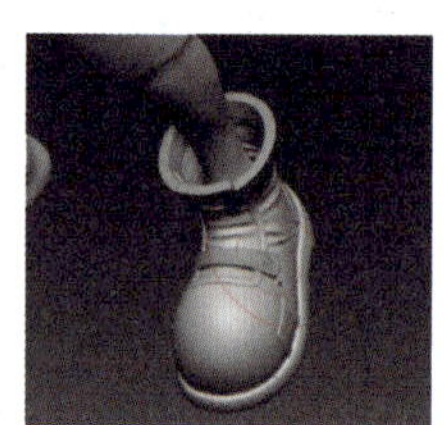

图 2-8-79

（18）复制鞋子模型到另一只脚，鞋子的制作便完成了，如图 2-8-80 所示。至此四肢装备制作完成。

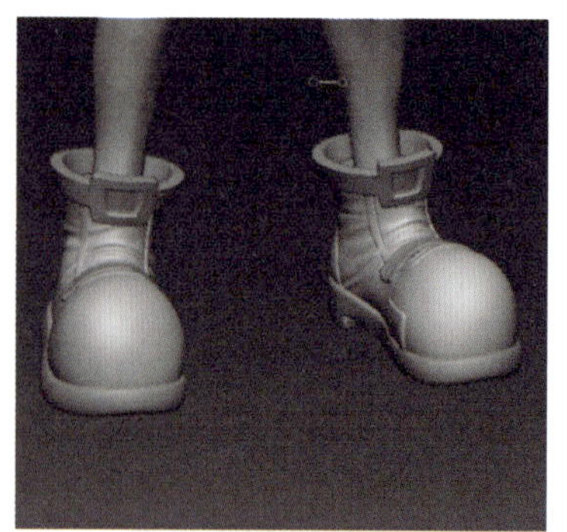

图 2-8-80

五、武器与飞行包制作

1. 制作枪管

通过观察原画（见图 2-8-81）可知，角色的武器为一支“Q 版”的枪，整体形态较为短粗。

（1）在 Maya 中新建一个圆柱体，将其旋转至可以观察到一端的圆形面，选择该圆形面，用挤出工具进行挤压和缩放，最终形成如图 2-8-82 所示形状。

（2）使用“插入循环边工具”（见图 2-8-83 的左图）在模型接近边缘处添加环切线（见图 2-8-83 的右图中黄色线条），使用“倒角边”命令，然后选中环切线，再使用“变换组件”命令，点击蓝色箭头将该部分向内推。

（3）使用倒角或卡线来制作武器的硬表面结构，如图 2-8-84 所示。

（4）制作完成的枪管的大致外形如图 2-8-85 所示。

图 2-8-81

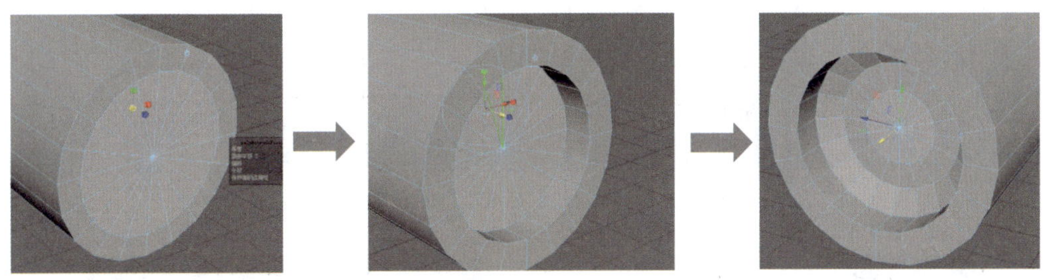

图 2-8-82

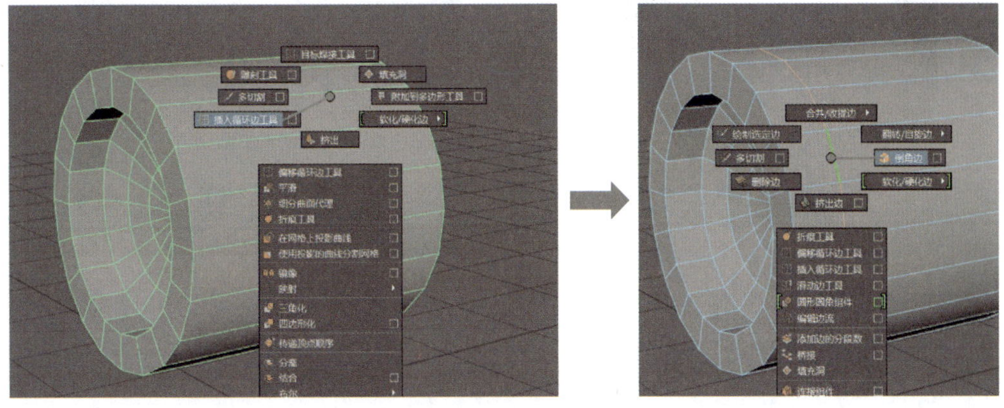

图 2-8-83

2. 制作枪管上的其余结构

在枪管上添加环切线（见图 2-8-86），采取间隔选取的方式选中图 2-8-87 所示的面，并使用挤出工具制作出凹槽（见图 2-8-88），制作完成后使用卡线对凹槽边缘进行处理（见图 2-8-89），最后使用平滑工具修整凹槽的边缘（见图 2-8-90）。最终效果如图 2-8-91 所示。

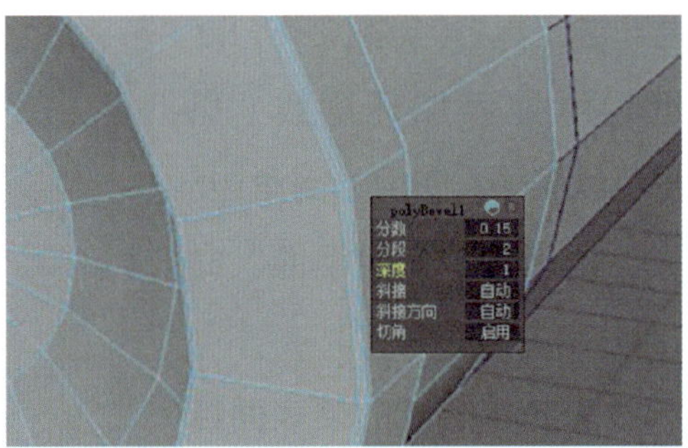

图 2-8-84

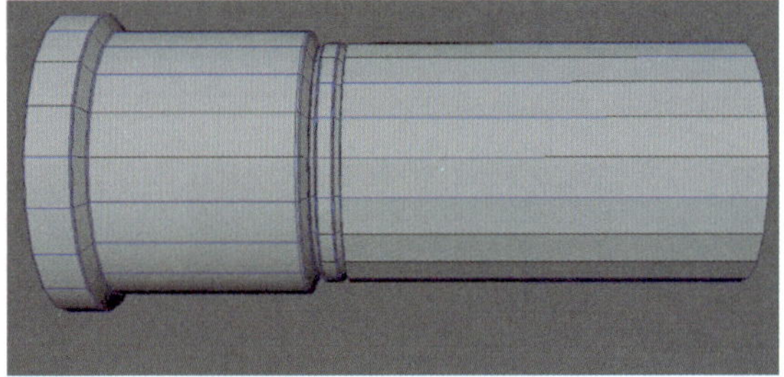

图 2-8-85

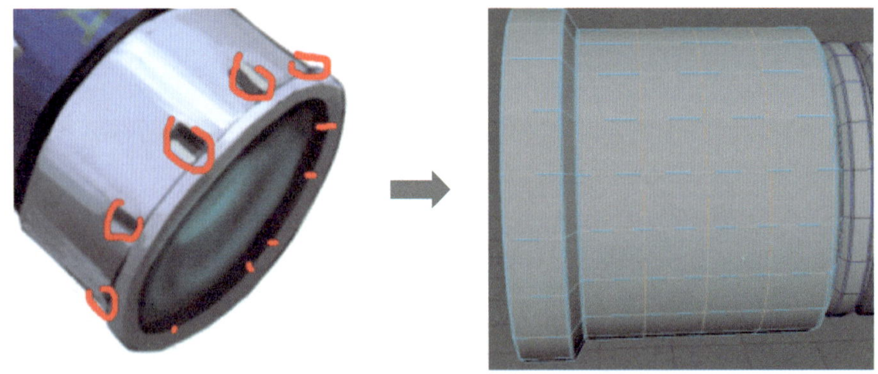

图 2-8-86

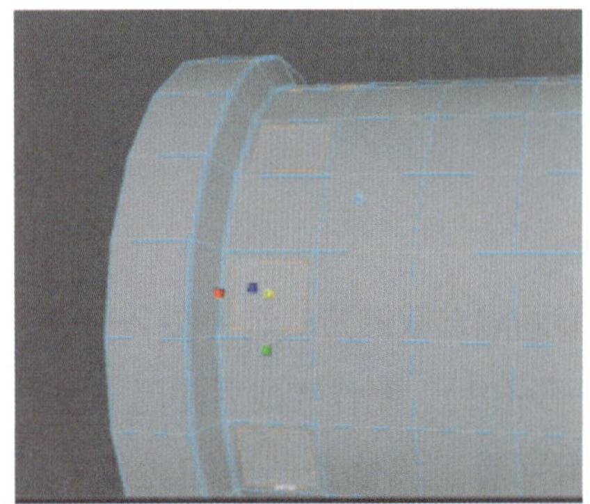

图 2-8-87

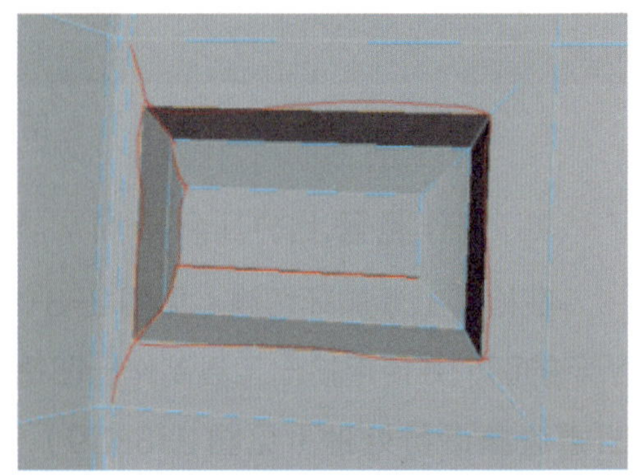

图 2-8-88

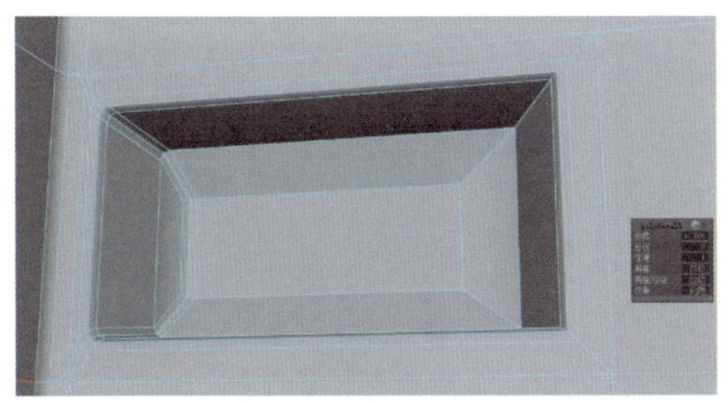

图 2-8-89

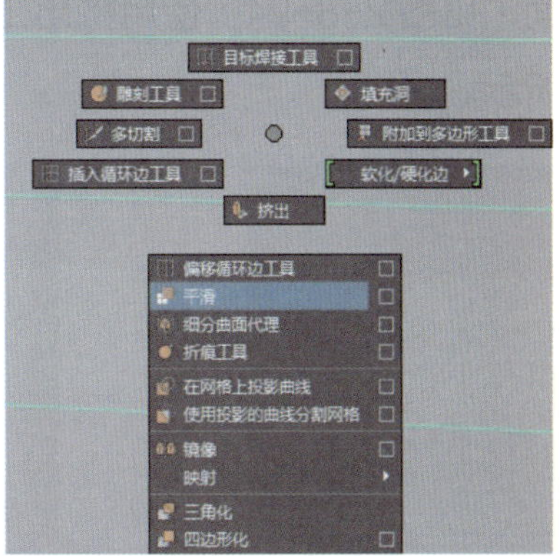

图 2-8-90

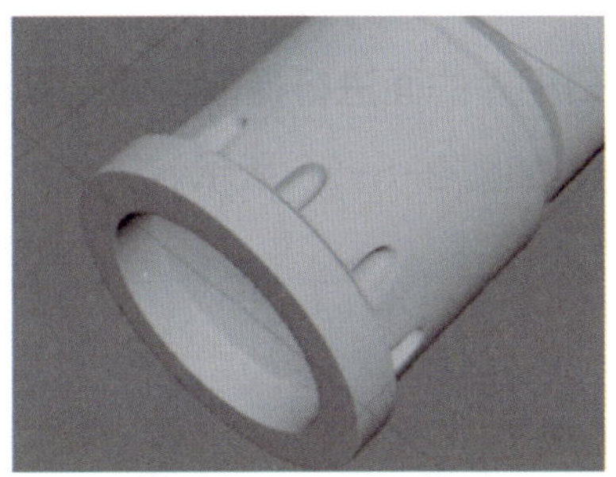

图 2-8-91

3. 制作弹夹

（1）根据原画新建一个外形为方盒状的弹夹，将其调整至合适的位置和大小，在其边缘使用倒角工具，如图 2-8-92 所示。

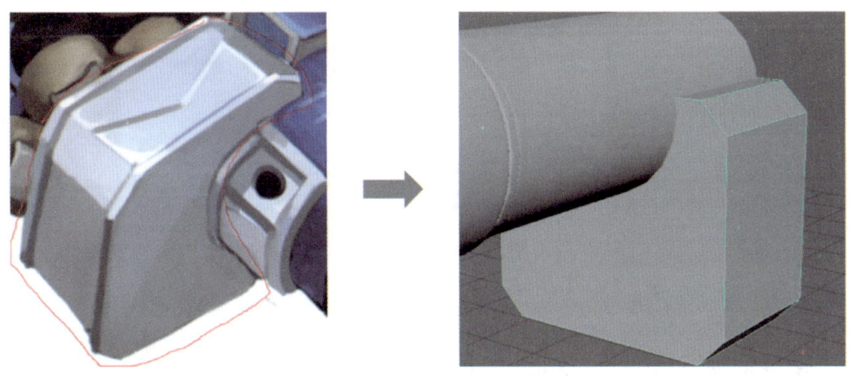

图 2-8-92

（2）在弹夹上添加两条环线，对两条环线之间的面使用挤出工具，如图 2-8-93 所示，然后在弹夹中间添加一条环线，使其垂直于前两条环线。对红线区域内的面（见图 2-8-94）使用挤出工具，然后对其边缘使用倒角工具，如图 2-8-95 所示。

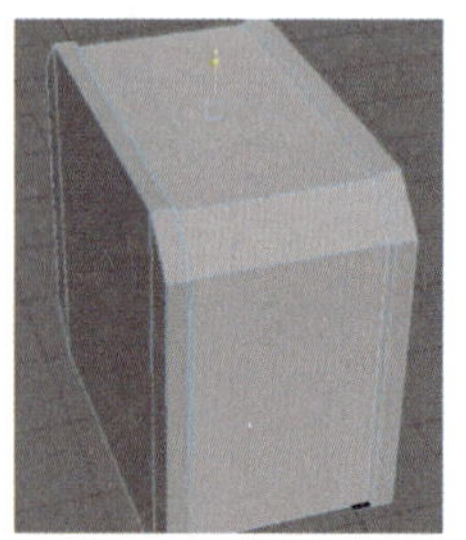

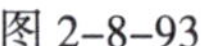
图 2-8-93

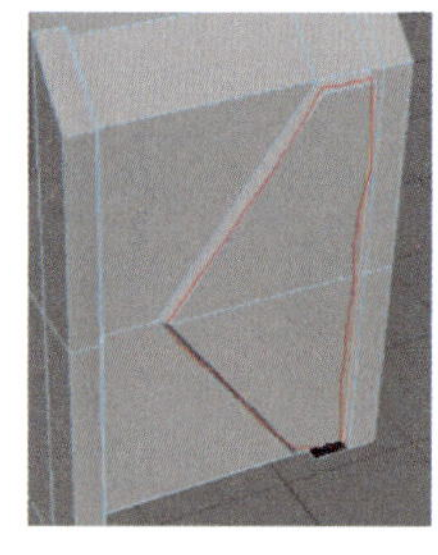

图 2-8-94

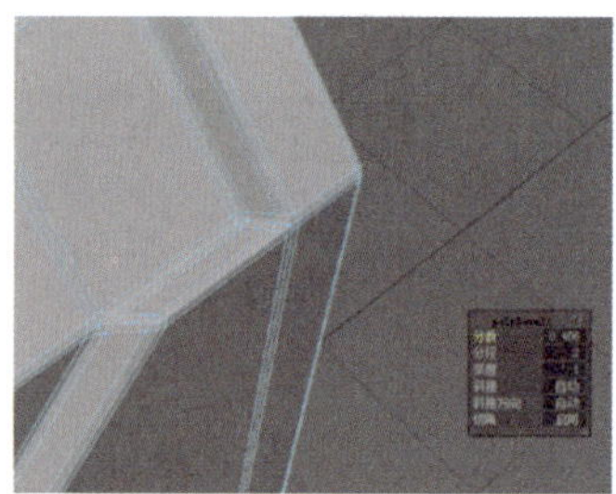

图 2-8-95

4. 制作枪管细节

（1）选中枪管上与枪口相对的面进行提取，调整其形状和位置并将其挤出厚度，经加线和选面后再挤出，如图 2-8-96 所示。

图 2-8-96

（2）将挤出部分最内环的面手动调整为圆形，依次对其进行挤出、缩小和卡线操作，如图 2-8-97 所示。

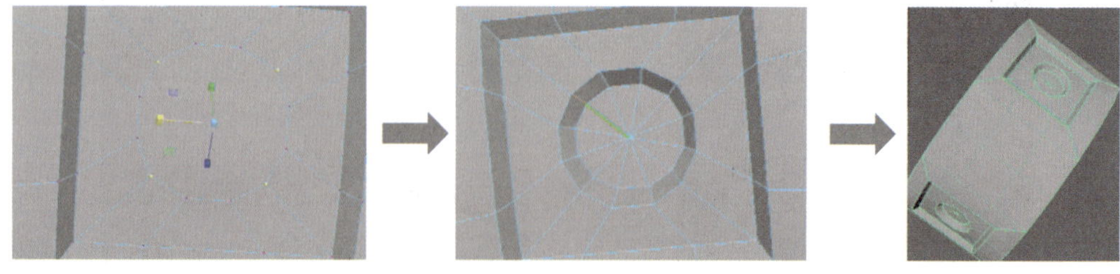

图 2-8-97

（3）继续刻画枪管细节，如图 2-8-98 所示。

5. 制作枪身

（1）根据原画新建一个立方体作为枪身，对其边缘使用倒角工具，如图 2-8-99 所示，添加环线，将“循环边数”改为 20，如图 2-8-100 所示。

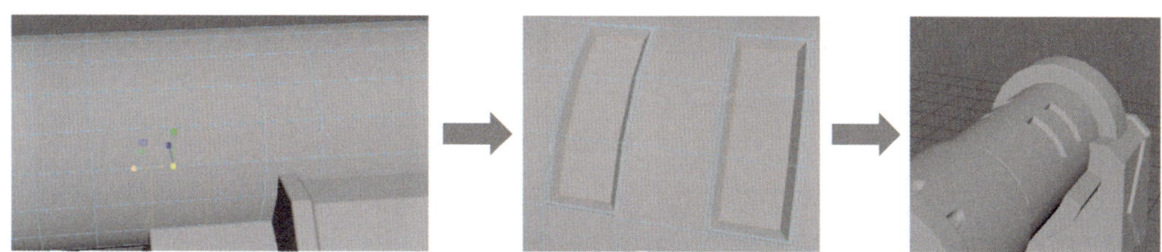

图 2-8-98

（2）删除枪身的多余线段，选择其下排的点并通过平移操作来调整布线结构，如图 2-8-101 所示。

（3）挤压特定的面，如图 2-8-102 所示。

（4）制作出武器剩余的部分，如图 2-8-103 所示。

（5）武器的最终效果如图 2-8-104 所示。

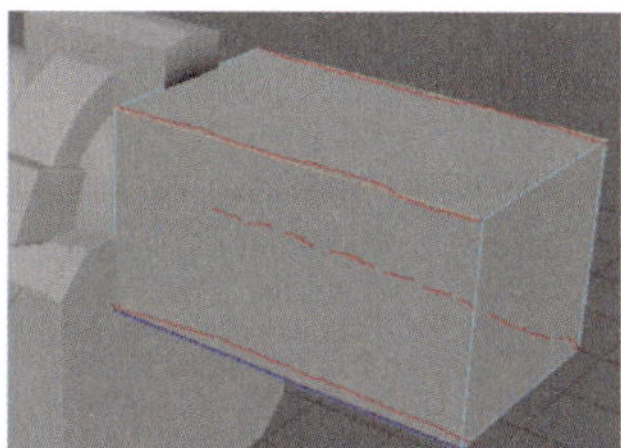

图 2-8-99

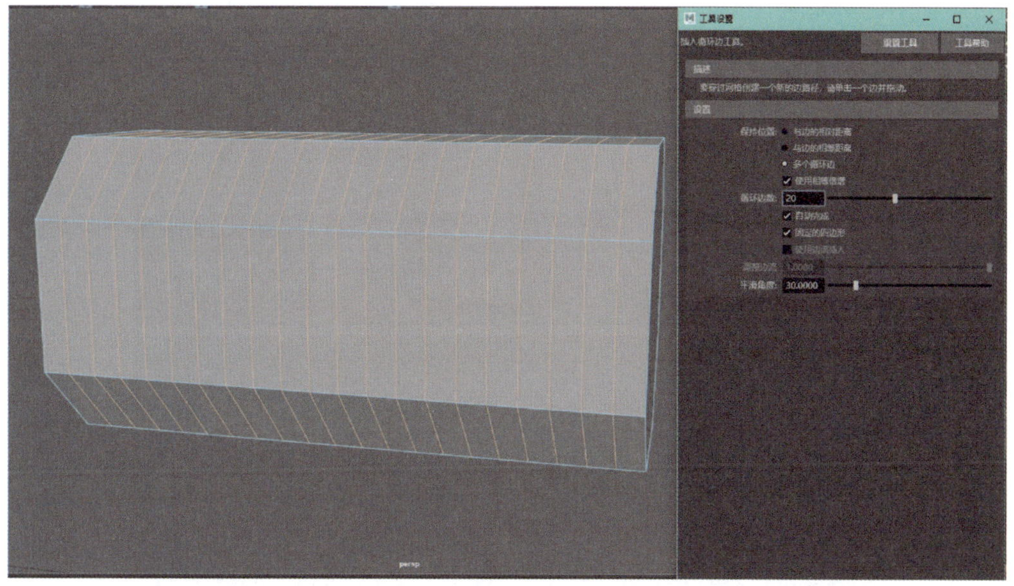

图 2-8-100

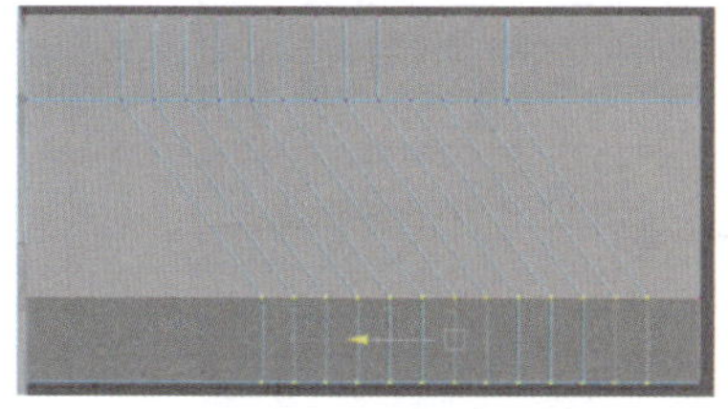

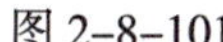

图 2-8-101

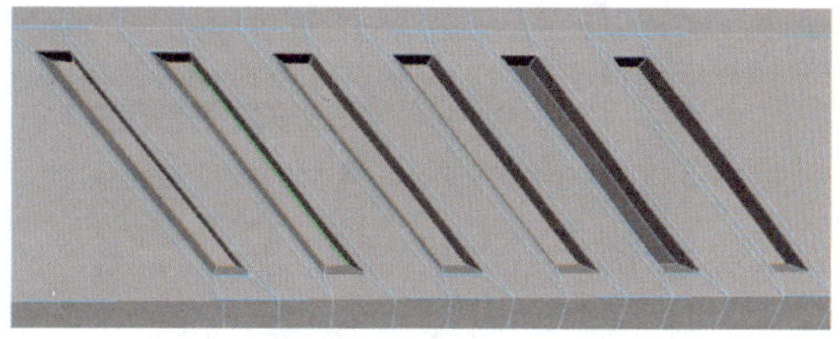

图 2-8-102

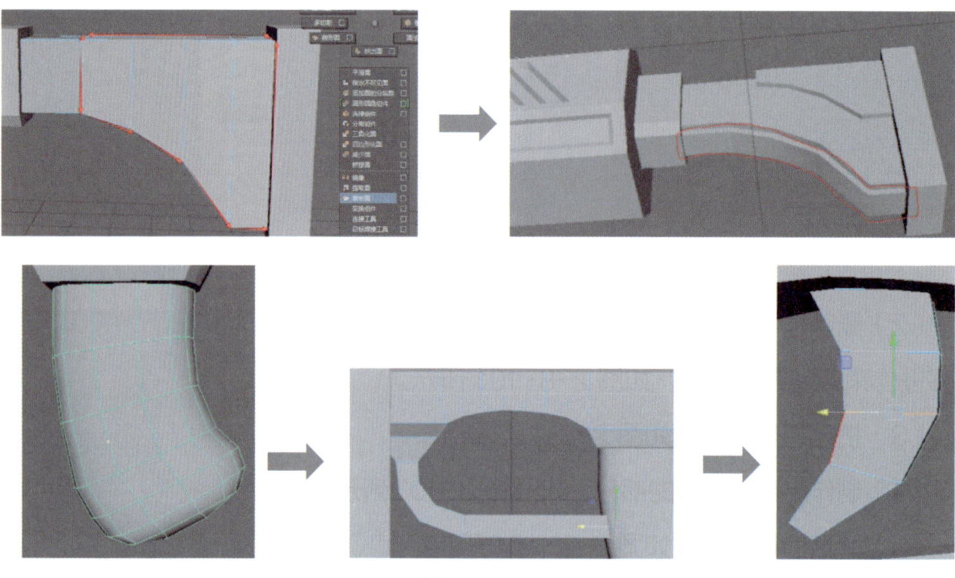

图 2-8-103

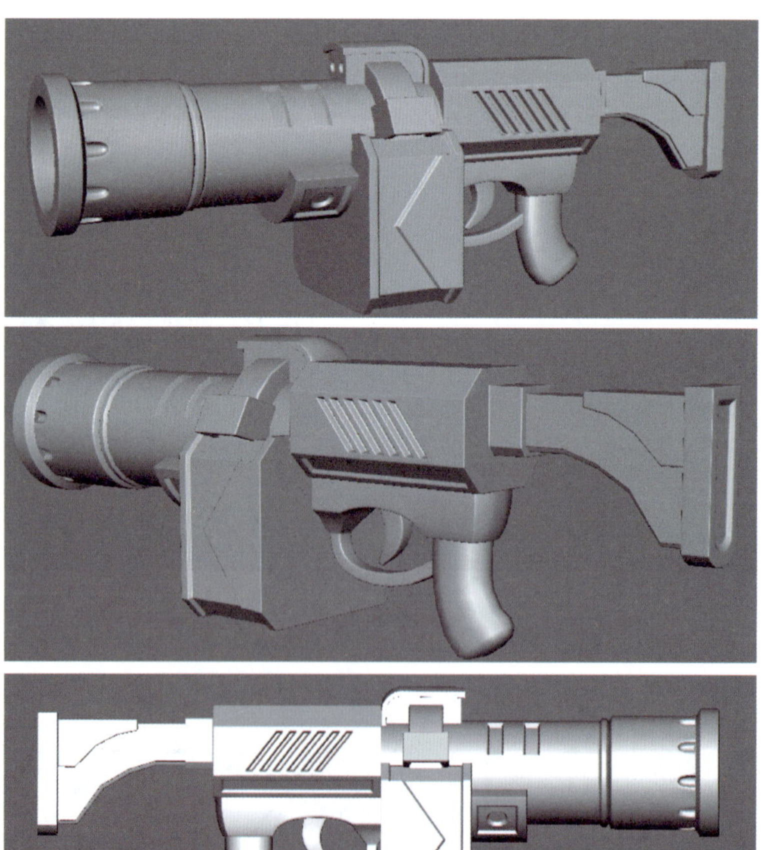

图 2-8-104

6. 制作飞行包

飞行包的外观如图 2-8-105 所示。

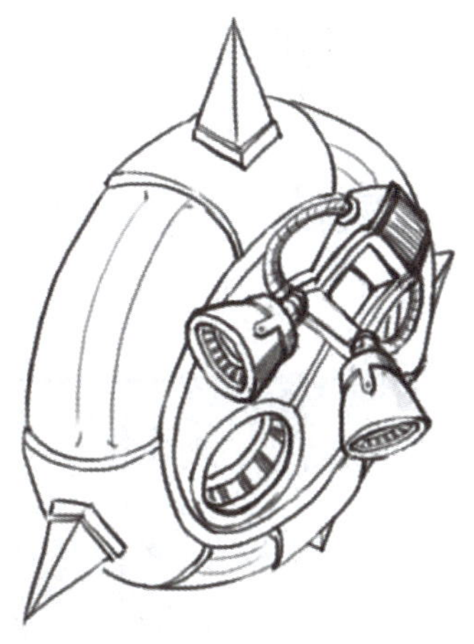
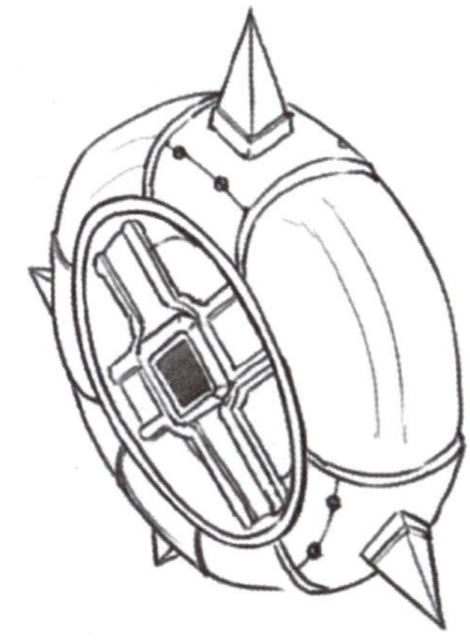

图 2-8-105

（1）创建一个圆环，注意其内外直径的比例大小，删除内圈的面，按住 Ctrl 键并用鼠标左键连续选中两个相邻的面以选中相应的循环面（见图 2-8-106 的左图），删除上下两侧选中的循环面，再使用元素选择删除圆环中间的部分，如图 2-8-106 的右图所示。

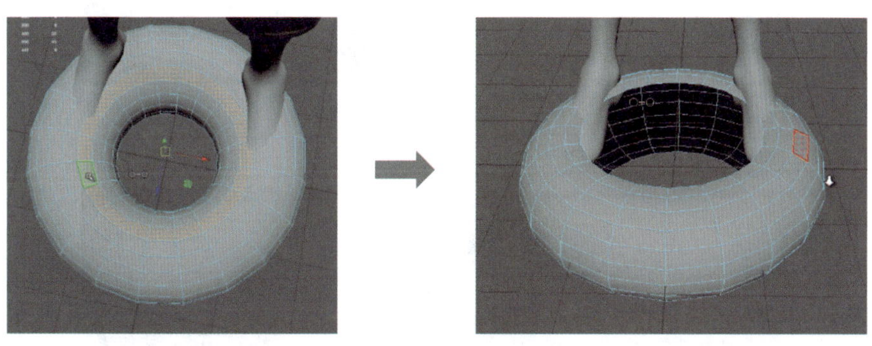

图 2-8-106

（2）双击选中模型的内圈循环线，点击将其向上拖出，焊接顶点。然后选中需要的面，对其进行挤出和卡线操作，如图 2-8-107 所示。

（3）保留需要的部分，将其余的面删除，再挤出厚度，如图 2-8-108 所示。

（4）创建一个“十”字样的平面，如图 2-8-109 所示。

（5）制作该平面的外边缘包边，注意做出圆滑的弧度，如图 2-8-110 所示。

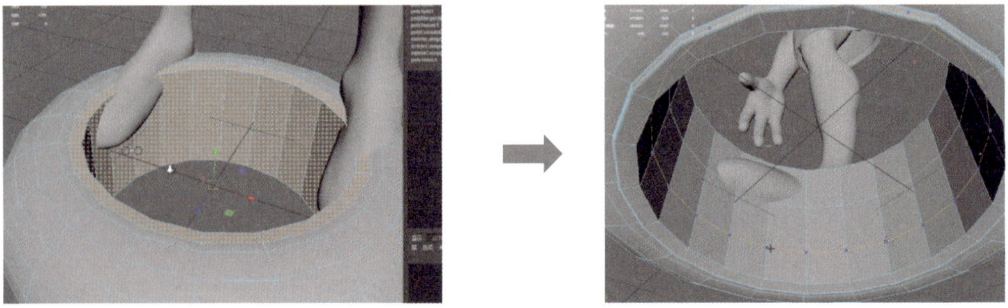

图 2-8-107

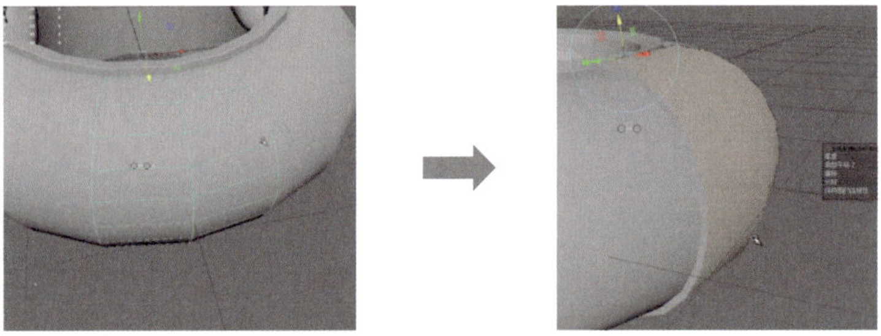

图 2-8-108

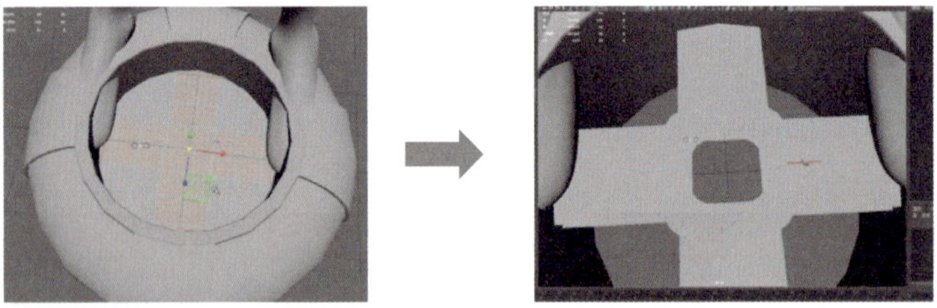

图 2-8-109

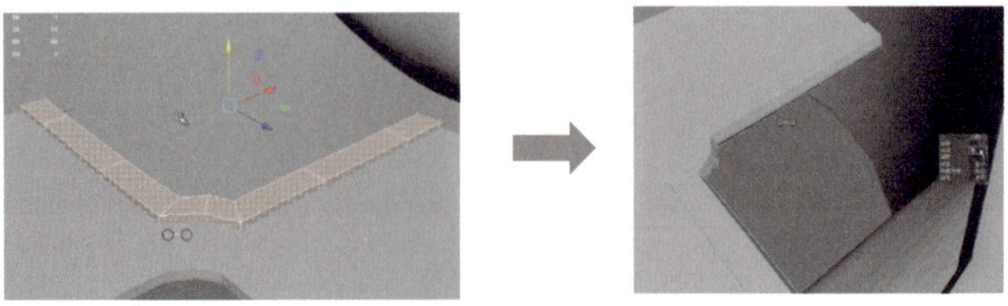

图 2-8-110

（6）用同样的方法制作出该平面的内边缘包边，如图 2-8-111 所示。

（7）制作尖头，如图 2-8-112 所示。

（8）在如图 2-8-113 所示位置创建一个圆柱体，使用面片对应卡点，要保证圆形足够圆滑，其线段数量可以较少，如图 2-8-114 所示。

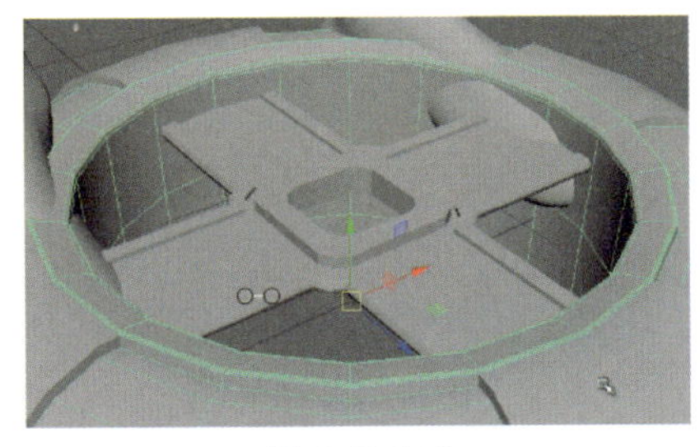

图 2-8-111

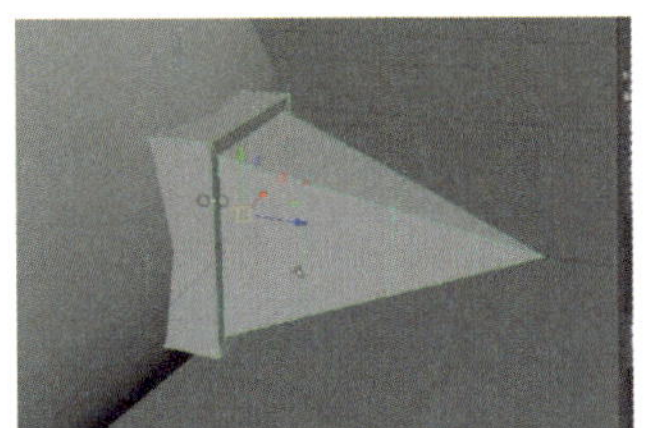

图 2-8-112

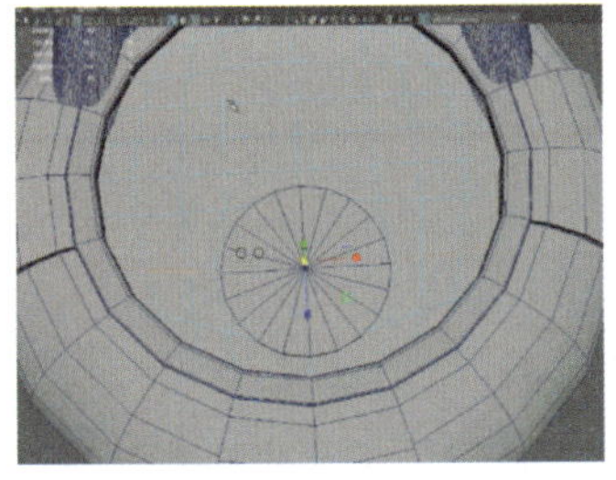

图 2-8-113

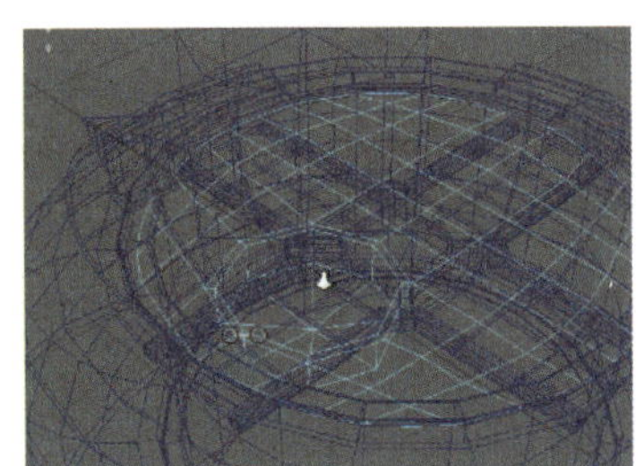

图 2-8-114

（9）在刚刚制作出的空洞中复制出面片并将其挤出，然后进行平滑操作，以做出圆环形包边，如图 2-8-115 所示。

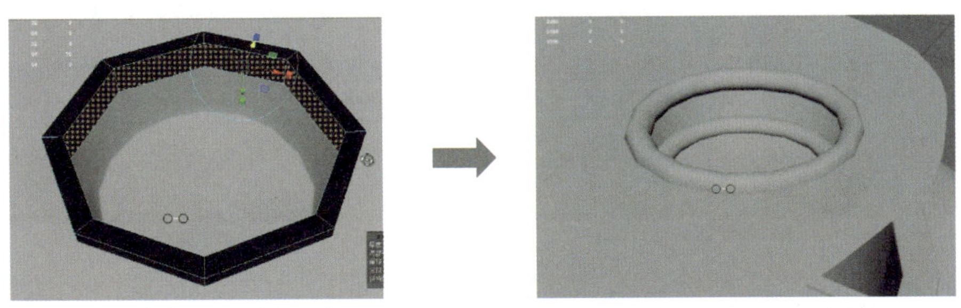

图 2-8-115

（10）制作散热板，如图 2-8-116 所示。

（11）使用线和圆片制作导管。为了使导管平滑，其线段数应尽可能多，制作肩部的电池导管时也是如此，如图 2-8-117 所示。

（12）飞行包的最终完成效果如图 2-8-118 所示。

六、角色拓扑

拓扑低面数的模型需要掌握的要点有：保证外轮廓的还原度，保留动画需要的环线，尽可能将面数放在圆滑过渡上，以及注意面数的控制。上千面的手游角色与上万面的端游或单机角色在模型精度上肯定是天差地别的。

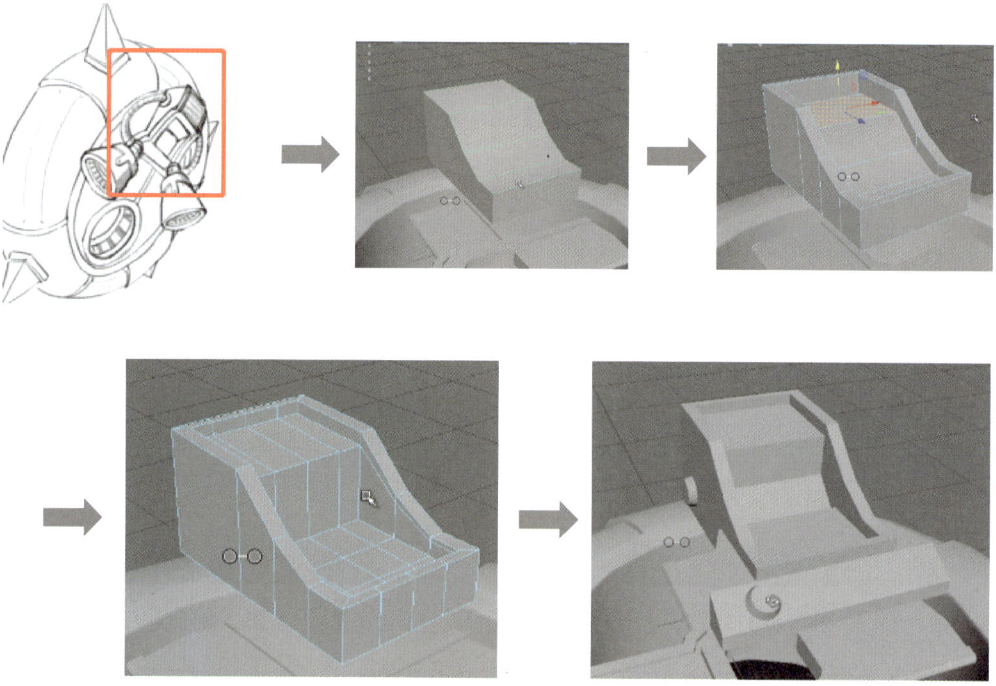

图 2-8-116

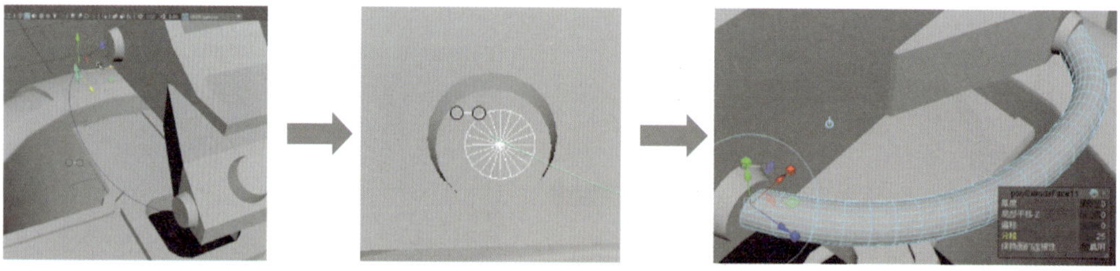

图 2-8-117

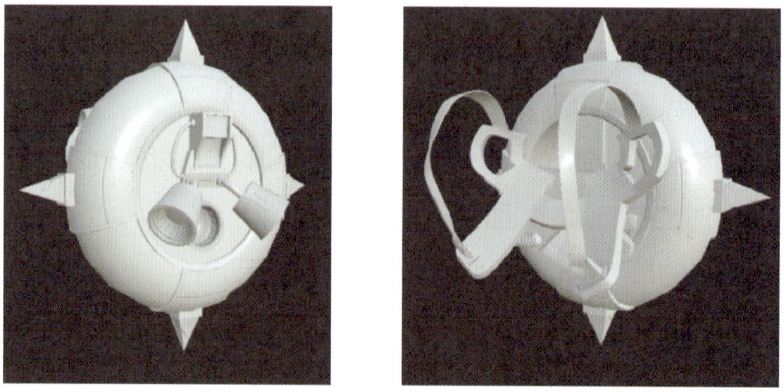

图 2-8-118

此处的面数指的是三角形面的数量，计算机的图形运算模式只能以三角形面为基础，其中四边形面相当于由两个三角形面组成，即一个四边形面等于两个三角形面。游戏模型只允许有三角形面和四边形面，绝对不允许有边数为 4 以上的面出现。

1. 本次制作的是一个高精度的模型（以下简称高模），其面数预计控制在四万以内，要合理把控面数，将每一个面都用在最恰当的地方，减少资源浪费。首先设置 Maya 界面，使视口显示面数，以便随时查看拓扑出来的低模面数。在视口左上角，要特别注意“Tris”即三角形面的数量，如图 2-8-119 所示。

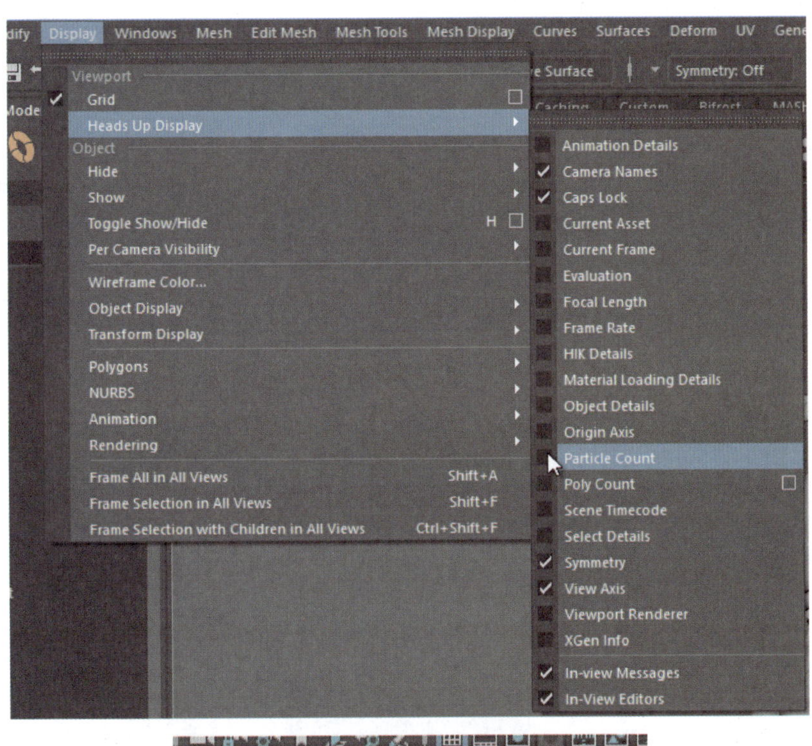

图 2-8-119

2. 将高模适当减面后导出为 OBJ 格式，导入 Maya。隐藏模型其余部分，仅保留需要拓扑的身体部分，如图 2-8-120 所示。

3. 点击工具栏中的磁铁工具，选中高模，然后点击右上角按钮，选中右侧属性栏的“四边形绘制”，在“对称”里选择“对象 X”。

4. 眼的拓扑只需要制作其中的一半，另一半通过对称制作即可。在高模上间隔性地点击所需要的顶点，制作环线，这有利于后期动画绑定、减少模型贴图拉扯，以及模型的轮廓优化，如图 2-8-121 所示。

5. 嘴的拓扑同上。在大致完成环线后再连接其余地方，如图 2-8-122 所示。

6. 在转折处用三线或者五线的方式来过渡，并尽量使用环线，如图 2-8-123 所示。

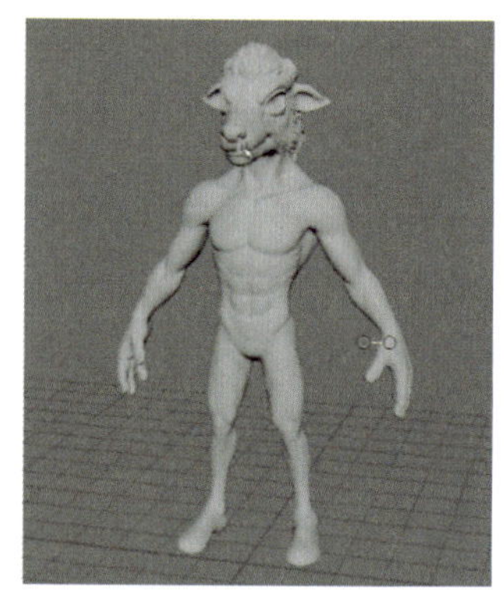

图 2-8-120

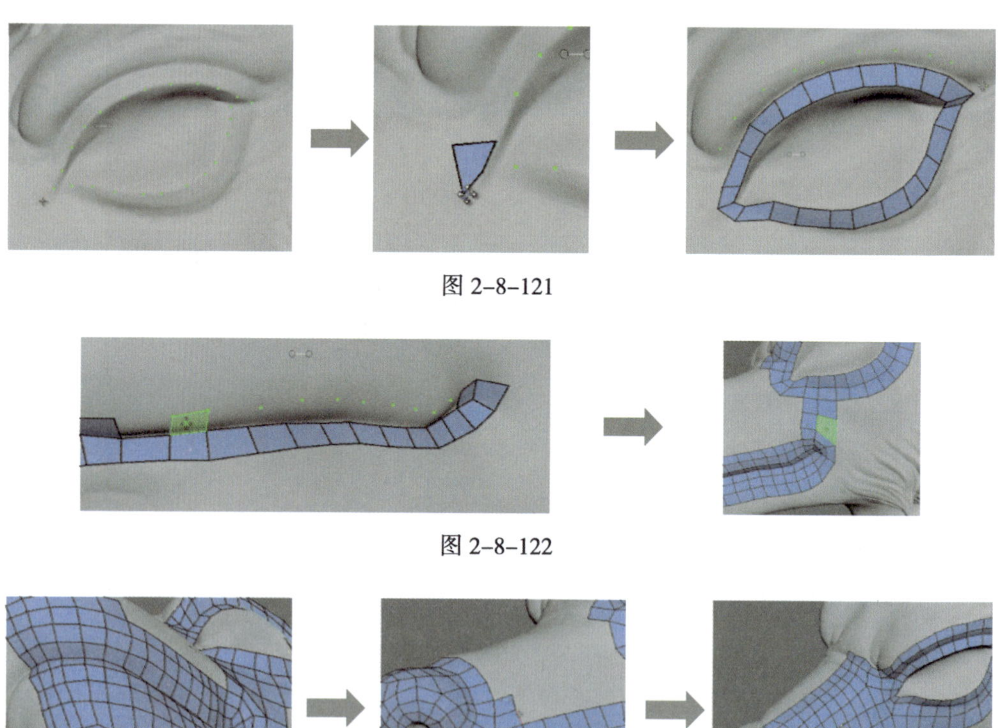

图 2-8-121

图 2-8-122

图 2-8-123

7. 在模型眼角处合并部分的点，如图 2-8-124 所示。

8. 对耳和其余毛发的外轮廓进行拓扑时，要避免将过多的面合并到一个点上，如图 2-8-125 所示。

9. 头部后侧由于结构细节较少，所以面数可相应减少，如图 2-8-126 所示。

10. 头部一侧的低模布线如图 2-8-127 所示。

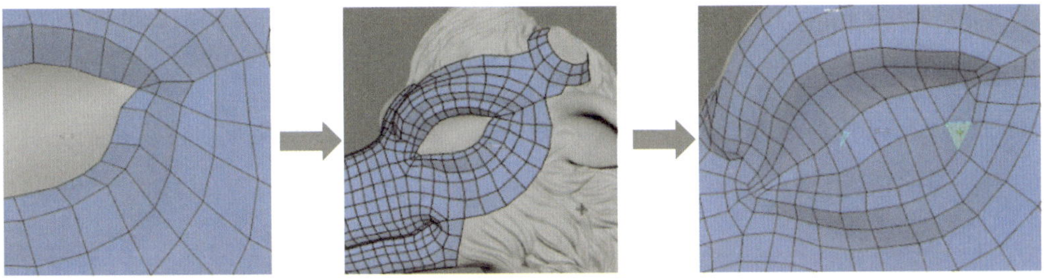

图 2-8-124

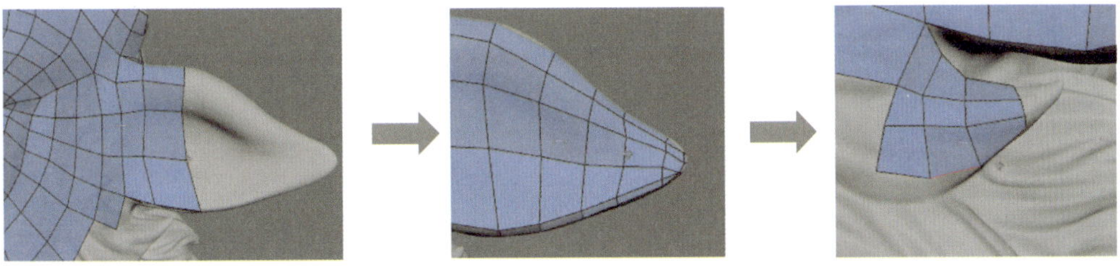

图 2-8-125

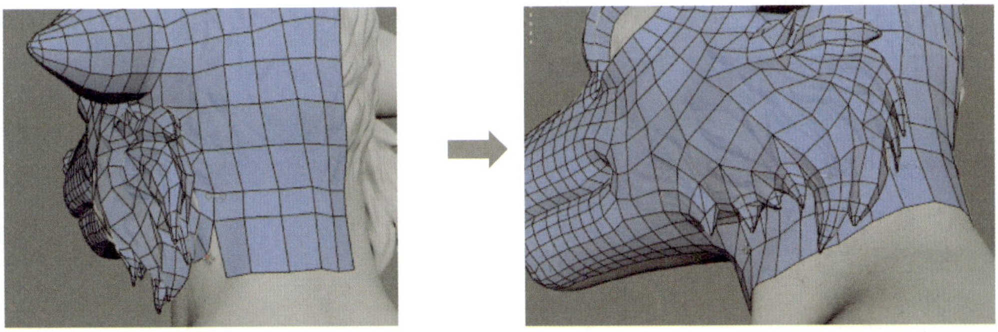

图 2-8-126

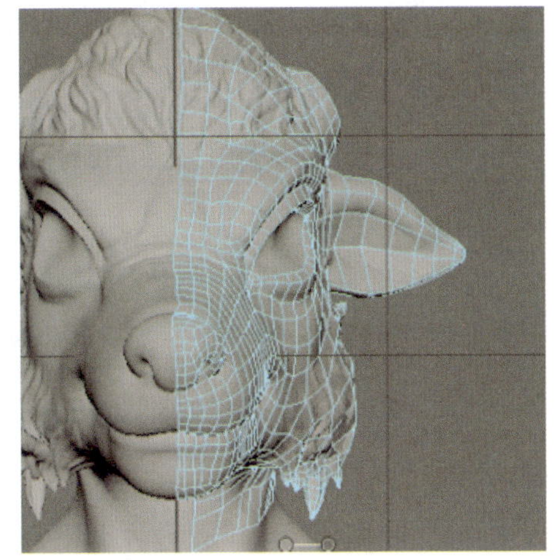

图 2-8-127

11. 切换到顶点，将中间作为对称轴的点压缩平整，然后进行对称处理，以制作出头部中线另一侧的布线，至此整个头部布线便制作完成。

12. 胸部拓扑从锁骨位置开始制作环线，然后对三角肌和胸肌依次进行拓扑，如图 2-8-128 所示。

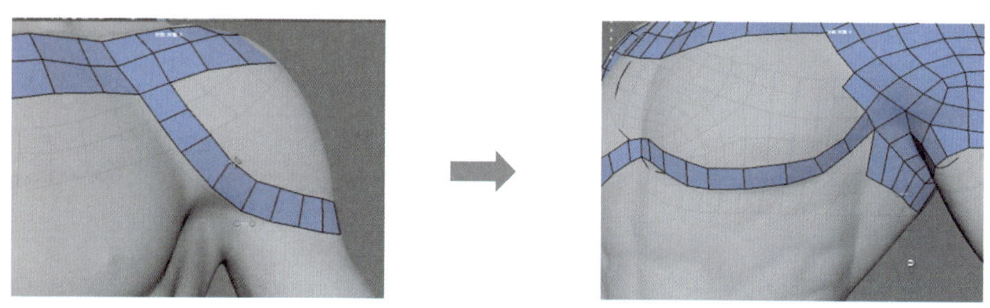

图 2-8-128

13. 腹部拓扑采用“井”字形循环面，注意在动画里需要大幅度运动的部位均需要布置循环线，如图 2-8-129 所示。

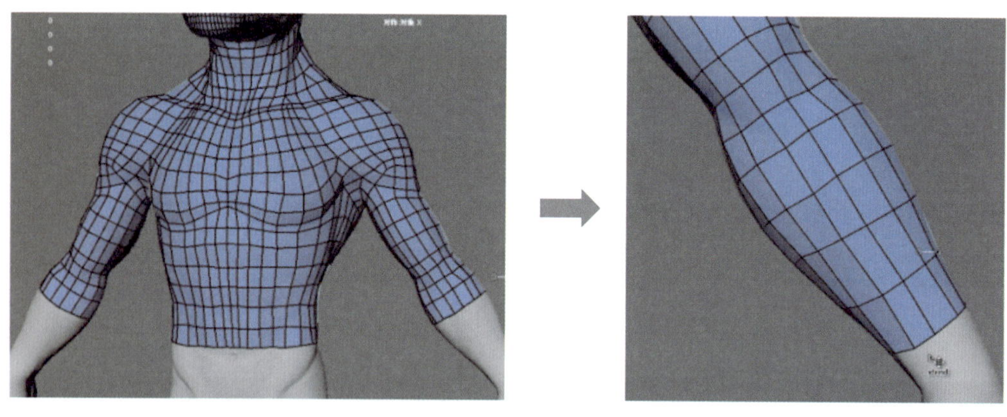

图 2-8-129

14. 手指拓扑从指尖开始制作，依次向上包裹，在关节处的布线须密集，如图 2-8-130 所示。

15. 指缝需要进行过渡处理，如图 2-8-131 所示。

16. 注意控制手掌的拓扑面数，在拇指处需要制作环线，如图 2-8-132 所示。

17. 胯部拓扑布线如图 2-8-133 所示。在面覆盖完之后，通过剪切来使布线合理。

18. 在拓扑腿部前，要先调整好边缘点之间的间隔。在大腿根部、膝盖和脚踝处，需要制作较密集的环线。布线须按照肌肉的走向进行适当调整。

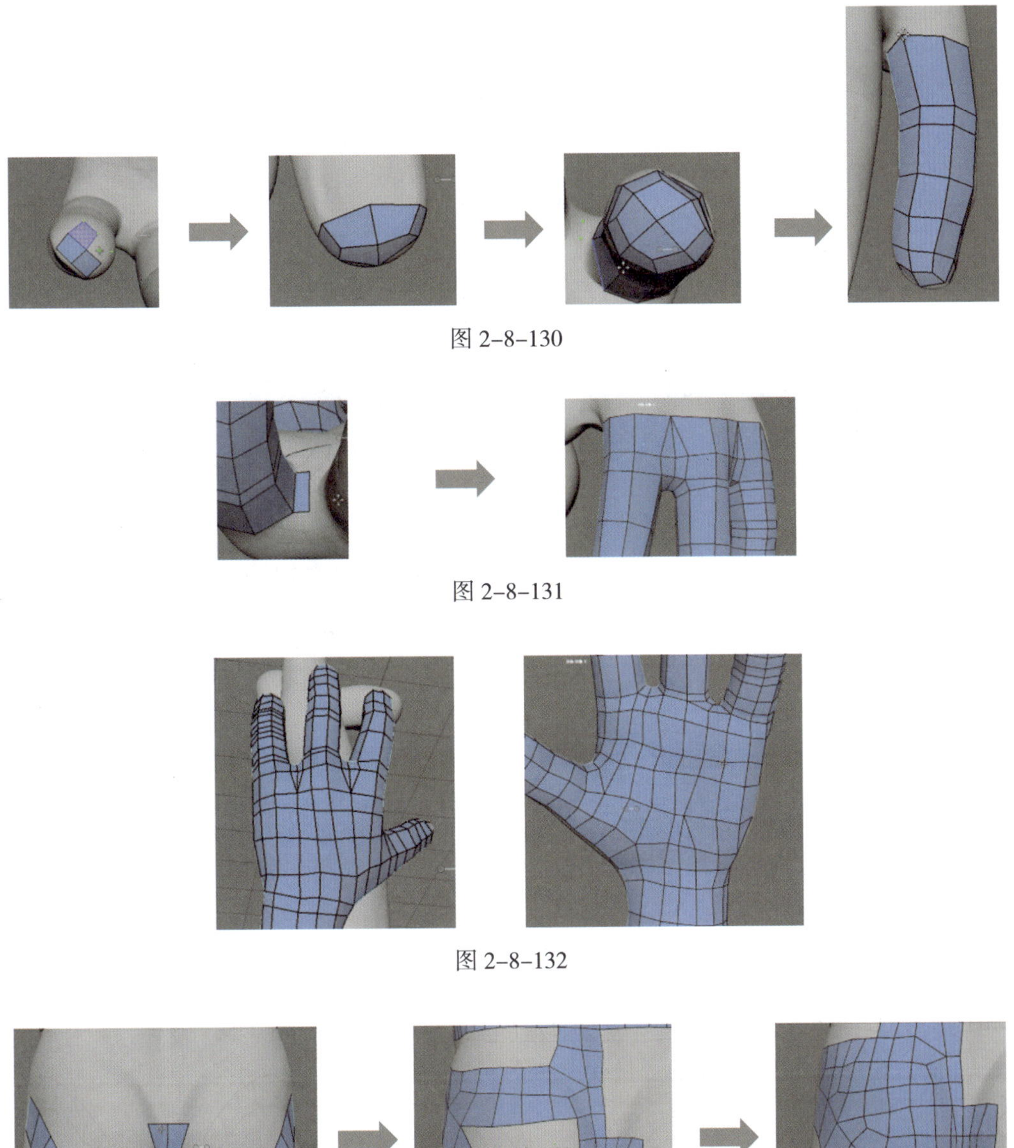

图 2-8-130

图 2-8-131

图 2-8-132

图 2-8-133

在小腿下半段可以适当将一些线段合并，从而使面数平均化，如图 2-8-134 所示。

19. 在脚踝处须增加面数来制作脚后跟部分的转折，如图 2-8-135 所示。

20. 服装和装备部分的拓扑，其布线原理和身体的一致，但要注意服装和装备有更复杂的轮廓。

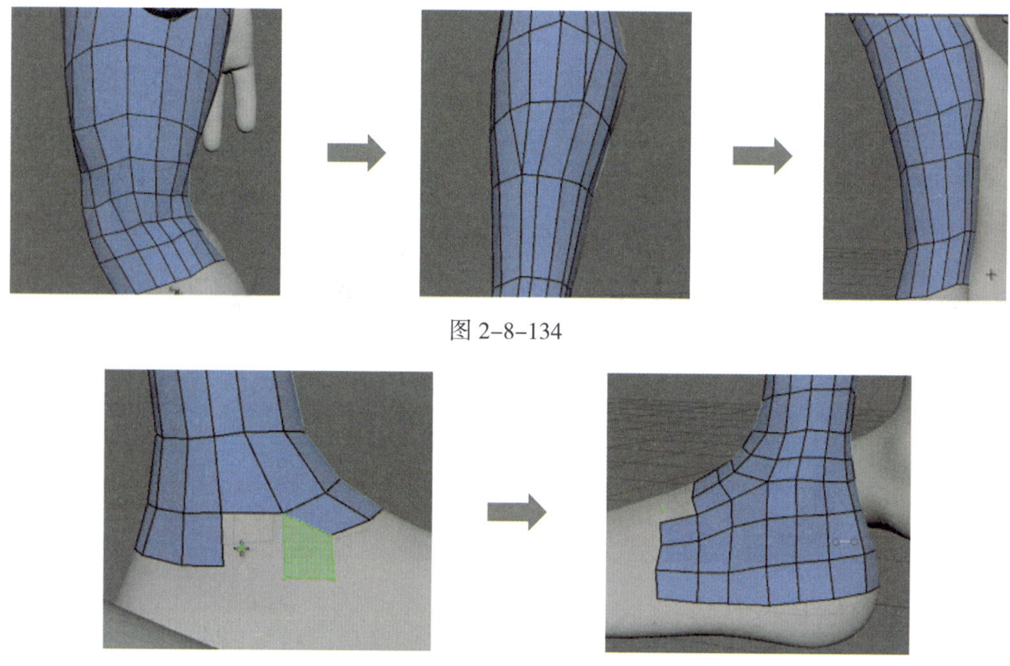

图 2-8-134

图 2-8-135

以裤子侧边口袋为例，由于制作的模型精度较高，需要考虑模型的厚度，如图 2-8-136 所示。在制作完上半部分的拓扑后进行一次对称，由于模型是由 Marvelous Designer 运算得出的，所以左右不对称，须另做处理，再将对称的部分与其匹配。

21. 转折较大的部分需要使用软硬边结合来进行过渡，尽量避免黑边的出现。以鞋帮为例，此时该部分的模型均为硬边状态，如图 2-8-137 所示。

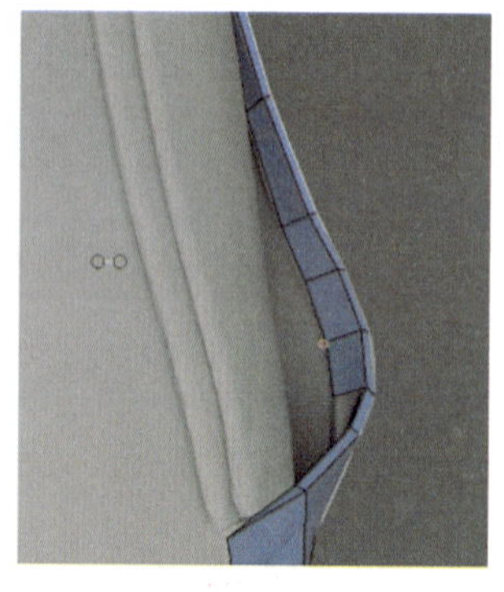

图 2-8-136

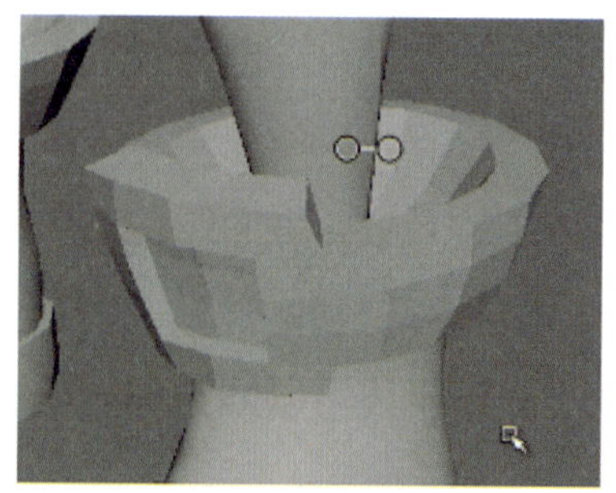

图 2-8-137

勾选上“Soften/Harden Edges”选项并按住 Shift+ 鼠标右键拖动模型，调整要区分软硬边的最小外角值的大小，通常使用默认的 30° 即可，因此此处可直接点击“确定”，如此便形成了合理的结构。需要注意的是，模型外角超过 90° 的部分一定要使用硬边，如图 2-8-138 所示。

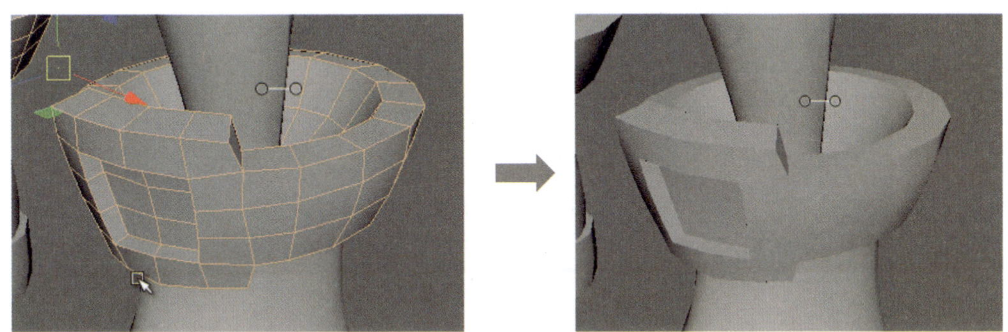

图 2-8-138

22. 低模的完成效果图如图 2-8-139 所示，最终面数为 39 619 个三角形面。

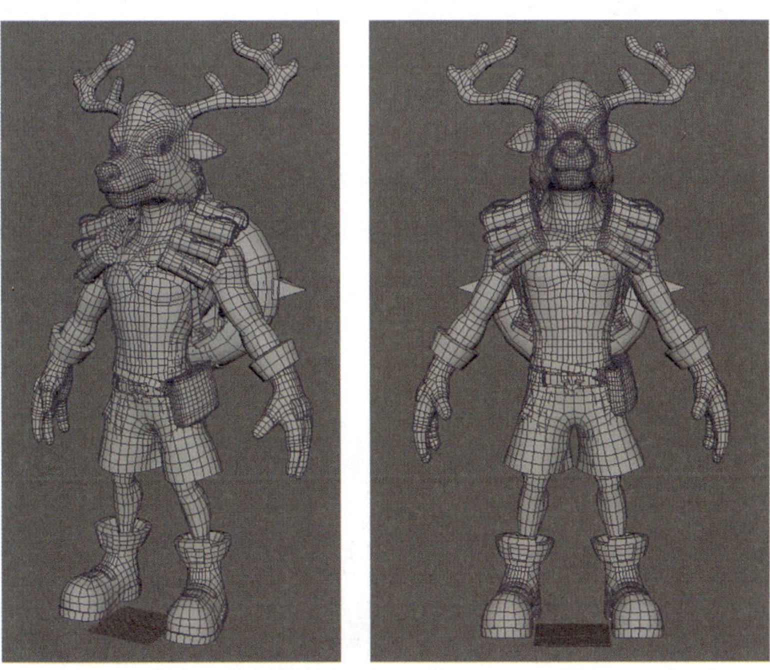

图 2-8-139

23. 角色拓扑的最终效果如图 2-8-140 所示。

七、武器拓扑

模型横截面的线段数在低模制作上有着重要的作用，一般以 4 的倍数为主，这样便能得到沿 X 轴和 Y 轴对称的模型，有利于后期调整，在视觉效果的呈现上也

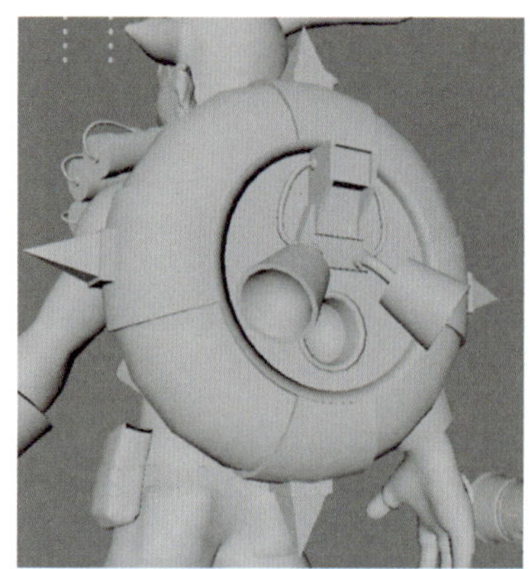

图 2-8-140

是最好的。此次的模型精度较高，所以选择使用 16 段作为枪口横截面的线段数。某些过于细小的结构可以直接略过，将面数花在外轮廓的优化上才是最恰当的。由于弹夹的体积占比较大，所以需要有倒角结构，不然会显得很生硬，后期制作贴图后也会显得物体很轻薄，如图 2-8-141 所示。

存在倒角的部分不需要硬边，如图 2-8-142 所示。

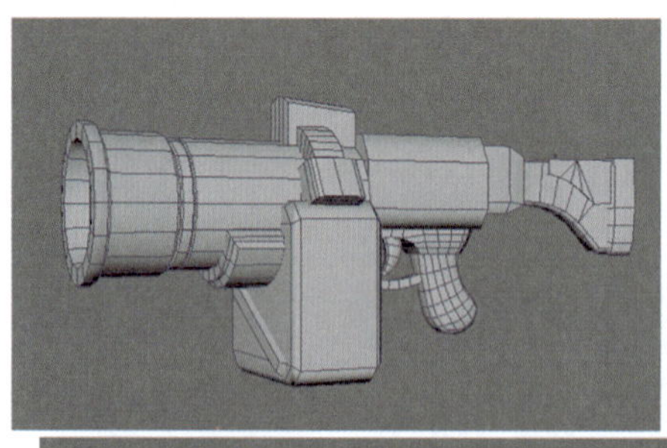

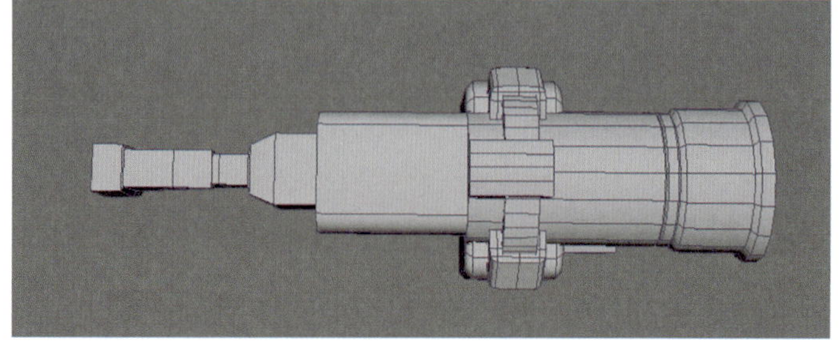

图 2-8-141

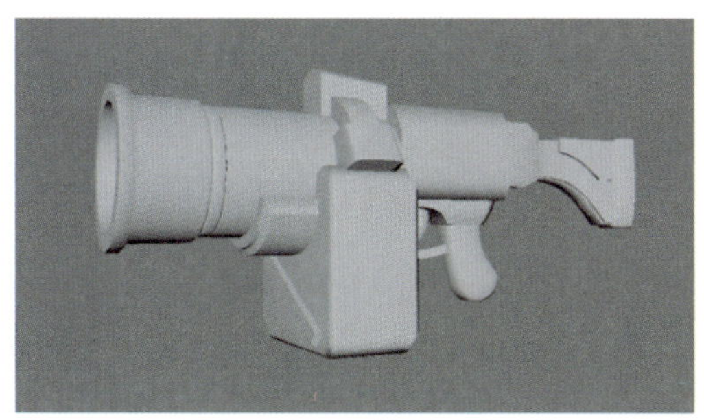

图 2-8-142

八、UV 拆分和排列

UV 的概念已经在项目二的课题 4 里做过较为详细的说明。

1. 打开 UV 编辑器后点击鼠标右键，切割并展开 UV，操作过程如图 2-8-143 所示。

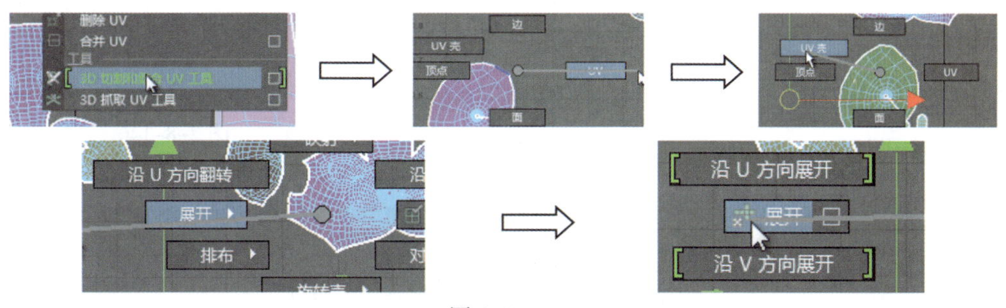

图 2-8-143

2. 耳部和面部两边毛发的 UV 需要单独分开，其中毛发在侧面进行切割，如图 2-8-144 所示。

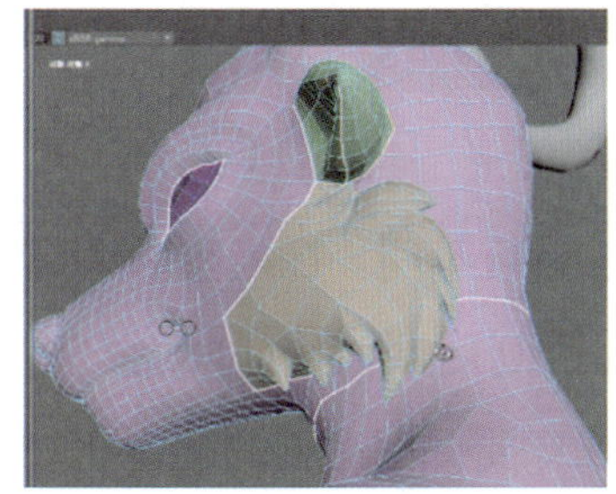
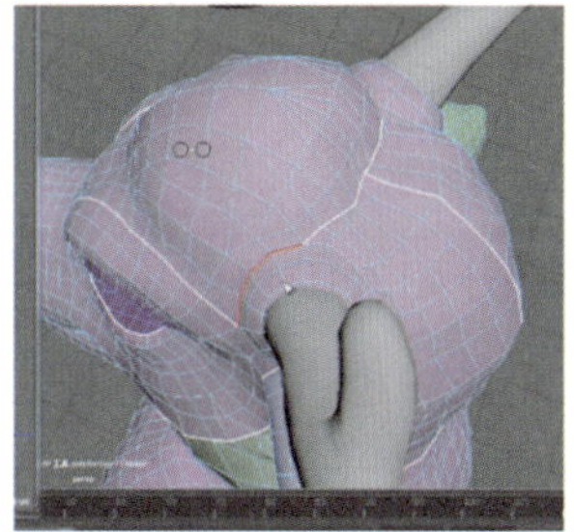
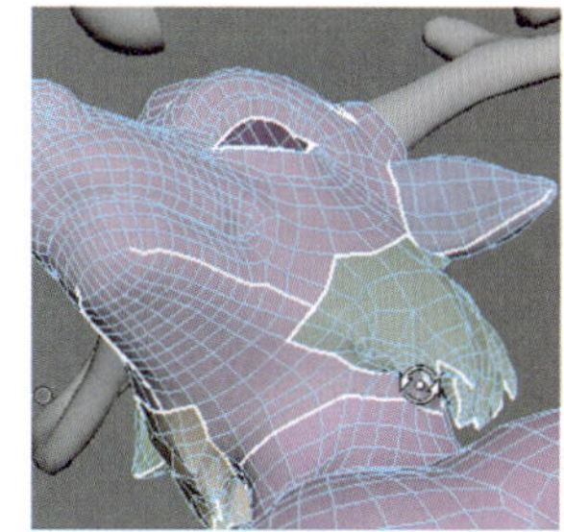

图 2-8-144

3. 四肢 UV 的断开位置应尽量在隐蔽的地方，例如腿部内侧和手指内侧等。断开的线应尽量是循环线，这有利于后期在 Substance Painter 软件中处理材质纹理，如图 2-8-145 所示。

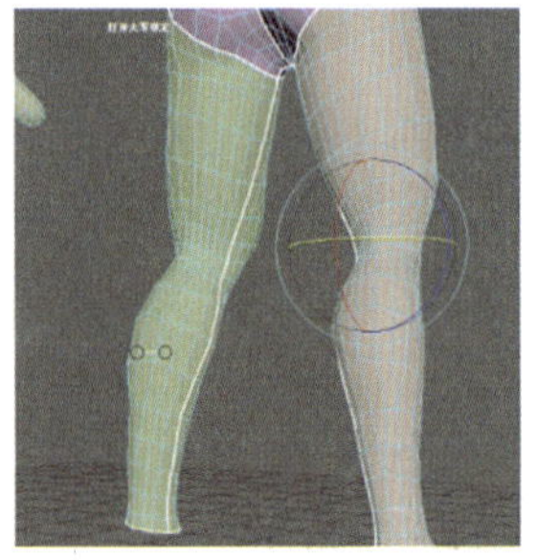
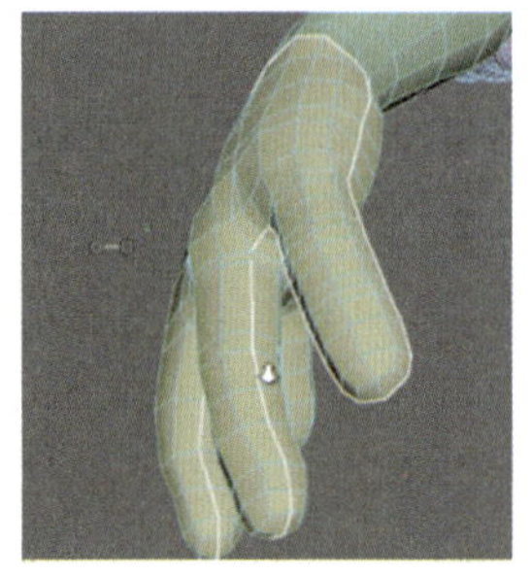
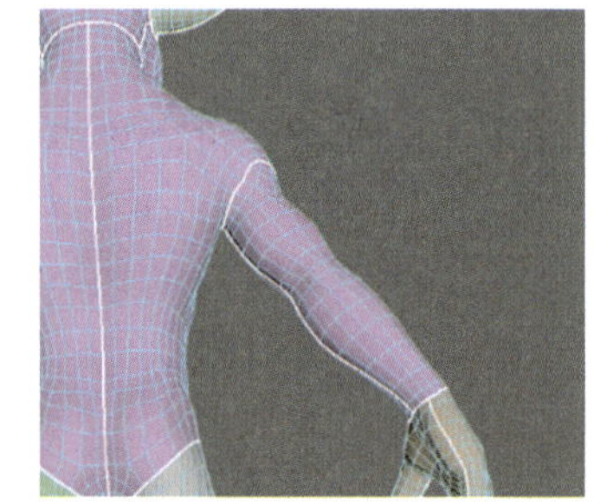

图 2-8-145

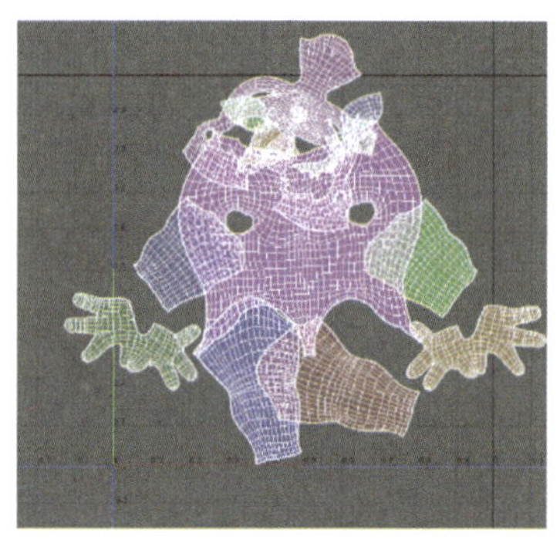

图 2-8-146

4．将 UV 全部松弛展开，如图 2-8-146 所示。

5．在窗口左上角点击▩显示网格，观察 UV 的大小占比以及是否有严重拉伸的问题，若有拉伸的部分则需要将其手动单独展开，如图 2-8-147 所示。

6．将 UV 全部调整到合适的大小，然后对其整体进行缩放。由于脸部的贴图需要刻画细节，也是最容易被拉近观察的部分，因此脸部 UV 棋盘格密度应是其余部分棋盘格密度的 4 倍左右，如图 2-8-148 所示。

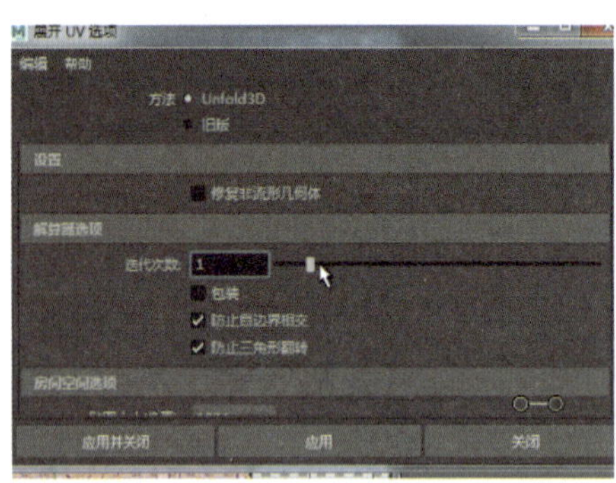

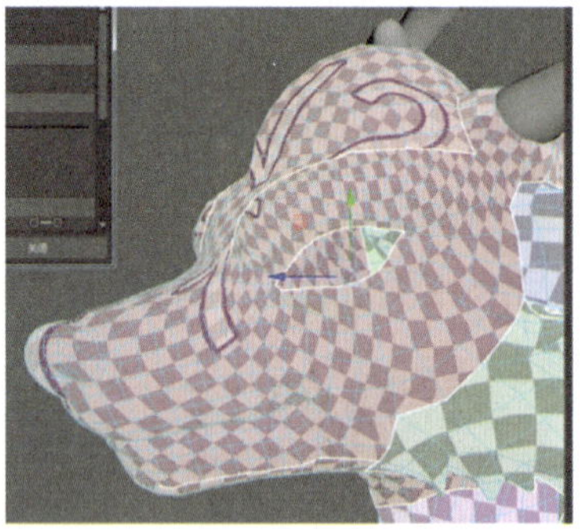

图 2-8-147

7．硬表面物体的 UV 拆分和之前身体的 UV 拆分有所不同，在模型外角超过 90° 的部分，一定要断开光滑组，并且断开 UV，否则后期烘焙必然会产生不可逆的接缝。可以先将其 UV 展开然后进行裁切，注意要保留适当的距离，如图 2-8-149 所示。

8．最后是 UV 的摆放，应注意以下几点：

（1）先摆放面积较大的 UV，再摆放边缘较直的 UV，最后摆放面积较小的 UV。

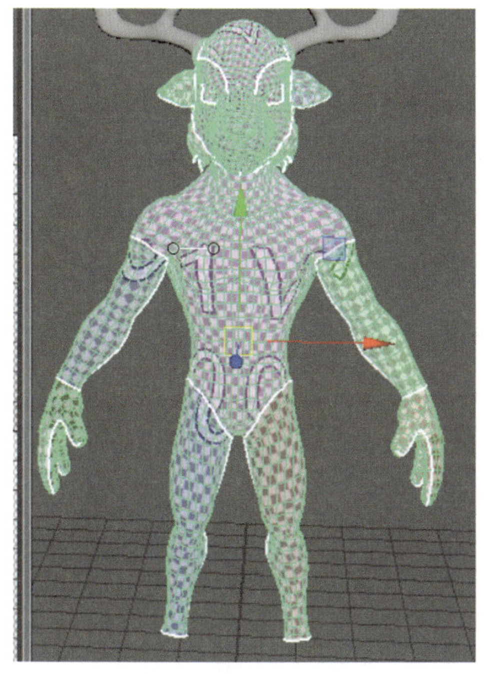
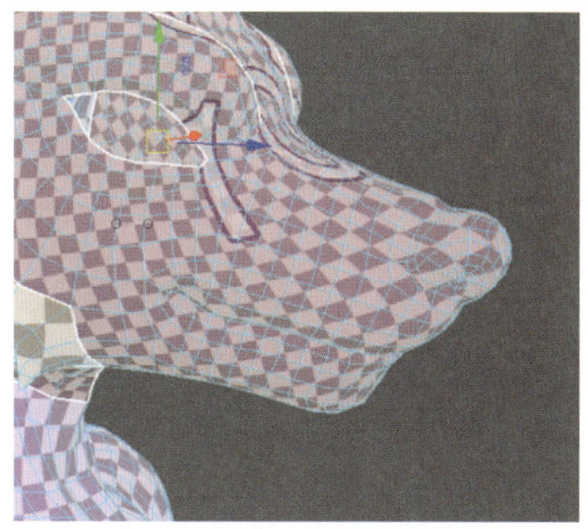

图 2-8-148

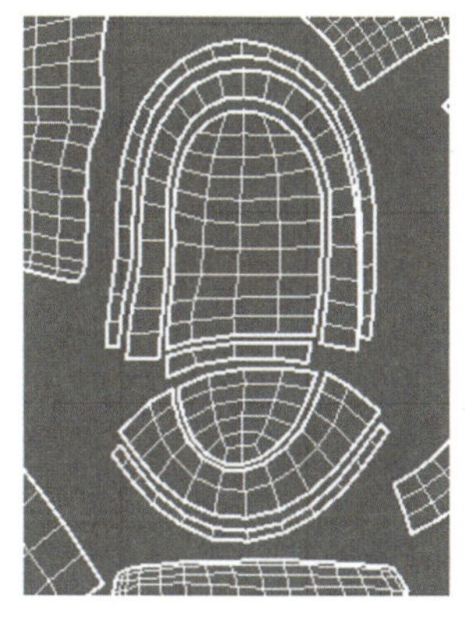
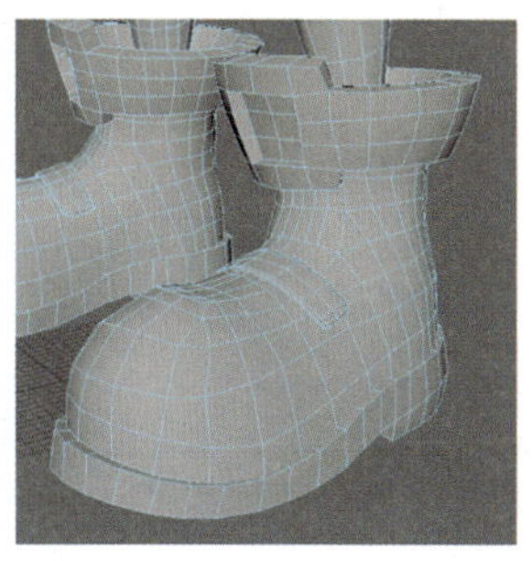
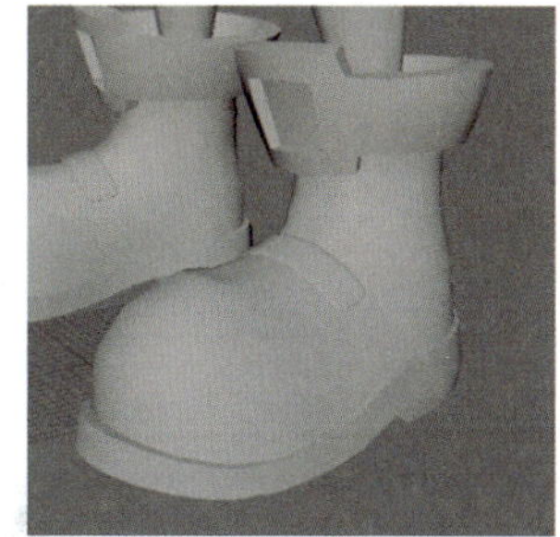

图 2-8-149

（2）同一个物体上的 UV 尽可能摆放在一起。

（3）此次制作的是分辨率为 1 024×2 048 像素的 UV 贴图，所以要预留 8 ~ 16 个像素的边缘距离，以防止后期缩图时产生连接。

（4）UV 非共用的部分不能超过坐标 U1V1，共用的部分应在摆放好之后移动到 U2V1 象限。注意 U1V1 里不能出现反面，即镜像的面。

（5）UV 格子的大小可以适当做出调整。

（6）UV 的使用率一定要超过 75%。

9. 身体的UV摆放如图2-8-150所示，服装、鞋子和装备的UV摆放如图2-8-151所示，飞行包和武器的UV摆放如图2-8-152所示。

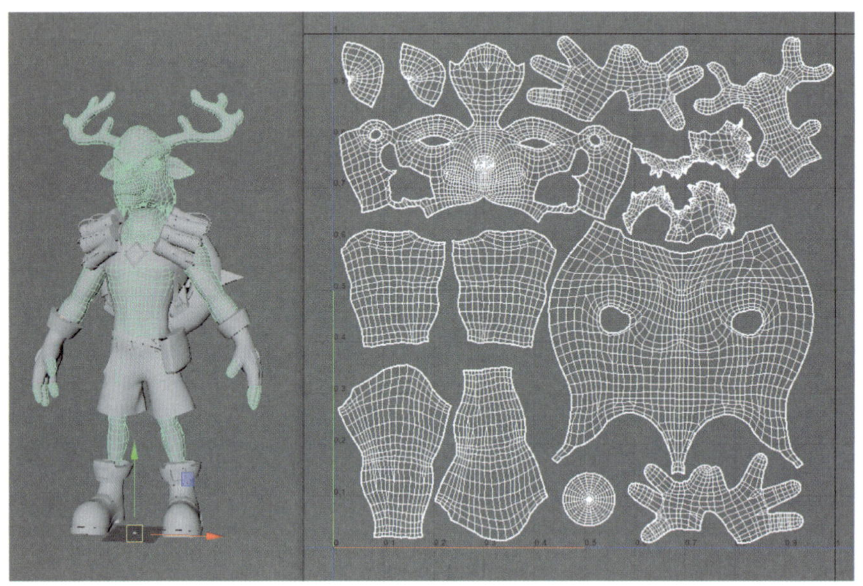

图 2-8-150

图 2-8-151

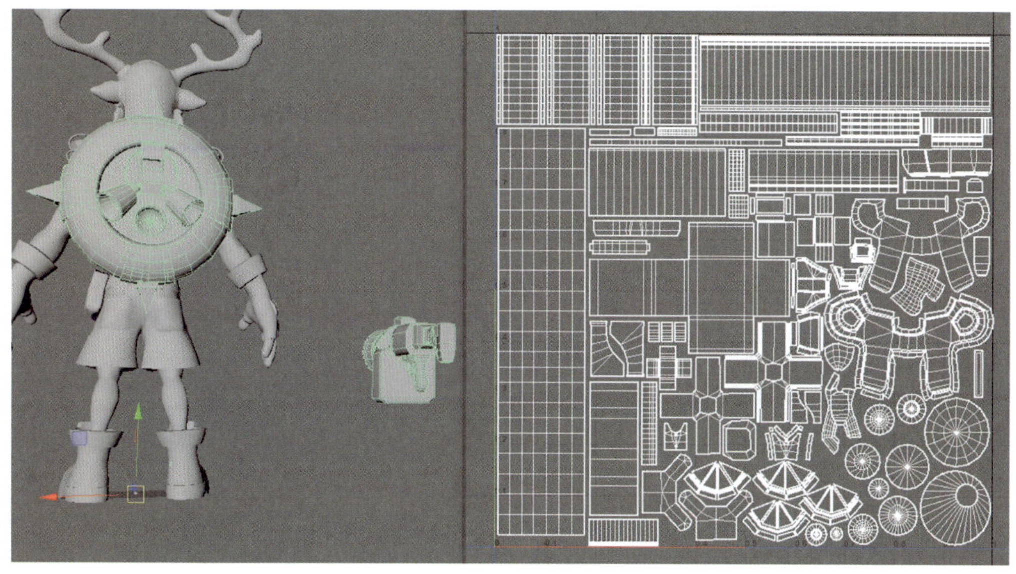

图 2-8-152

项目三 材质制作

如何赋予

模型

“材质”

课题 1
Substance Painter 的功能与界面

课题目标

熟悉 Substance Painter 软件的界面构成。

一、Substance Painter 的功能

Substance Painter 是一款功能强大的 3D 纹理贴图软件，该软件提供了大量的画笔与材质，可以制作出大量符合用户要求的图形纹理模型。该软件具有智能选材功能，在使用涂料时，软件会自动匹配相应的材料，还可以创建材料规格和重复使用对应的材料。该软件还拥有大量的制作模板，用户可以在模板库中找到合适的设计模板。

以下是 Substance Painter 软件的功能：

1. 粒子刷功能——粒子笔刷工具能模拟逼真的风化效果，可以为模型添加磨损与撕裂的效果。

2. 绘画材料工具——能将纹理或油漆在模型上直接绘制出来。

3. 物理基础视窗——可随时预览绘画材料。

4. 使用渲染材质——可导入自定义着色器和已创建的频道来进行上漆操作。

5. 完全无损——可随时修改 UV 或拓扑而不失去原本的素材。

二、Substance Painter 的界面

启动 Substance Painter 2018 软件，其工作界面如图 3-1-1 所示。

打开“鹿人”文件，Substance Painter 的界面构成如图 3-1-2 所示。

图 3-1-1

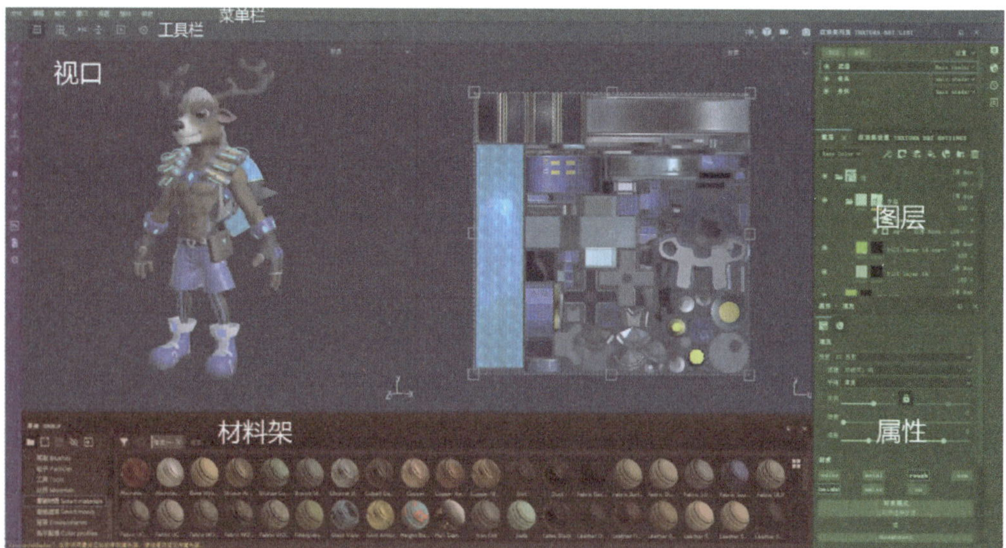

图 3-1-2

课题 2
Substance Painter 的全局设置

课题目标

1. 认识 Substance Painter 软件的常用工具。
2. 掌握 Substance Painter 软件中遮罩的使用方法。

一、新建文件

1. 点击菜单“File”→“New”来新建文件。

2. 点击“Select”选择模型文件、贴图大小和法线计算模式，3ds Max 法线计算模式使用 DirectX，Maya 则使用 OpenGL。预先烘焙好的贴图可选择“Add（添加）”来添加，或者在后期再添加，最后点击“OK”即可，如图 3-2-1 所示。

二、基础快捷键

1. Alt+ 鼠标左键——旋转视图，同时按住 Shift 键可以捕捉正交角度。
2. Alt+ 鼠标中键——平移视图。
3. Alt+ 鼠标右键——缩放视图。

三、图层

1. Substance Painter 的图层与 Photoshop 的图层很相似，如图 3-2-2 所示。纹理和颜色都可以绘制在不同的图层上。要熟悉以下有关图层的概念：

（1）文件夹，具有分组作用。

（2）layer，即透明层，可以用笔刷在上面进行绘制。

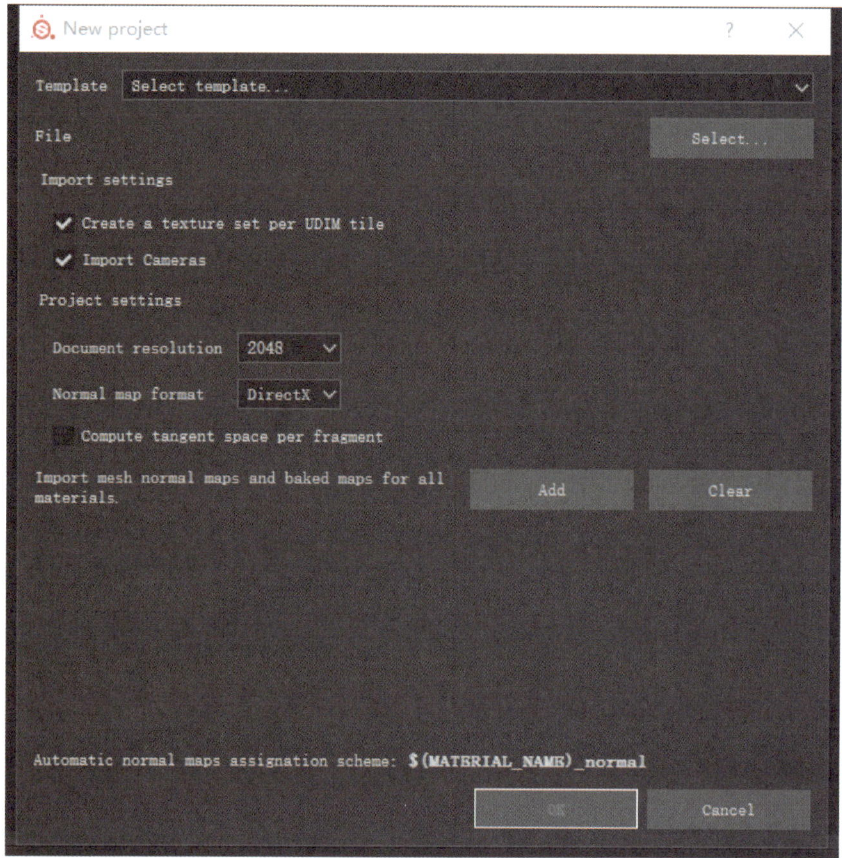

图 3-2-1

（3）fill layer，即填充层，可以在上面添加材质，但不能进行绘制。

（4）遮罩，具有过滤和选择作用。

（5）调节层和效果器，与 Photoshop 的滤镜功能相似。

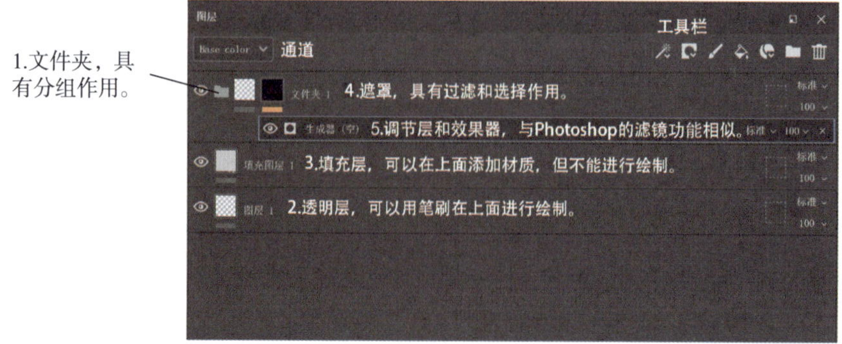

图 3-2-2

2. 每个图层均有 4 个通道，分别是“Base Color”颜色通道、“Height”高度通道（类似于法线）、“Roughness”粗糙度通道和“Metallic”金属通道（类似于反射通道），如图 3-2-3 所示。

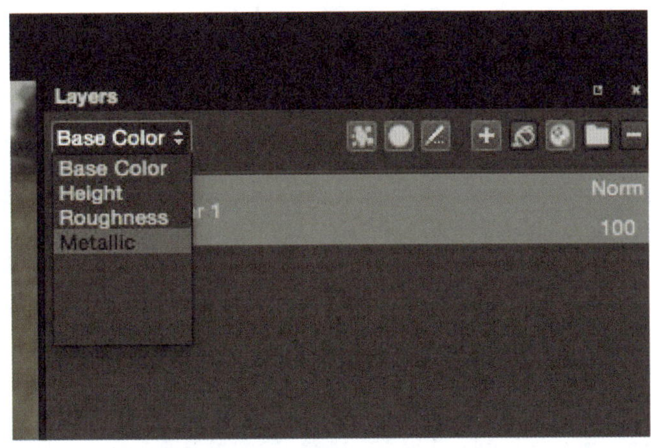

图 3-2-3

3. 用笔刷在图层上绘制一笔，会在以上 4 个通道中分别记录数据。绘制时可以关闭不需要的通道，关闭后的通道不会记录数据，也不会有效果呈现，以上功能可以在“属性面板”中进行调节。

四、材质球属性

在材料架上有预先设置好的常用材质球和智能材质球，它们可以被直接调入使用，用户也可以通过在材质的属性部分调节数值来达到想要的材质效果，如图 3-2-4 所示。

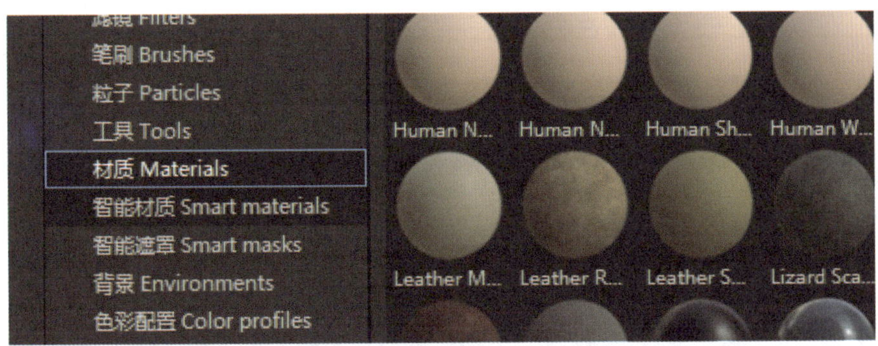

图 3-2-4

五、笔刷属性

1. 此功能常在使用黑色遮罩后添加笔刷时使用，如图 3-2-5 所示。

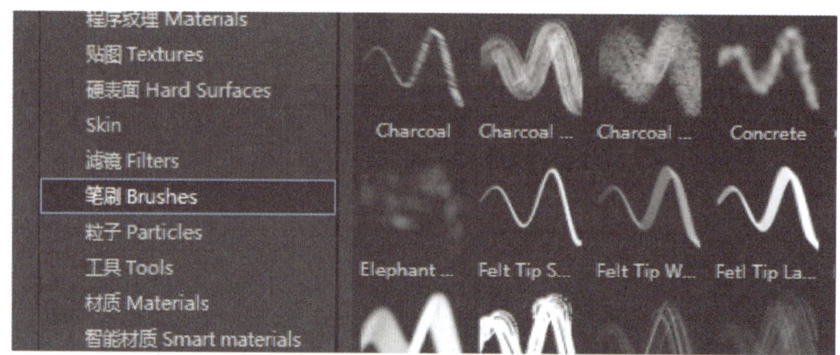

图 3-2-5

2. 可以通过调整通道和属性来自定义笔刷，如图 3-2-6 所示。

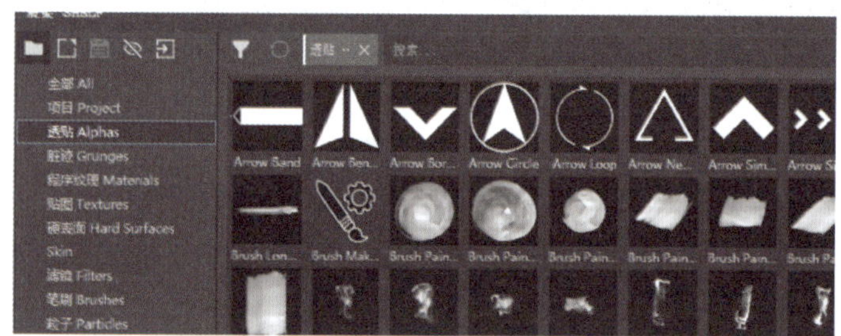
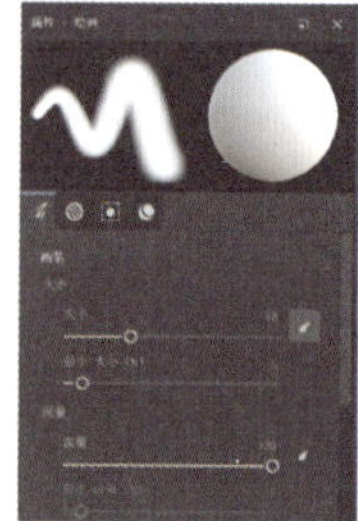

图 3-2-6

六、使用遮罩

1. 可以通过鼠标右键点击图层或层组来选择合适的遮罩，其弹出菜单的第四项为“Add mask with color selection（按颜色选择）”，这需要预先制作好用来区分材质的 ID 贴图后才能使用，如图 3-2-7 所示。

2. 可以通过在遮罩的属性中添加程序纹理的方式制作材质，如图 3-2-8 所示。

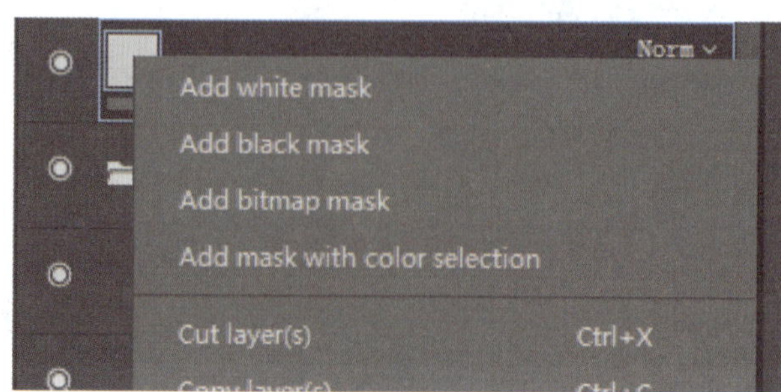

图 3-2-7

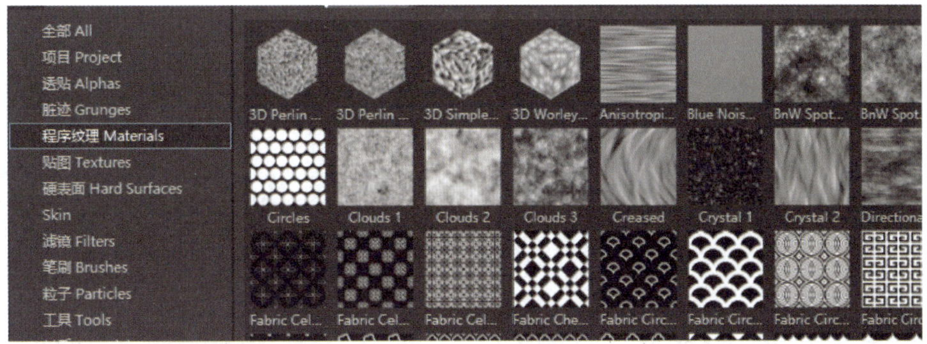

图 3-2-8

七、烘焙工具

1. 依次点击“TEXTURE SET SETTINGS（纹理集设置）”→“Bake Mesh Maps（烘焙模型）”便可打开烘焙工具，如图 3-2-9 所示。

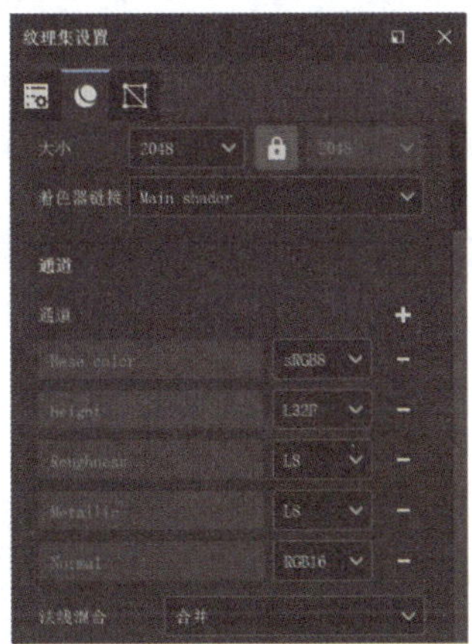

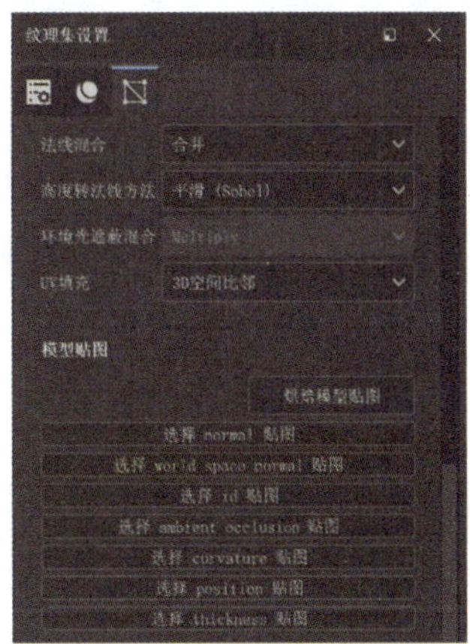

图 3-2-9

2. 图 3-2-10 左上角所示为需要烘焙的各种辅助贴图，带感叹号图标的表示不能烘焙，需要为其添加高模后才能烘焙，点击右下角的烘焙按钮即可开始烘焙。

3. 烘焙完成后软件会自动将其载入相应的贴图区，如图 3-2-11 所示。

4. Textures 纹理架中有一些烘焙的贴图，如图 3-2-12 所示。

八、导出贴图

可通过“导出纹理”窗口来导出贴图，其快捷键为 Ctrl+Shift+E 键，如图 3-2-13 所示。

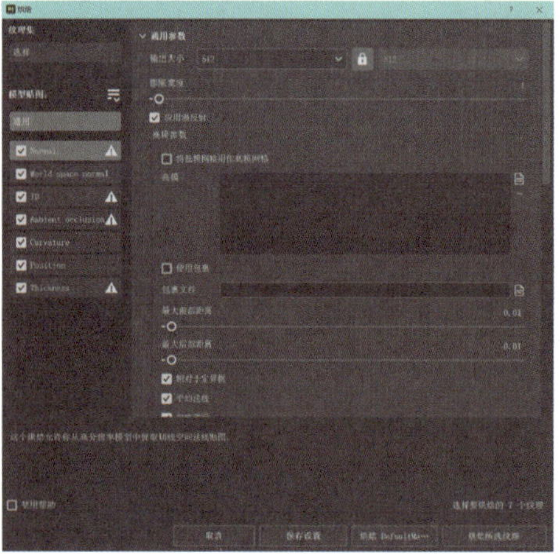

图 3-2-10

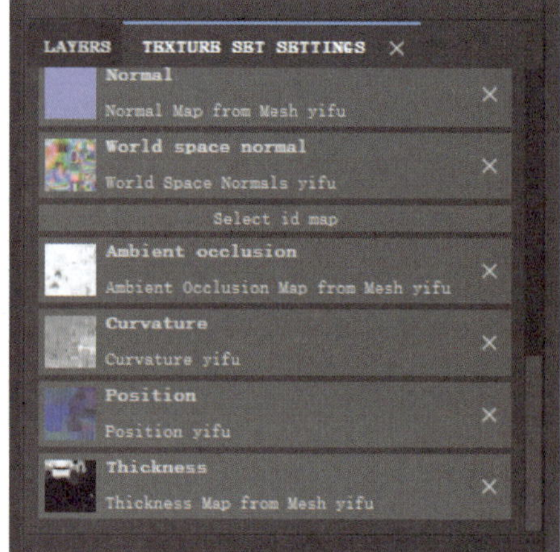

图 3-2-11

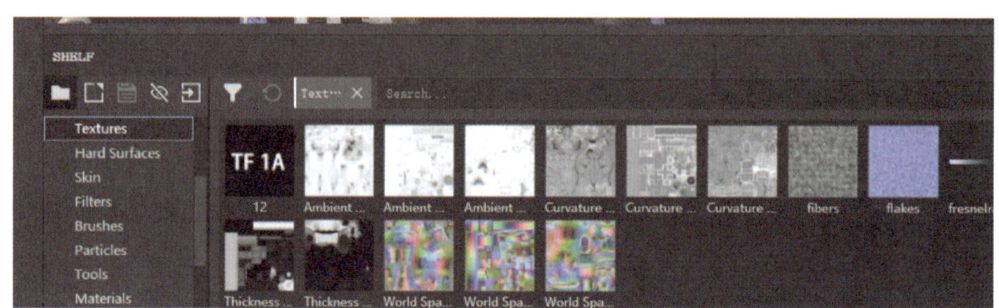

图 3-2-12

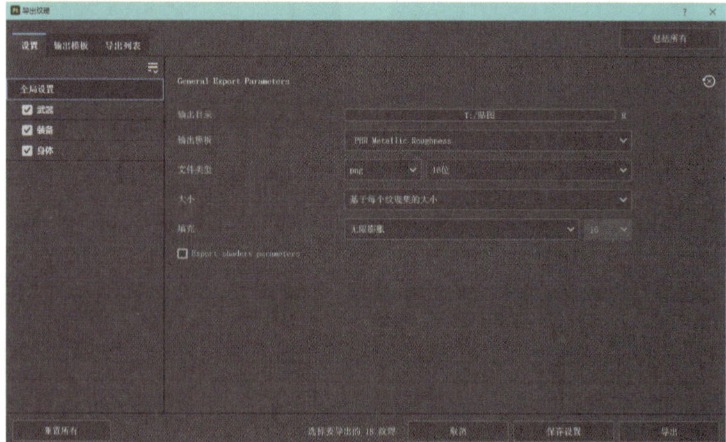

图 3-2-13

也可以通过在右侧拖动项目来自定义所需要的贴图以及通道的排列方式，如图 3-2-14 所示。

设置
输出模板
导出列表
Amazon Lumberyard
Arnold (AiStandard)
Arnold (AiStandard)_copy
Arnold UDIM Legacy (AiStandard)
Corona
CryEngine
Dota 2
KeyShot
KeyShot 9+
Lens Studio
Maxwell (Metallic Roughness)
Maxwell (Specular Glossiness)
Mesh Maps
Non-PBR Specular Glossiness
PBR Metallic Roughness
PBR Metallic Roughness (folders ...
PBR Metallic Roughness_copy
PBR Specular Glossiness
PBR Specular Glossiness (convert...
PBR Specular Glossiness_copy
Redshift (rsMaterial)
Renderman (pxrDisney)
Renderman (pxrSurface)
Shade 3D
Spark AR Studio
Unity HD Render Pipeline (Metall...
Unity HD Render Pipeline (Specul...
Unity HDRP
Unity Universal Render Pipeline (...
Unity Universal Render Pipeline (...
Unreal Engine 4 (Packed)
Unreal Engine 4 SSS (Packed)
Vray Next (Metallic Roughness)
Vray Next (Specular Glossiness)
Vray Next UDIM Legacy (Metallic...
Ambient occlusion
Anisotropy angle
Anisotropy level
Base color
Blending mask
Coat color
Coat normal
Coat opacity
Coat roughness
Coat specular level
Diffuse
Displacement
Emissive
Glossiness
Height
Ior
Metallic
Normal
Opacity
Reflection
Roughness
Scattering
Scattering color
Sheen color
Sheen opacity
Sheen roughness
Specular
Specular edge color
Specular level
Normal
World space normal
ID
Ambient occlusion
Curvature
Position
Thickness

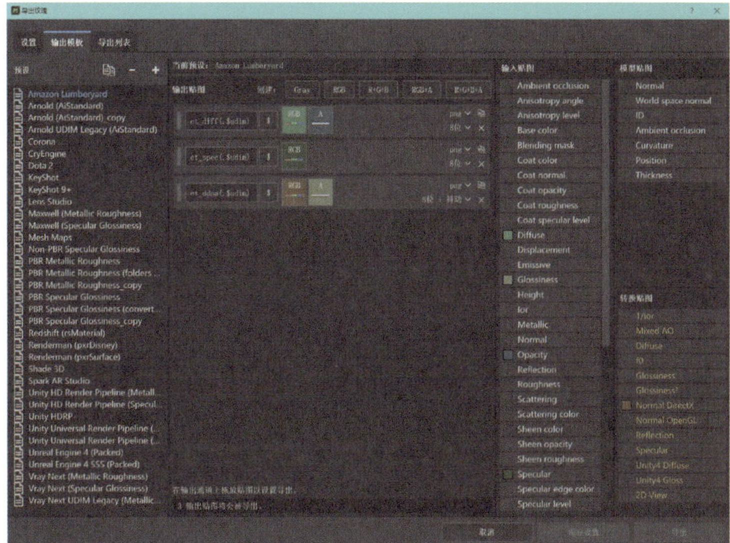

图 3-2-14

课题 3
案例——角色 PBR 材质制作

课题目标

能以鹿人模型（见图 3-3-1）为例完成整个角色的材质制作过程。

图 3-3-1

一、制作皮肤材质

1. 将材料架上的智能材质球“皮肤”移动至图层内，如图 3-3-2 所示。

2. 点击图层组，在图层内修改颜色，如图 3-3-3 所示，然后将图层归类到同一个图层组中，如图 3-3-4 所示。皮肤底色的完成效果如图 3-3-5 所示。

3. 点击“油漆桶”图标，添加不透明图层，如图 3-3-6 所示。

4. 关闭属性栏里除“Base Color”以外的通道，这样便不会影响其他通道的属性，而是只对颜色进行调节，如图 3-3-7 所示。

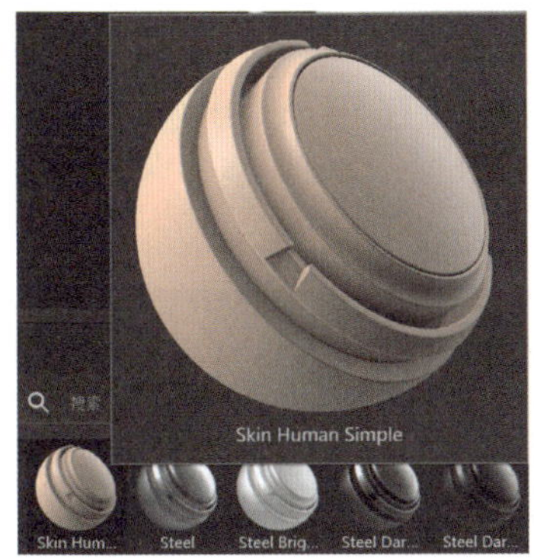

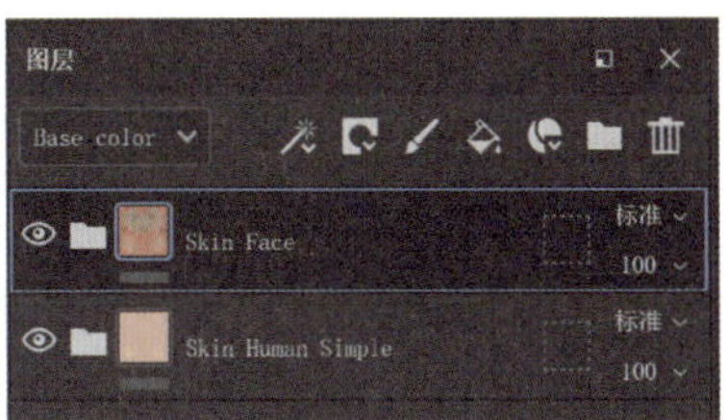

图 3-3-2

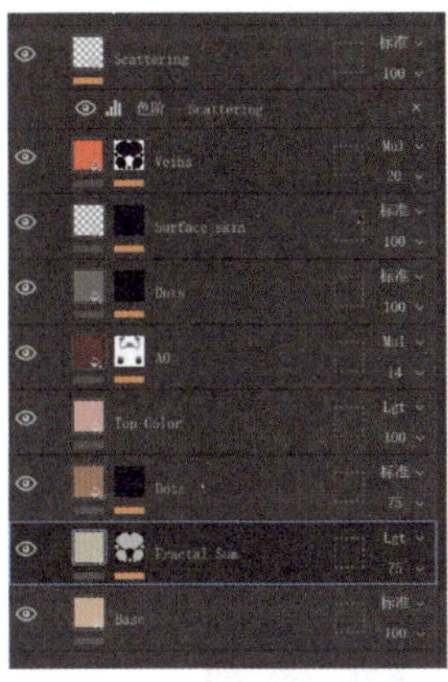

图 3-3-3

图 3-3-4

图 3-3-5

5. 在图层上点击鼠标右键，添加黑色遮罩，如图 3-3-8 所示。

6. 在选中遮罩的情况下使用笔刷，白色表示显示遮罩，黑色表示不显示，也可以理解为擦除，黑白色可用快捷键 X 键进行切换，如图 3-3-9 所示。

7. 涂出需要做材质区分的部分，也可以直接在 Photoshop 中将材质 ID 全部制作完，如图 3-3-10 所示。

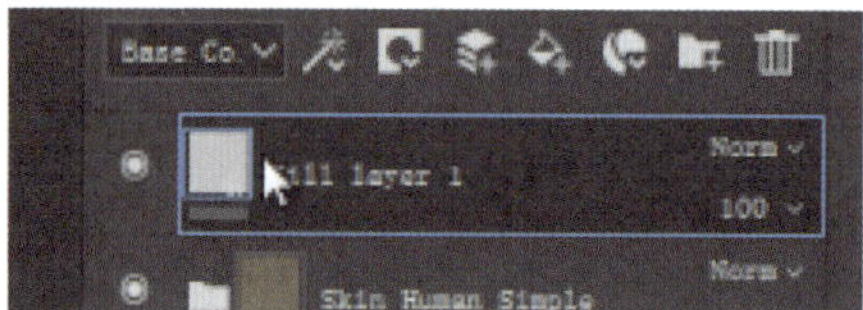

图 3-3-6

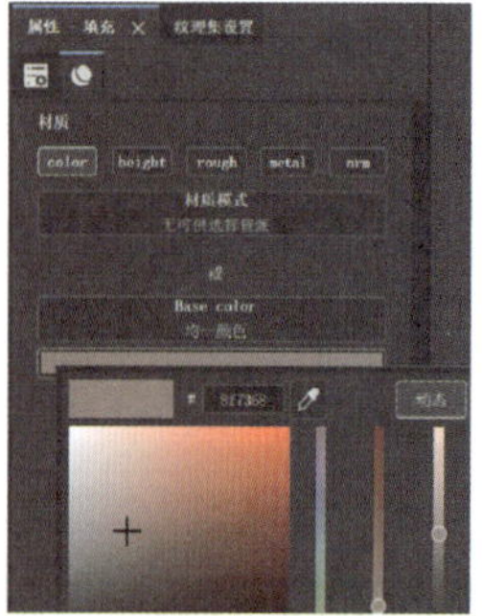

图 3-3-7

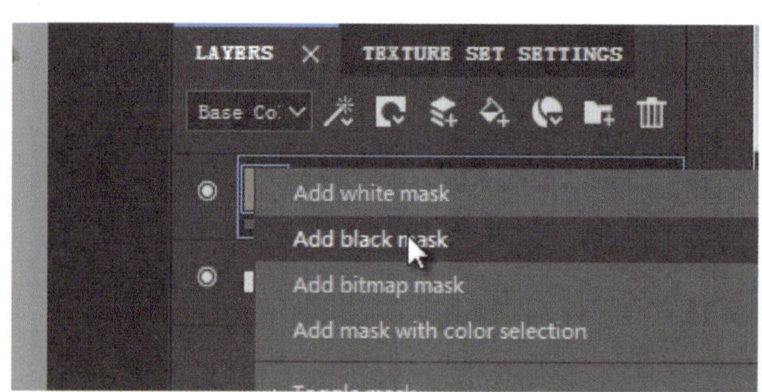

图 3-3-8

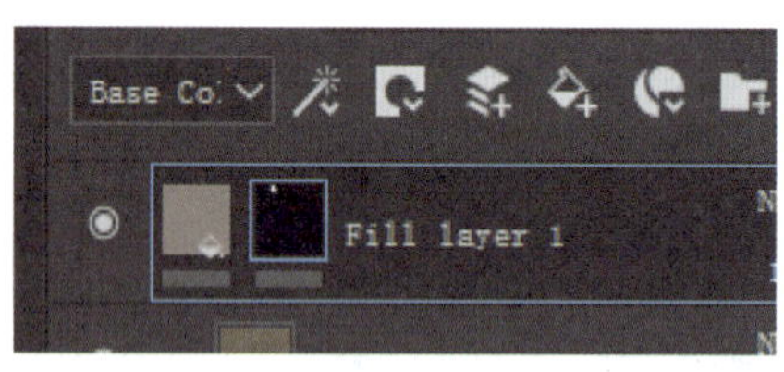

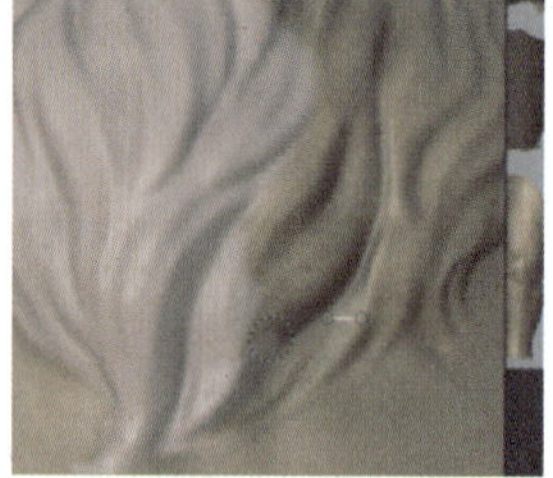

图 3-3-9

8. 复制此图层，将颜色改为深色，将遮罩切换为位图遮罩，选择当前模型的 AO 贴图，将其添加到遮罩上，以此来增加毛发层次，如图 3-3-11 所示。然后将图层归类到同一个图层组。

9. 细化浅色部分。在皮肤图层组添加颜色图层并将其置于底色图层之上，以避免被遮挡。在绘制之前，可开启对称绘制功能，该功能在选中遮罩时位于窗口左上角的工具栏内，开启后会显示为红色，如图 3-3-12 所示。

图 3-3-10

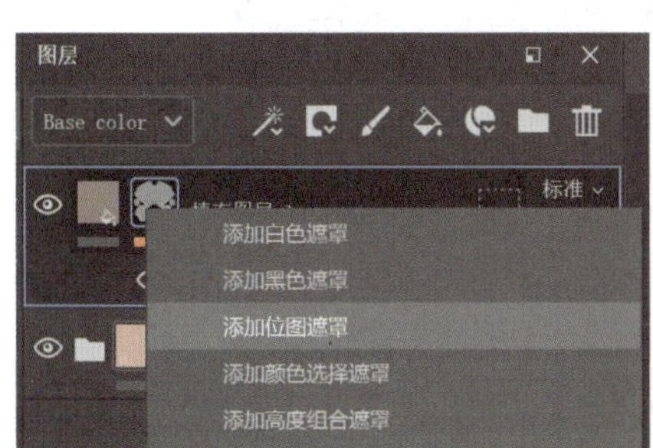

图 3-3-11

图 3-3-12

10．绘制颜色贴图时，视口尽量显示为“Base Color”，其切换的快捷键为 C 键，也可直接通过点击视口右上角进行切换，如图 3-3-13 所示。

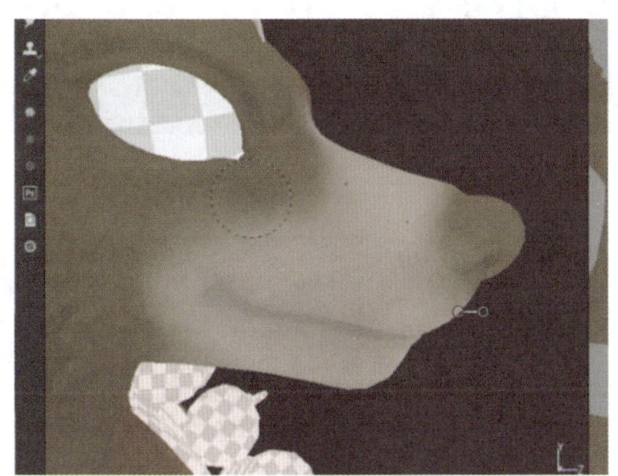

图 3-3-13

11．可更换合适的笔刷来进行绘制，如图 3-3-14 所示。

12．添加图层以绘制颜色过渡，如图 3-3-15 所示。

13．在眼眶周围添加紫色眼影，在脸部添加适量雀斑，耳部内侧由于没有毛发覆盖，需要使用肉色，如图 3-3-16 所示。

14．对于鼻的部分，可直接在皮肤材质的图层组中添加新图层，但注意要选中“color”和“rough（粗糙度）”两个选项。将粗糙度调至黑色，黑白两色可以理解为粗糙度的遮罩，越白代表越粗糙，反之则越光滑，如图 3-3-17 所示。

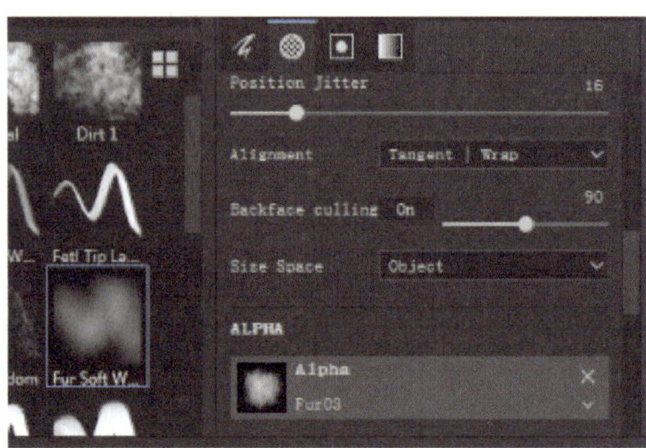

图 3-3-14

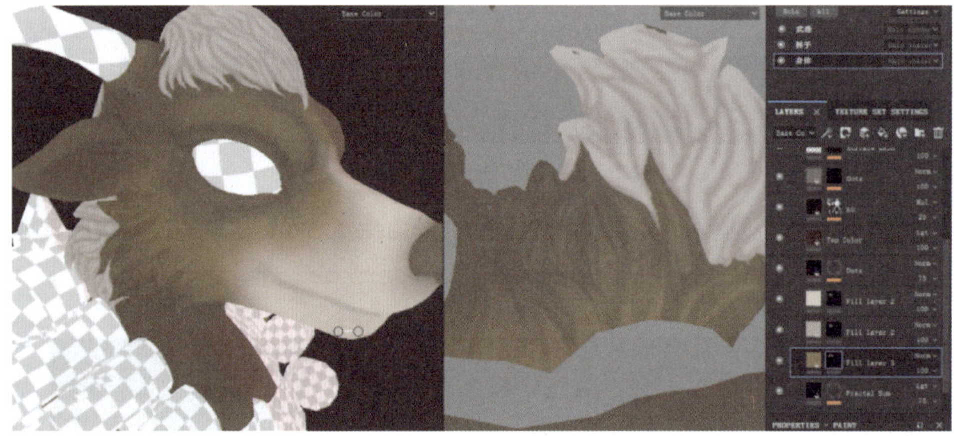

图 3-3-15

图 3-3-16

15. 可以在眉的部分先绘制一笔作为底色，然后同毛发的处理方法。也可以使用笔刷进行绘制，如图 3-3-18 所示。

16. 在鹿角的绘制中可使用 AO 贴图来制作浅色部分，由于其法线细节过多，可通过增加粗糙度的方式来增加鹿角的厚重感，如图 3-3-19 所示。

17. 在眼部的绘制中，眼白的颜色为偏青的浅灰色，要避免使用过白或者过黑的颜色，它们会导致角色在游戏引擎中曝光过度或者欠曝，如图 3-3-20 所示。

18. 在眼角和眼白上侧边缘处绘制一层偏暗的红色，其饱和度不宜过高，要接近血色，用来表示阴影，如图 3-3-21 所示。

19. 眼白中血丝的绘制可以从智能材质球的素材库中获取，如图 3-3-22 所示。

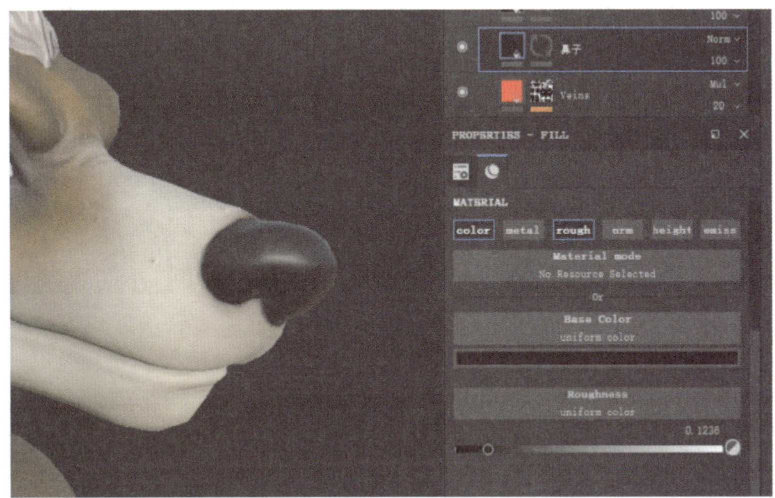

图 3-3-17

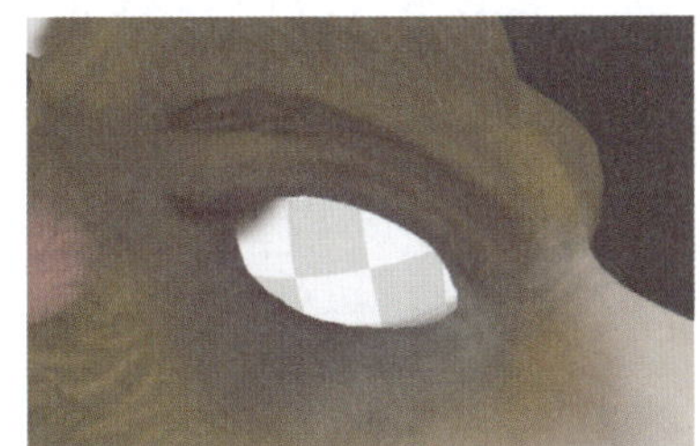

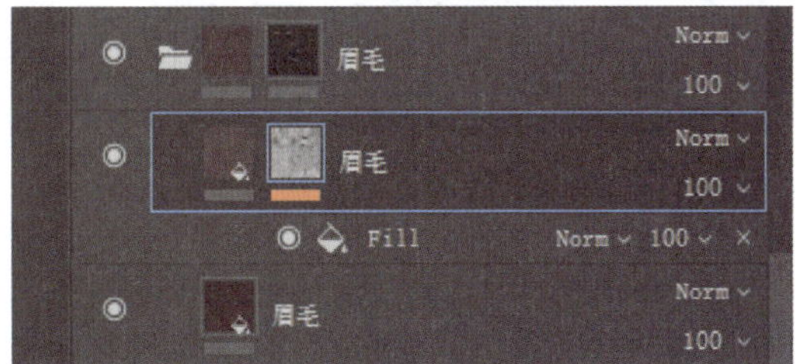

图 3-3-18

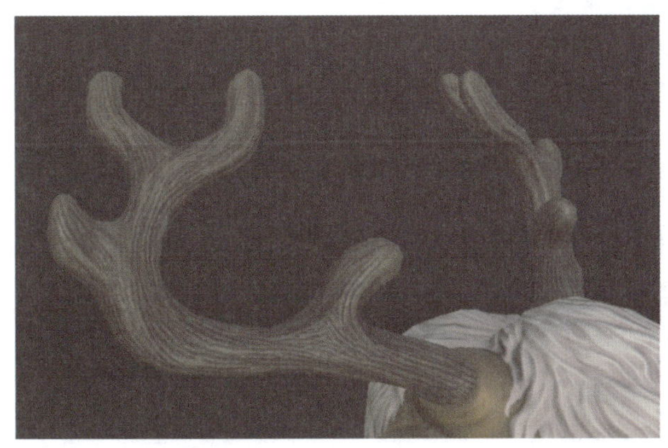

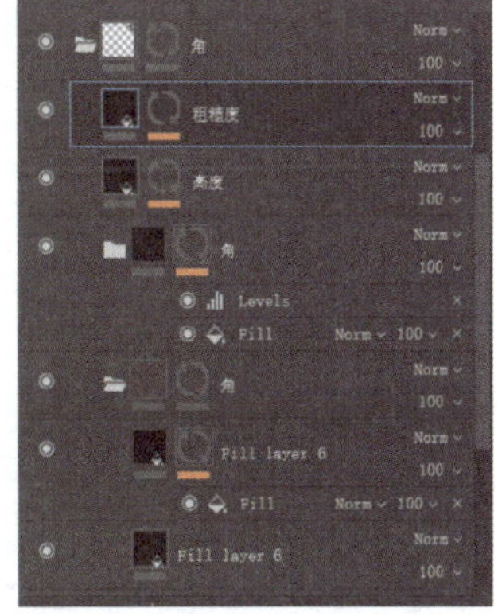

图 3-3-19

20. 使用“剪切”→“粘贴”的方式使图层位于合适的位置，点击遮罩，添加对象，通过在属性里修改该遮罩的 UV 大小和位置来获得想要的结果，如图 3-3-23 所示。

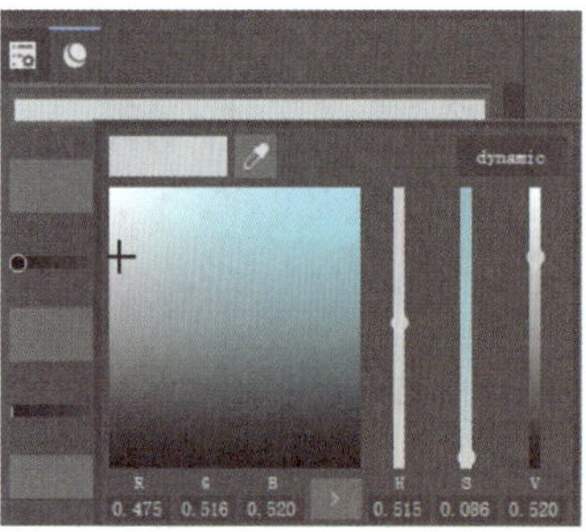

图 3-3-20

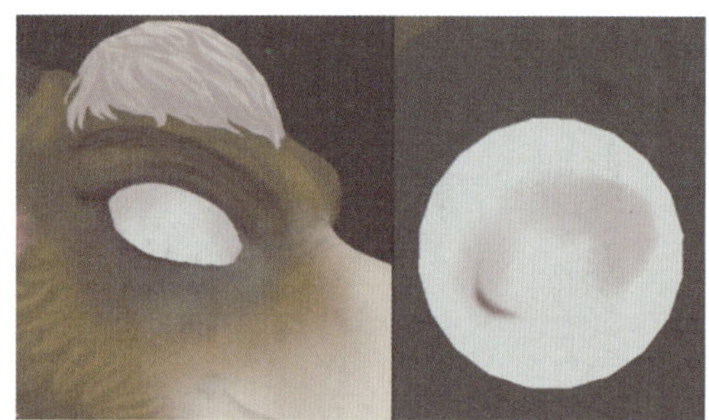

图 3-3-21

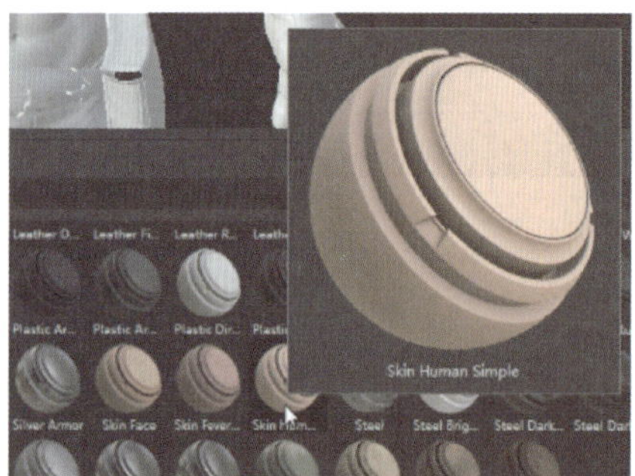

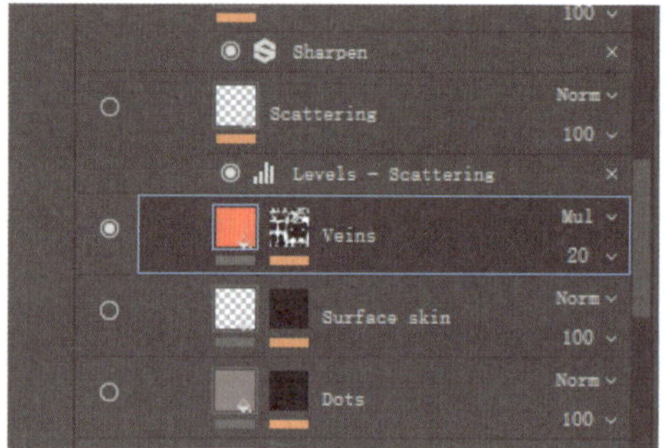

图 3-3-22

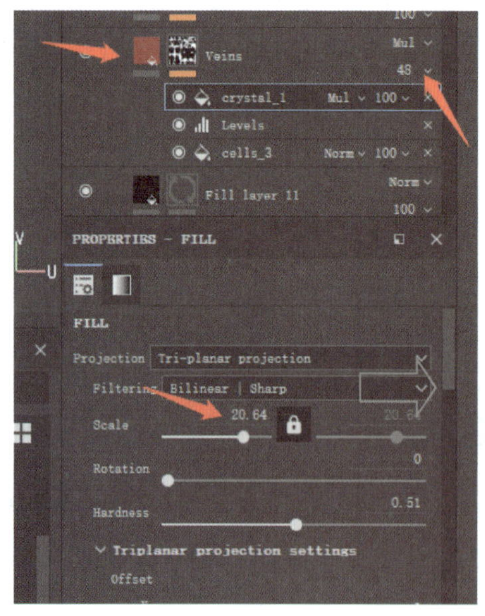

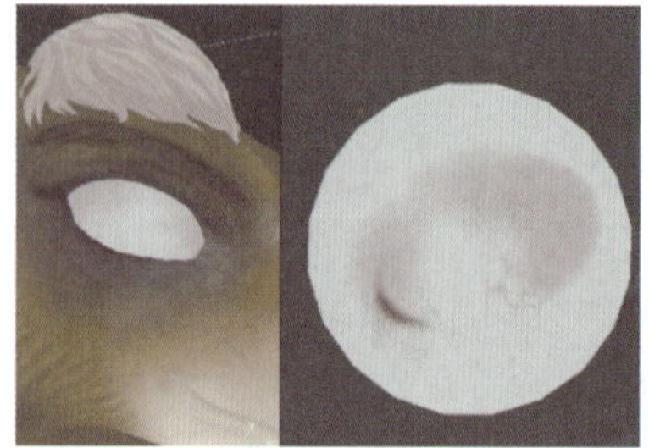

图 3-3-23

21. 在虹膜的绘制中，选择较深的颜色作为虹膜底色，在材料架“Brush（笔刷）”中选择硬笔刷对模型进行点击，此时尽量将“Size”选项关闭，将“Flow”选项打开，如图 3-3-24 所示。

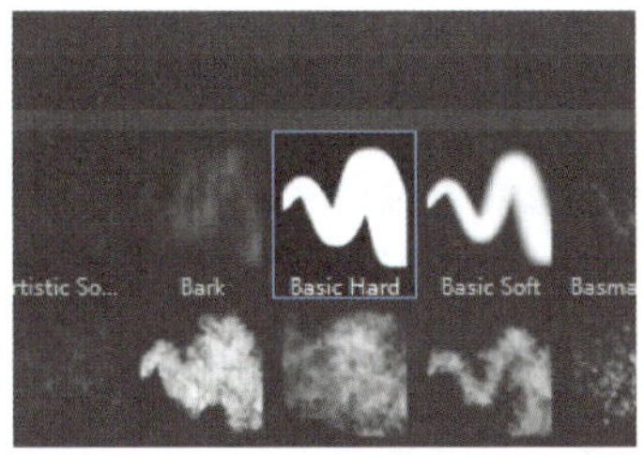

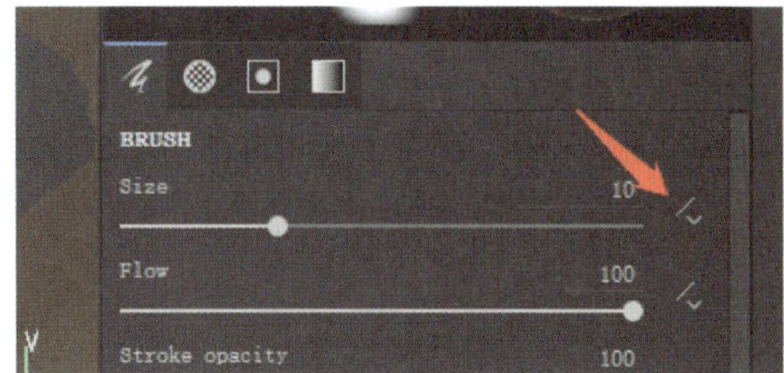

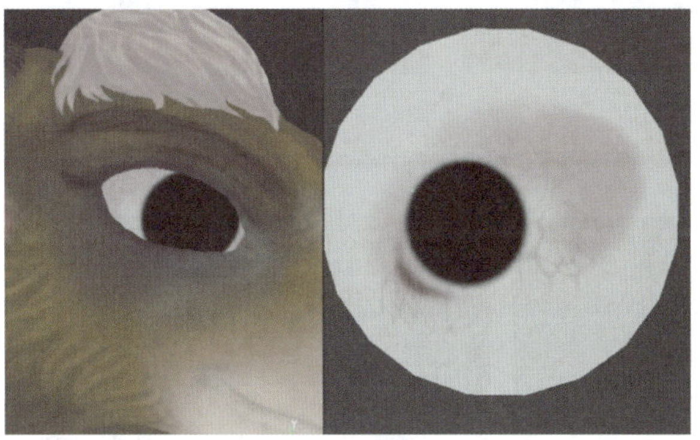

图 3-3-24

22. 开启笔刷透明度和压感，选择棕色笔刷，在虹膜下半部分绘制一笔，也可使用黑色笔刷（快捷键为 X 键）的遮罩效果来制作。然后将笔刷调小来绘制一些放射性线条，如图 3-3-25 所示。

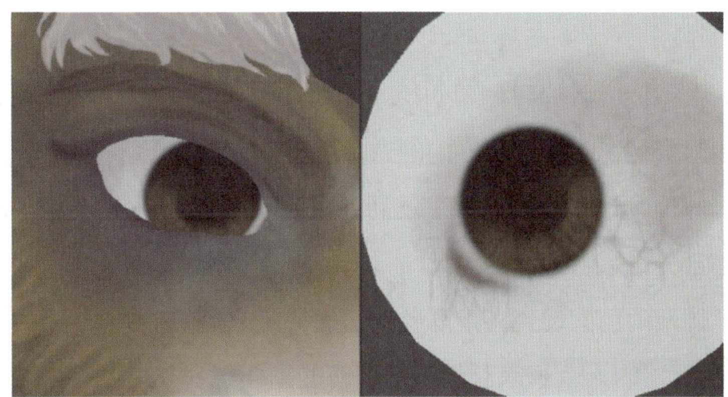

图 3-3-25

23. 调节以上图层粗糙度，眼睛便制作完成了，如图 3-3-26 所示。

24. 眼眶周围的彩绘须与皮肤材质有区别，体现出油漆的效果。新建图层组，添加不透明图层，选中“color”和“rough”这两个选项，将笔刷颜色调整为蓝色，也可直接用吸取工具在原画上吸取对应的颜色。将图层的粗糙度调整至 0.5 左右，绘制时可采用多种笔刷来制造出油漆的质感，注意不要开启笔刷半透明，如图 3-3-27 所示。

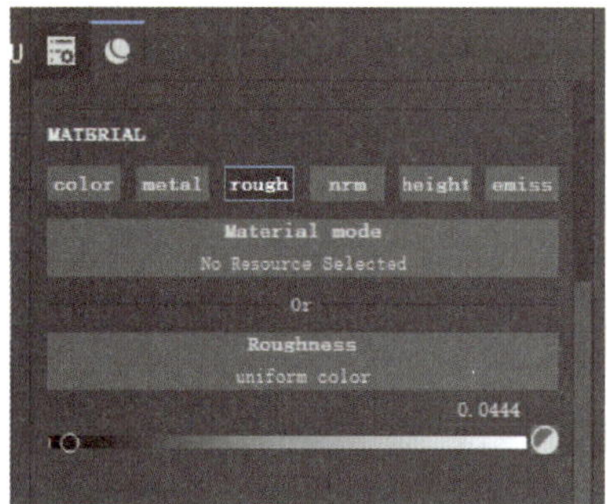

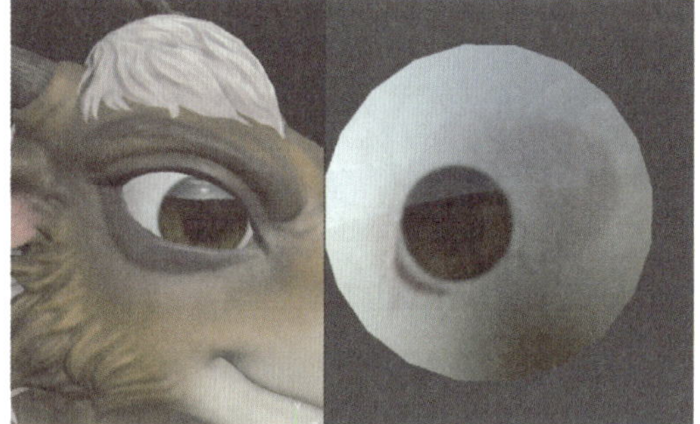

图 3-3-26

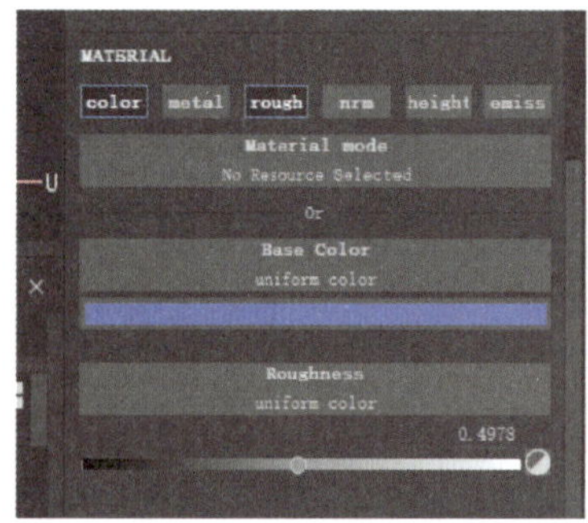

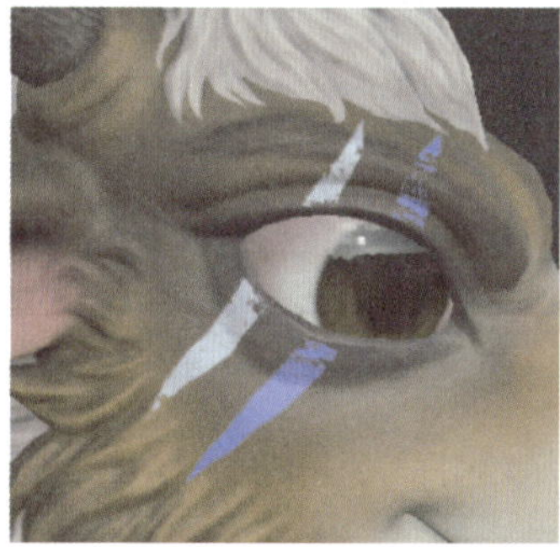

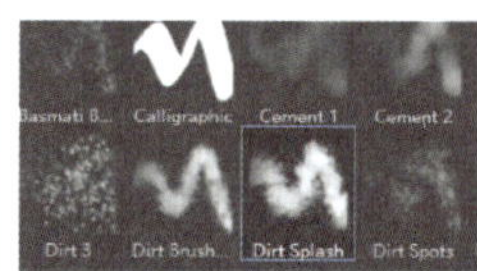

图 3-3-27

25. 皮肤部分的完成效果如图 3-3-28 所示。

图 3-3-28

二、制作布料和皮革材质

1. 新建图层组，使用工具栏内的选择工具制作遮罩，如图 3-3-29 所示，点击选择工具后，在模型上沿着 UV 断开的部分进行点击。

2. 为了体现角色的现代感，角色的打底裤将采用轻薄且具有延展性的人造革来制作。创建新的图层组，为其添加底色，如图 3-3-30 所示。

3. 添加 AO 图层，在该图层上进行绘制可直接影响 normal 贴图，以弥补低模上的结构缺失。选中“height”选项，负数表示凹陷，正数表示凸起，此处需要的是凹陷的结构。绘制时须使用硬笔刷，开启 F1 视口模式，在平面视口中按住 Shift+ 鼠标左键便可拉出直线，如图 3-3-31 所示。

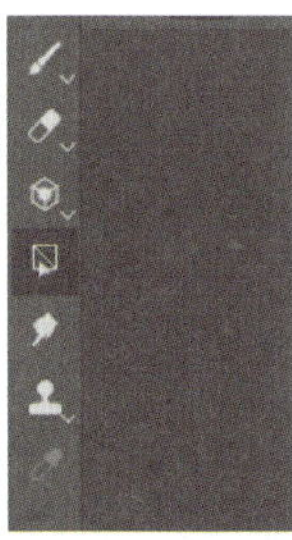

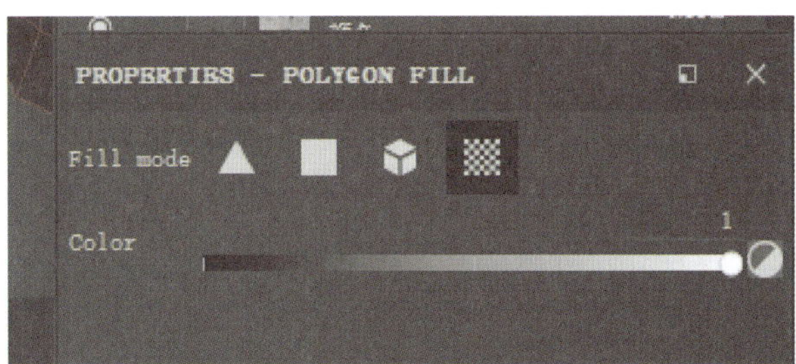

图 3-3-29

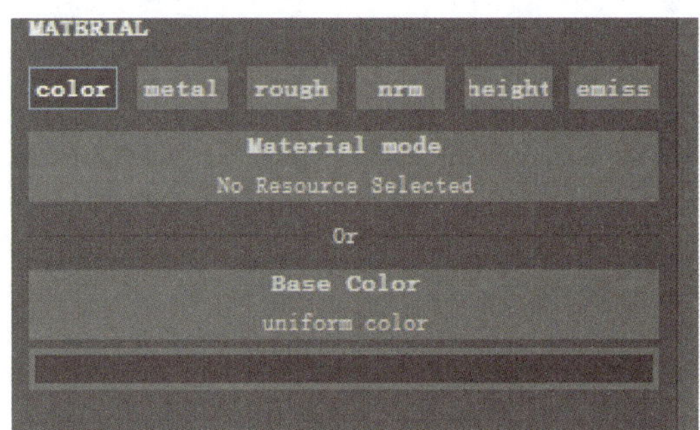

图 3-3-30

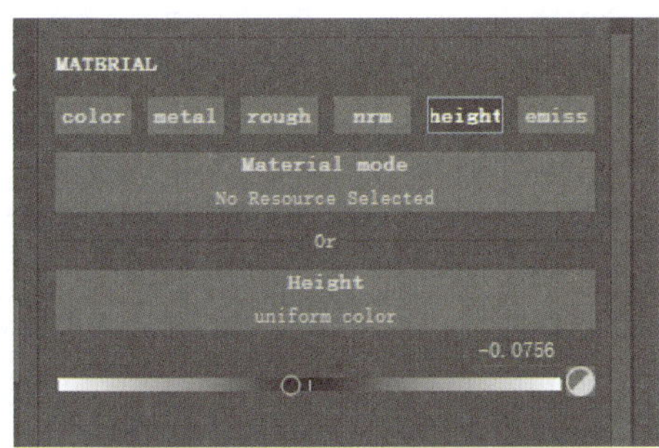

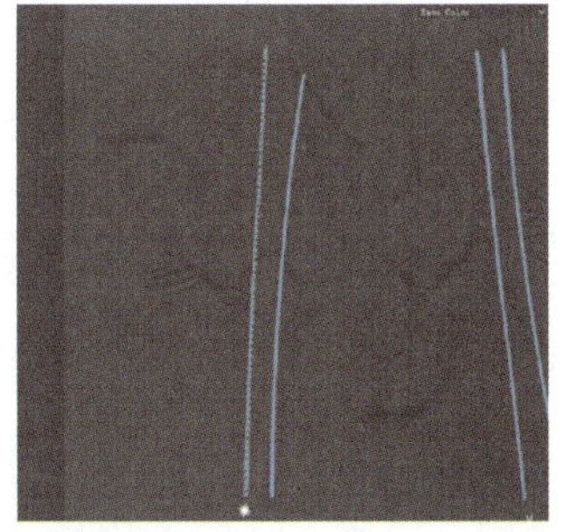

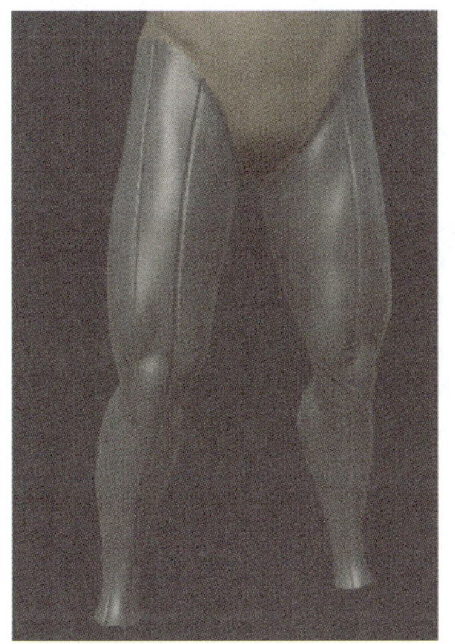

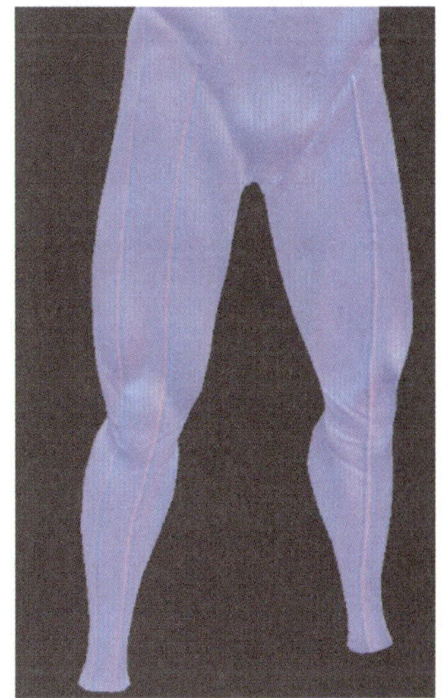

图 3-3-31

4. 凹陷条纹的颜色可以通过开启发光贴图来制作。“Emissive（自发光）”贴图须在贴图库中自行添加，依次点击“+”号→“Emissive”便可在图层中进行操作修改。自发光的颜色也可自行调节，自发光的亮度和颜色及明暗度有关，颜色越亮，自发光越强烈，环境光对它的影响便越小，如图 3-3-32 所示。

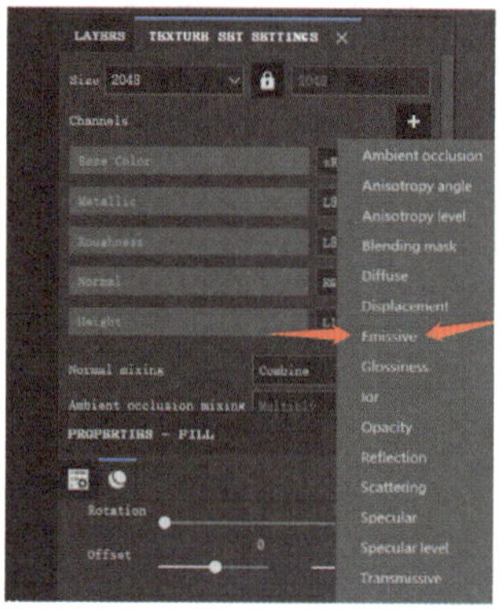

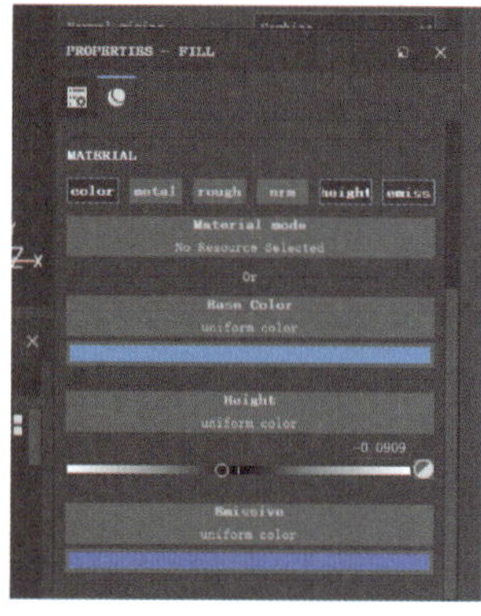

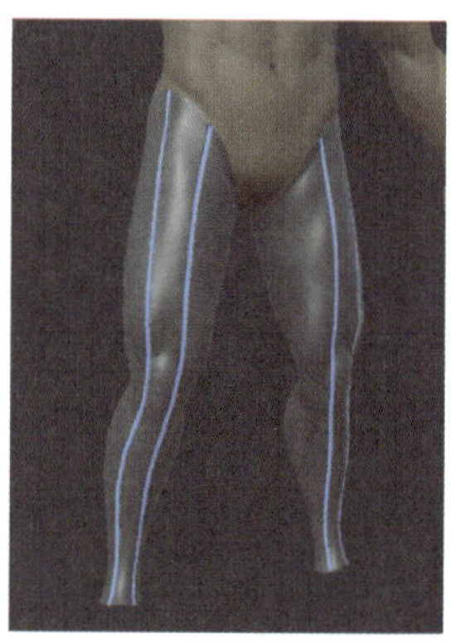

图 3-3-32

5. 添加一层蜂窝状纹理，其常被用来表示科技感。通过调节 UV 大小来调整纹理的密集度，如图 3-3-33 所示。

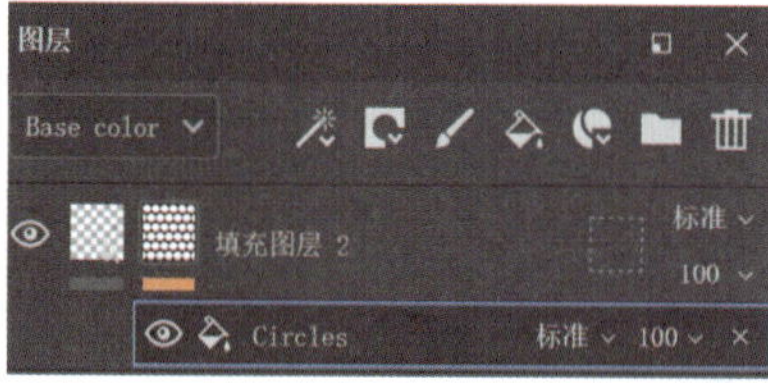

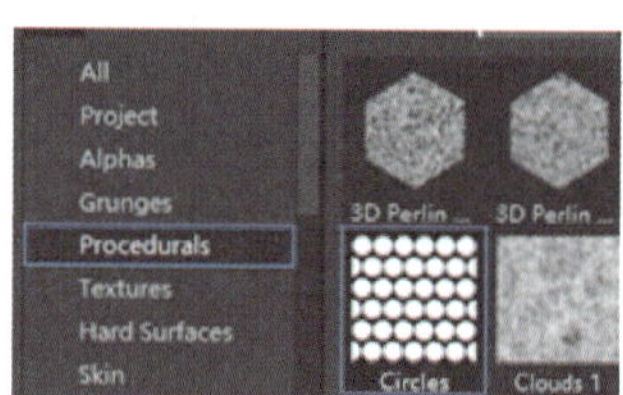

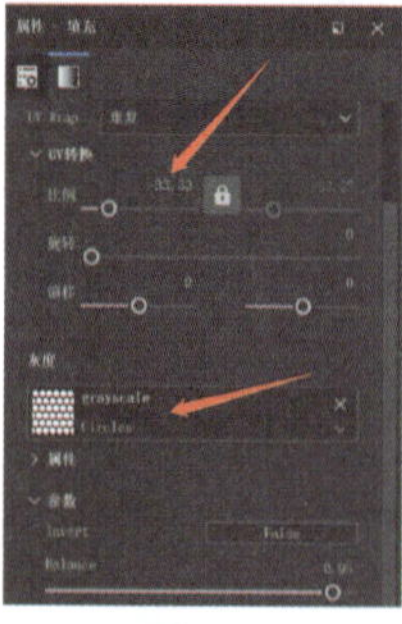
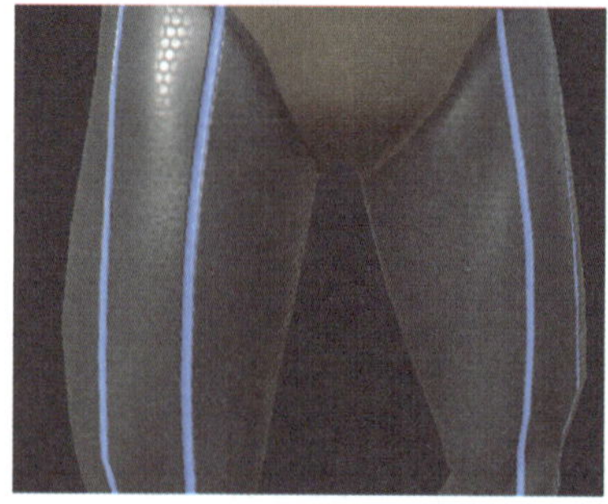

图 3-3-33

6. 短裤的底色制作同打底裤的底色制作流程。可以尝试使用不同的灰度图来制作不同粗糙度的纹理，如图 3-3-34 所示。

7. 使用颜色图层来绘制短裤口袋边缘的白色部分，如图 3-3-35 所示。

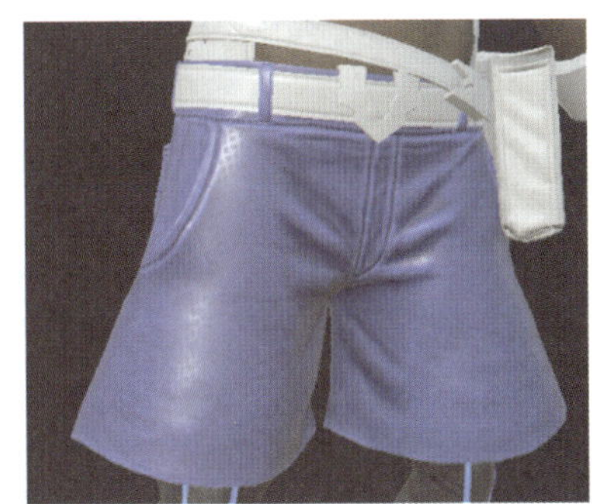

图 3-3-34

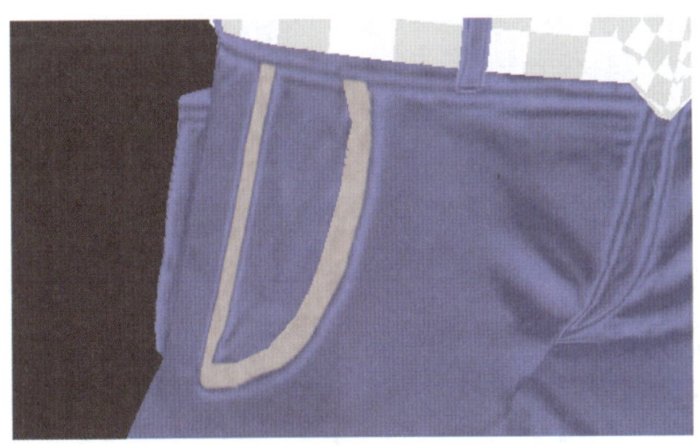

图 3-3-35

8. 对于字母印花部分，须在 Photoshop 中制作一张黑白图来作为贴图，将画布设置为正方形，以便后期操作。保存贴图图片后将其移至材料架，在弹出的窗口中选择“texture（贴图）”，在“Import your resources to”菜单中选中第二个选项，点击“Import”按钮即可将该图片存入材料架，如图 3-3-36 所示。

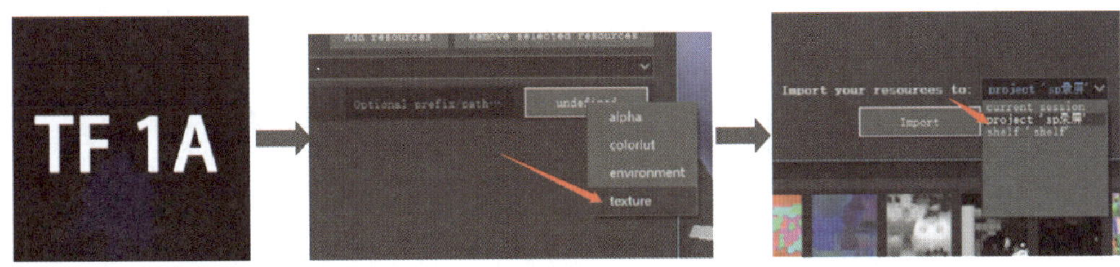

图 3-3-36

9. 由于两组字母颜色不同，需要在“短裤”图层组中再创建一个图层组。在新建的图层组上建立遮罩，并将材料架中的图片移至属性栏的“Stencil”处，如图 3-3-37 所示。

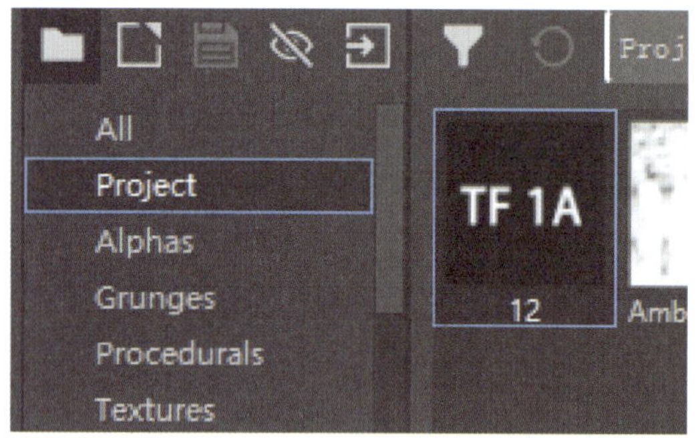

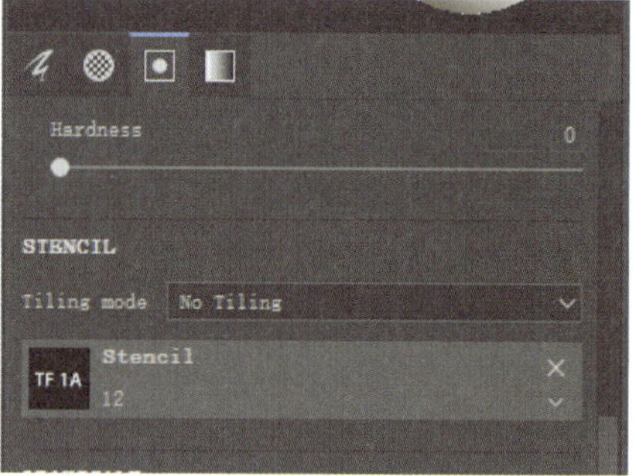

图 3-3-37

10. 绘制遮罩，与制作面部彩绘时使用的遮罩同理。通过使用白色笔刷涂抹来将字母印在短裤上。其材质制作同面部彩绘，调整其粗糙度并分两层来进行上色，如图 3-3-38 所示。

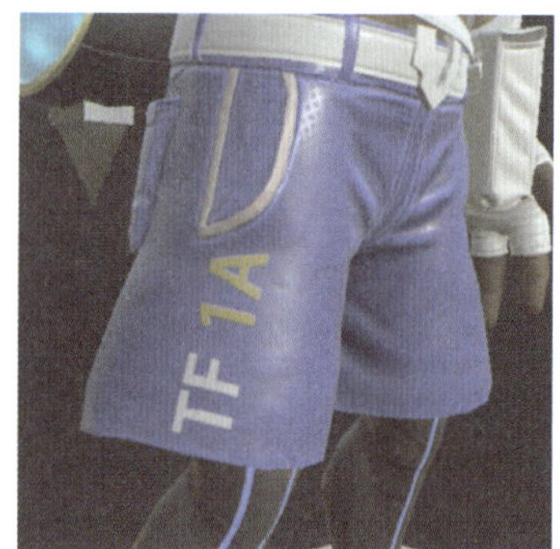

图 3-3-38

11. 在皮带的材质制作中，材质库有大量的智能材质球可供调入使用，其中“Leather Stylized”最为常用，其每个图层的颜色都需要单独进行调整。由于皮带的颜色较深，而且不需要呈现太多磨损，所以图层之间可以选择较为相近的颜色，如图 3-3-39 所示。

12. 上方腰带的材质制作可以通过复制上一步的皮带图层组并粘贴，然后将颜色调整为较浅的棕色的方式来完成，如图 3-3-40 所示。

13. 使用笔刷来制作挎包上的自发光图标，如图 3-3-41 所示。

14. 手套的皮质与背包和皮带相比应较为柔软，可使用材质库中的“Leather Soft”材质球。将其 UV 倍数调大来使皮质看起来更细腻，如图 3-3-42 所示。

15. 调整手套的颜色，添加 AO 图层来制作出磨损的质感，并为其制作白色边缘，如图 3-3-43 所示。

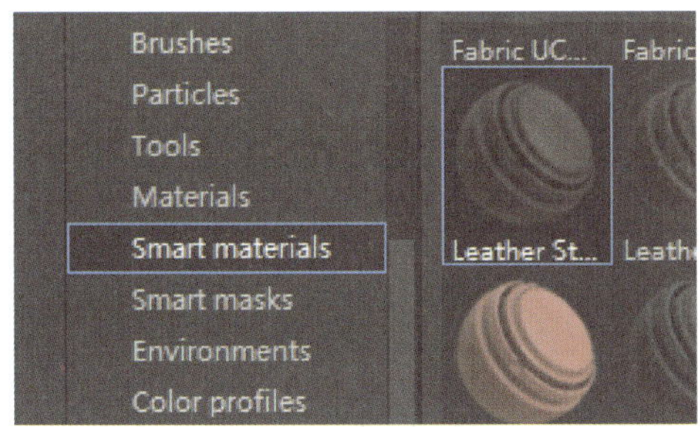

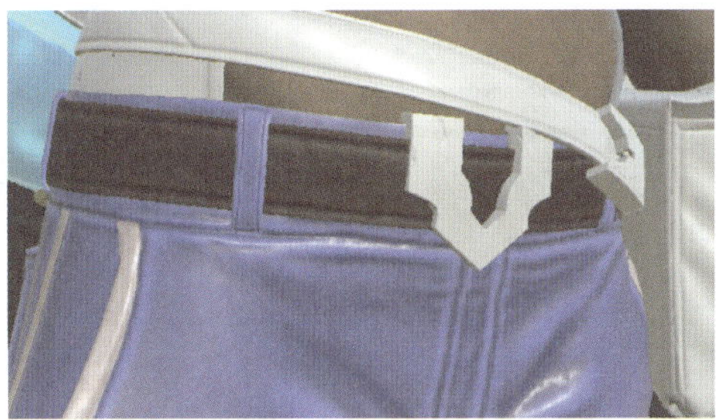

图 3-3-39

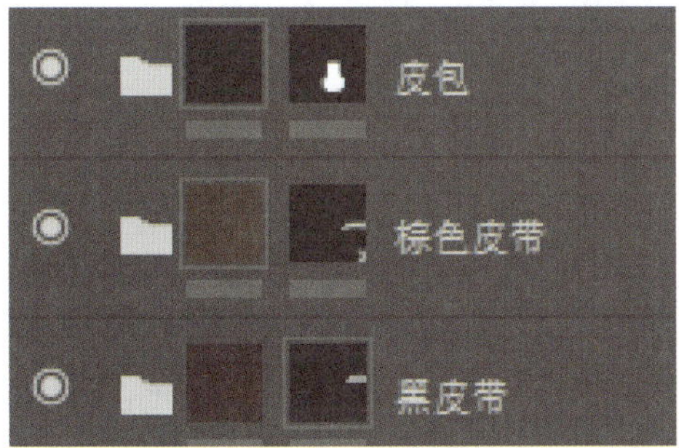

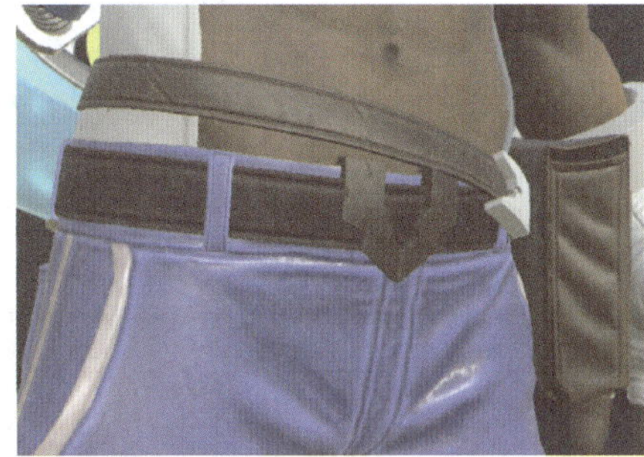

图 3-3-40

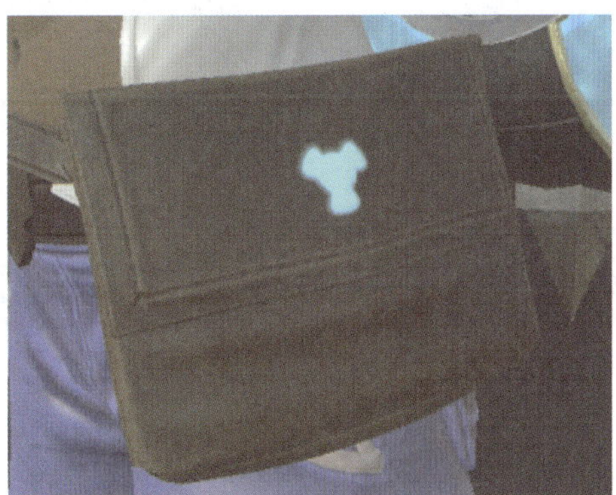

图 3-3-41

16. 紧身衣和紧身裤的材质相似，均为轻薄贴身且具有较强延展性的材质。为了体现其材质的丰富程度，可以调整“Roughness”和“Height”的参数值，如图 3-3-44 所示。

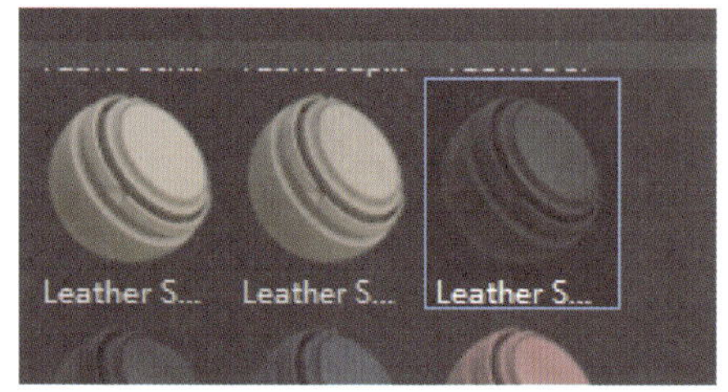

图 3-3-42

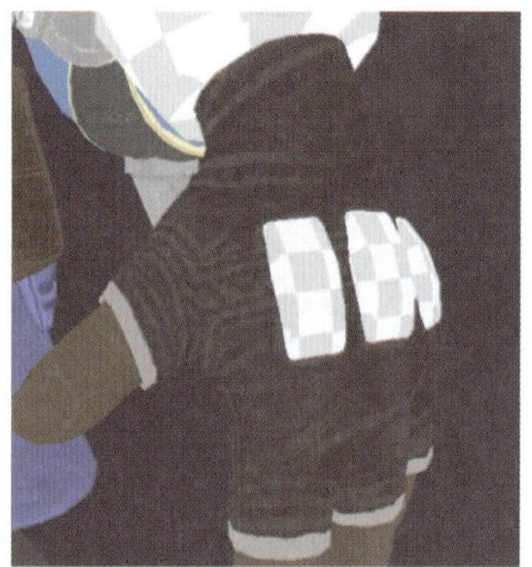

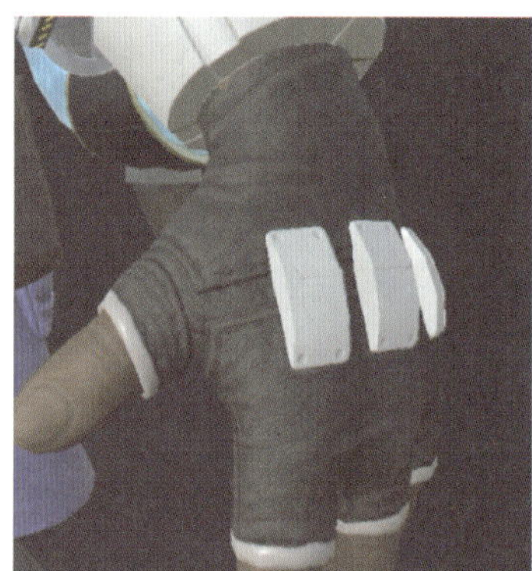

图 3-3-43

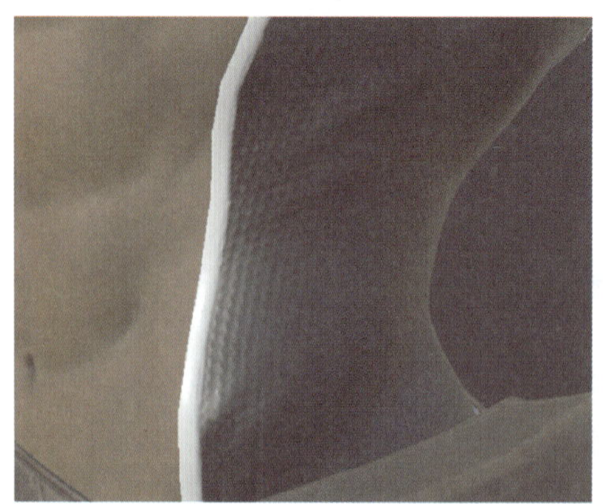

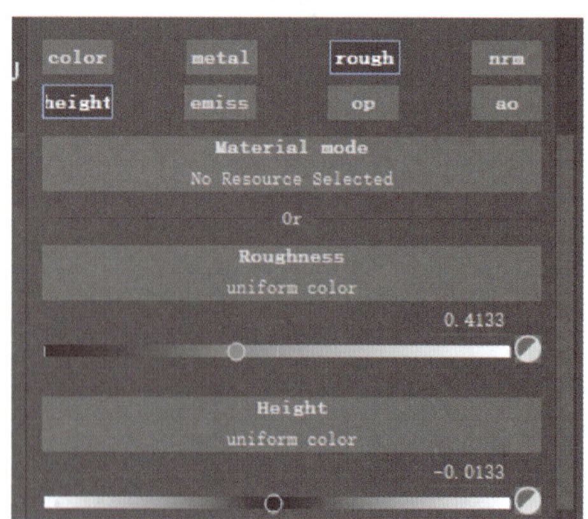

图 3-3-44

17. 在紧身衣的蓝色包边部分使用胶质材质，如图 3-3-45 所示。

18. 鞋表面和紧身裤的材质相似，可通过复制其图层组并粘贴然后调整粗糙度和颜色的方式来制作。鞋底为橡胶材质，可在皮质基础上进行修改，鞋底要避免出现过多纹理，光滑的表面可以营造出坚硬且富有弹性的橡胶质感。鞋帮中间的方形凹陷为自发光材质，如图 3-3-46 所示。

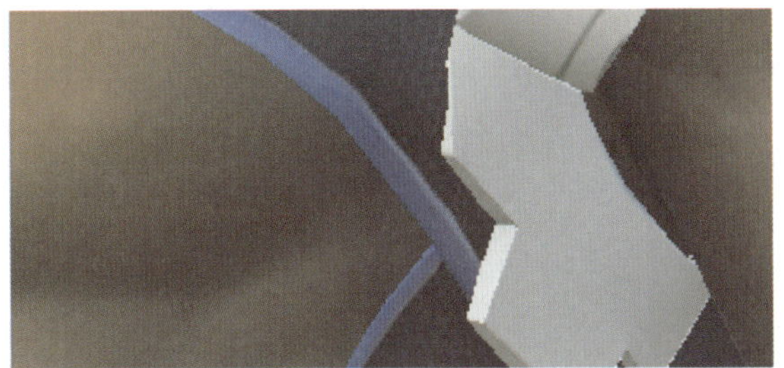

图 3-3-45

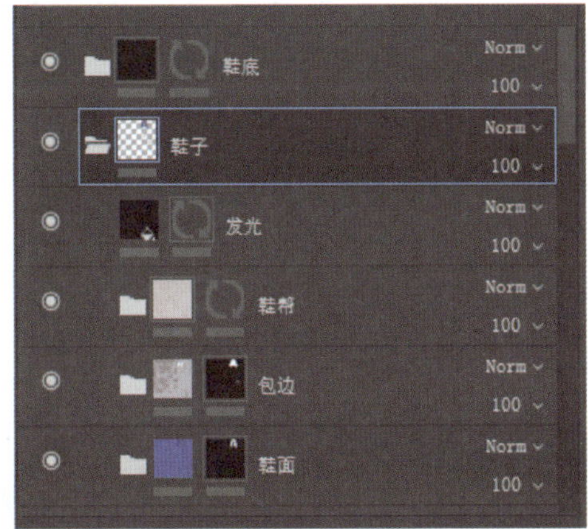

图 3-3-46

三、制作装备和武器材质

1. 手腕的金属部分，其内部为光滑细腻的钛合金材质，其外面覆盖一层蓝色油漆，边缘稍有磨损，部分金属裸露在外，因钛合金不易氧化，所以不需要制作锈渍，只需用磨边和漆面磨损来表达效果即可。

2. 调整手腕装备的金属材质，“Metallic”中的白色表示金属，黑色表示非金属，如图 3-3-47 所示。

3. 再添加一层材质，使用灰度图，只调整“color”选项，如图 3-3-48 所示。

4. 在制作蓝色油漆时，复制并粘贴第 2、3 步中的两个图层，由于漆面为非金属材质，所以要将“Metallic”值调整为黑色。将这两个图层合为一个组，然后在该图层组上添加遮罩，将遮罩属性栏内的“Generator”选项改为边缘磨损的灰度图。用同样的方法制作出其余蓝色漆面的金属，如图 3-3-49 所示。

5. 自发光材质的制作效果如图 3-3-50 所示。

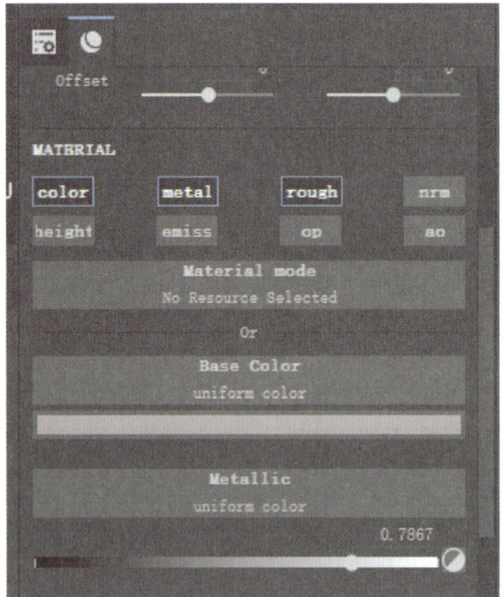

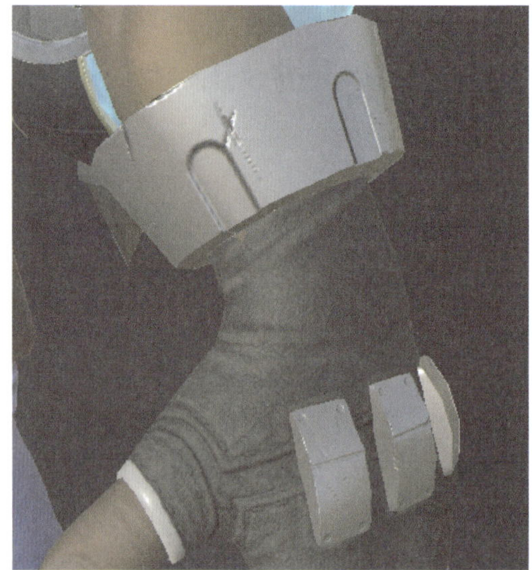

图 3-3-47

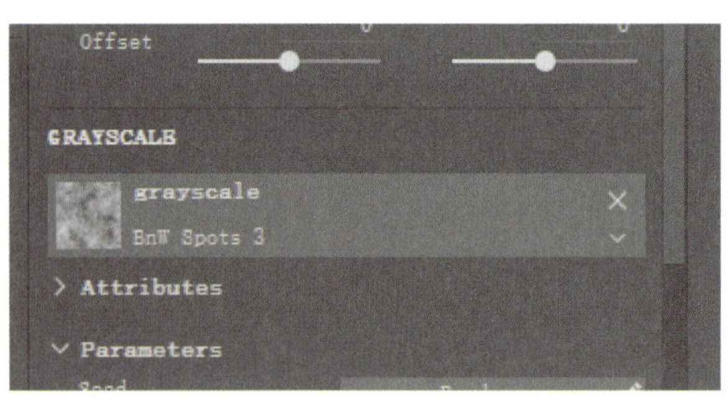

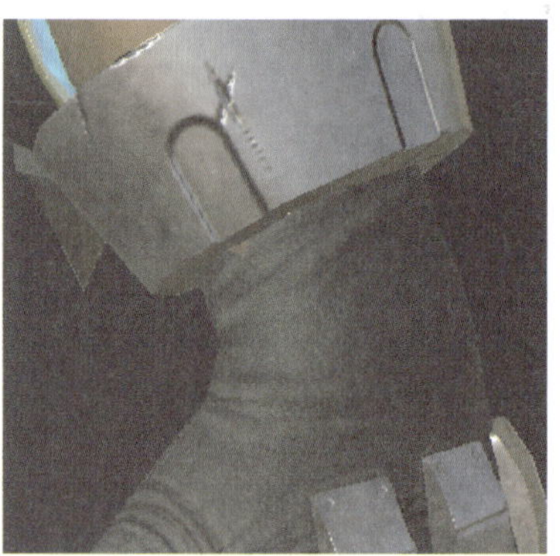

图 3-3-48

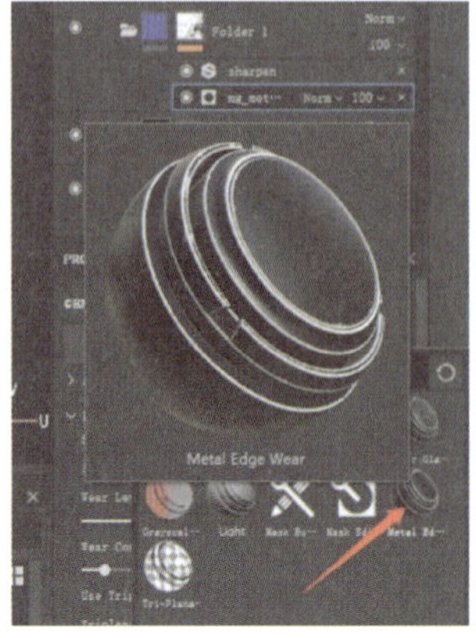

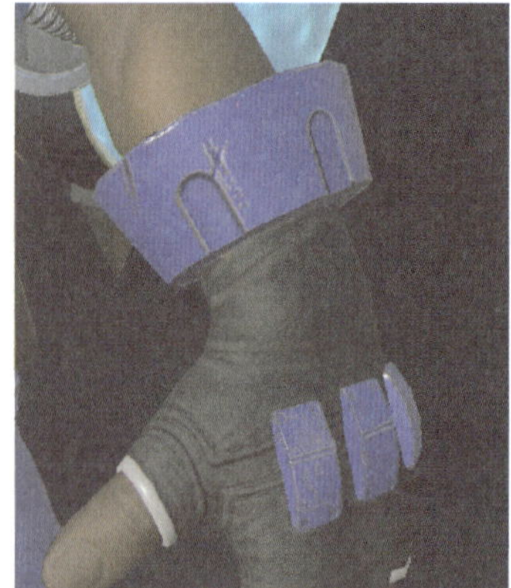

图 3-3-49

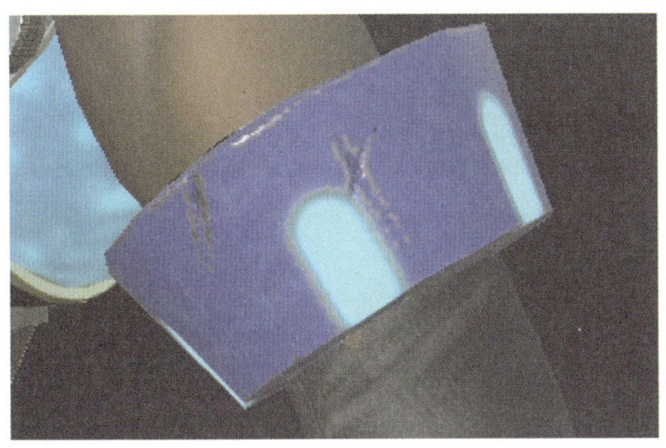
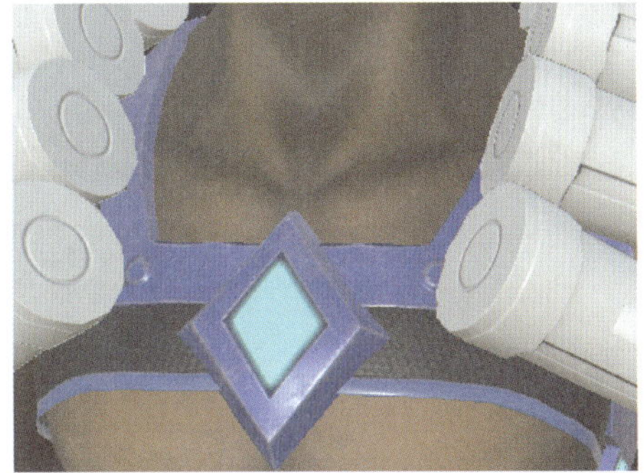

图 3-3-50

6. 皮带扣的材质制作同蓝色漆面金属的材质制作，只须调整漆面的颜色即可，如图 3-3-51 所示。

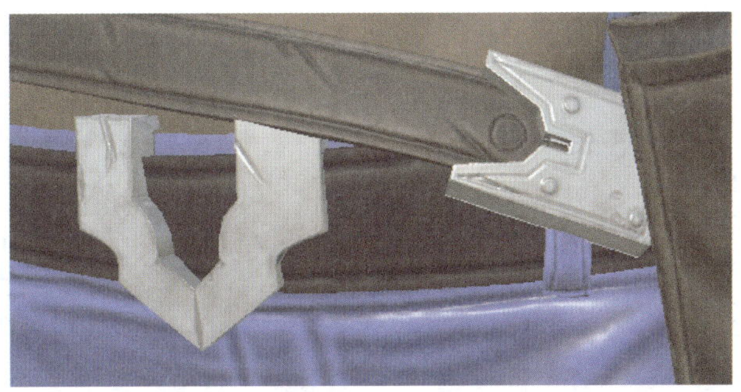

图 3-3-51

7. 由于肩膀上的子弹有透明的涂层，所以“Metallic”值不需要调至全白，如图 3-3-52 所示。

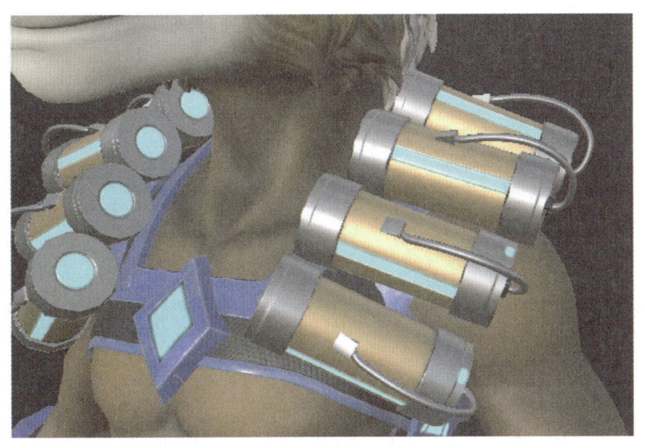
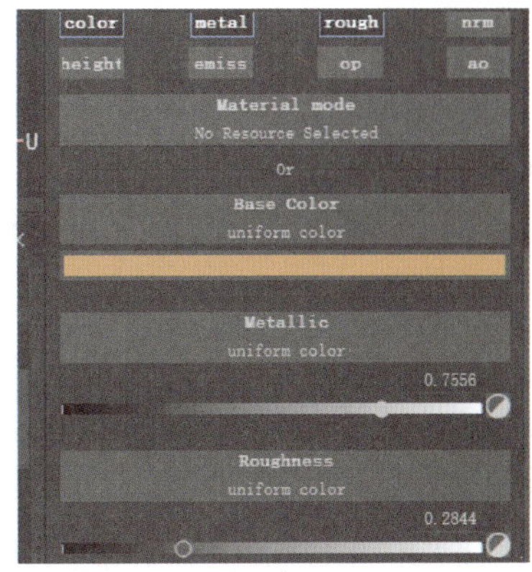

图 3-3-52

8. 若有兴趣可将材料架中的每个金属材质球都尝试一遍，如图 3-3-53 所示。

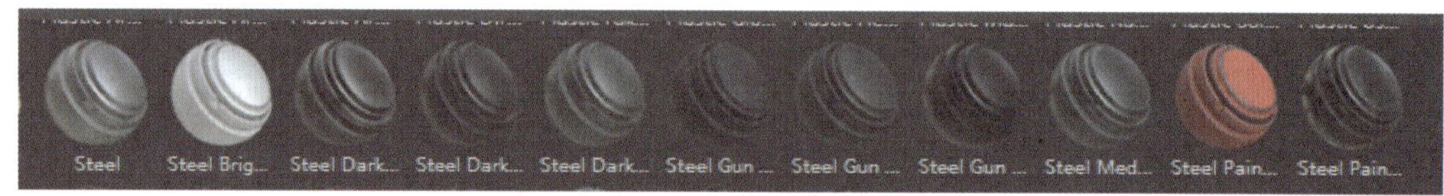

图 3-3-53

9. 子弹上的软管为半透明材质，须添加“Opacity”即透明材质贴图，简称“OP”。其添加方法同自发光贴图，区别在于它还需另外调整“SHADER SETTINGS（着色器）”才能显示半透明效果，如图 3-3-54 所示。

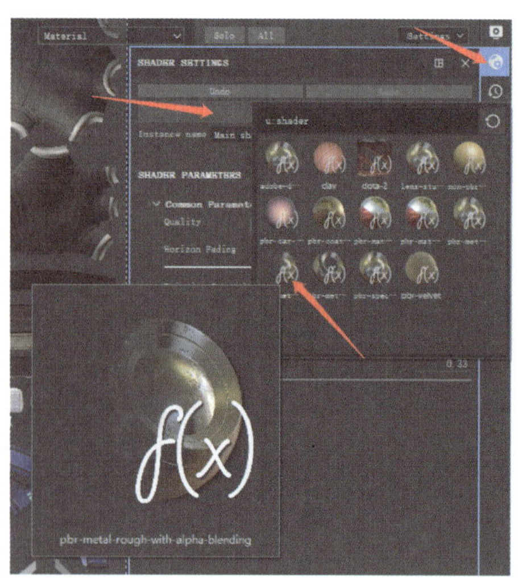

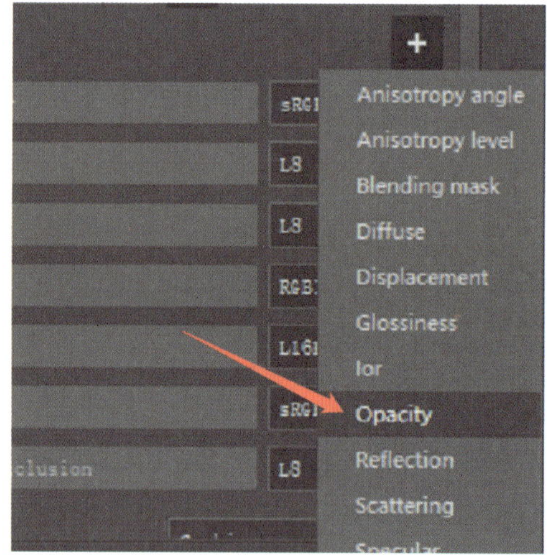

图 3-3-54

10. 将“OP”值调整为 0.5 左右，使软管在视觉上呈现一种充满液体的感觉，如图 3-3-55 所示。

11. 需要注意的是，用该方法制作出的软管效果偶尔会在显示时出现错误，但并不会对结果产生影响，如图 3-3-56 所示。

12. 至此，主体部分的材质已经全部制作完成，可点击工具栏右侧的相机图标来观察整体效果，如图 3-3-57 所示。

13. 飞行包和武器部分的材质制作同以上制作过程，如图 3-3-58 所示。

14. 在飞行包和武器部分的遮罩上添加色阶和模糊修改器，如图 3-3-59 所示。

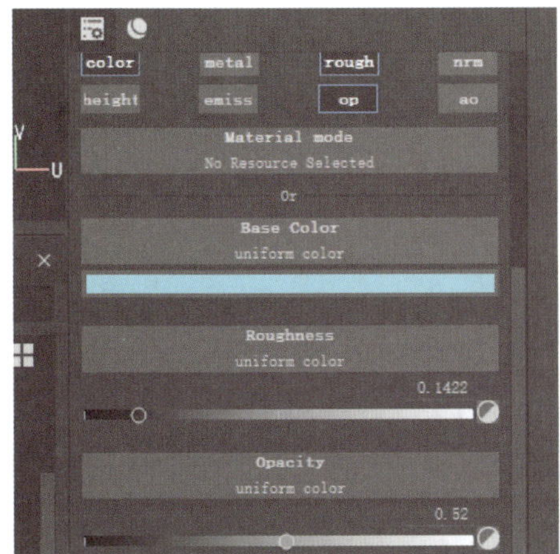

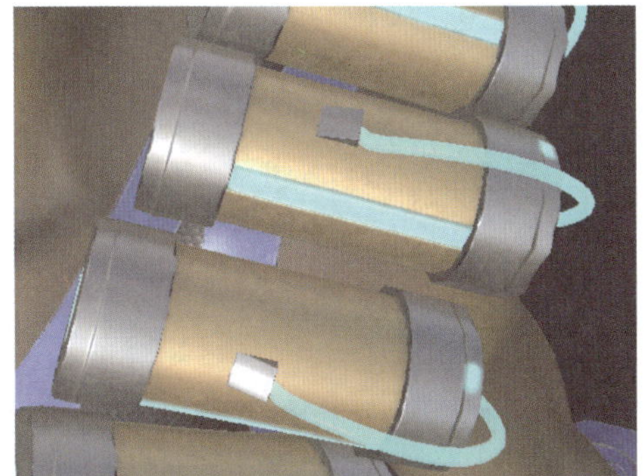

图 3-3-55

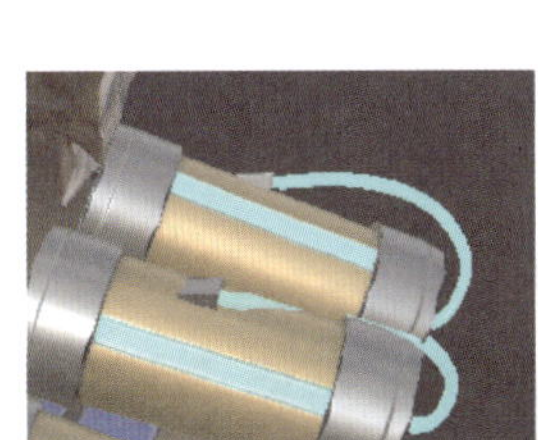

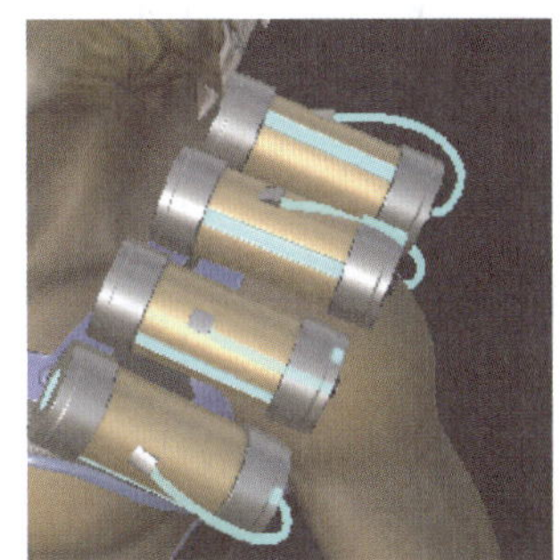

图 3-3-56

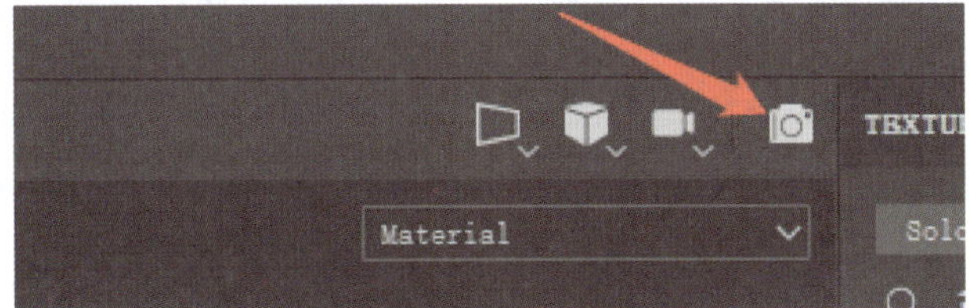

图 3-3-57

玻璃
颜色
颜色
PROPERTIES – FILL
MATERIAL
color
metal
rough
nrm
height
emiss
op
Material mode
No Resource Selected
Or
Emissive
uniform color

PROPERTIES – FILL
Offset
GRAYSCALE
grayscale
BnW Spots 3
Attributes

图 3-3-58

Blur
Levels
BnW Spots 3
颜色
PROPERTIES – LEVELS
LEVELS
Lum
Reset
Auto
Invert
Clamp

颜色
Blur
Levels
BnW Spots 3
颜色
PROPERTIES – FILTER
FILTER
Filter
Blur
Attributes

FILTER
Filter

STOP

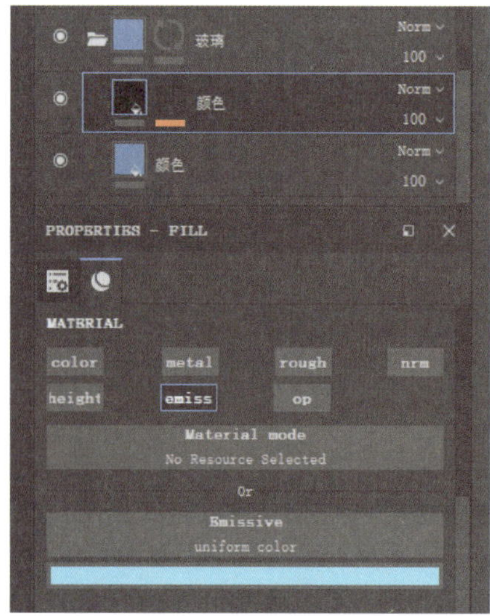

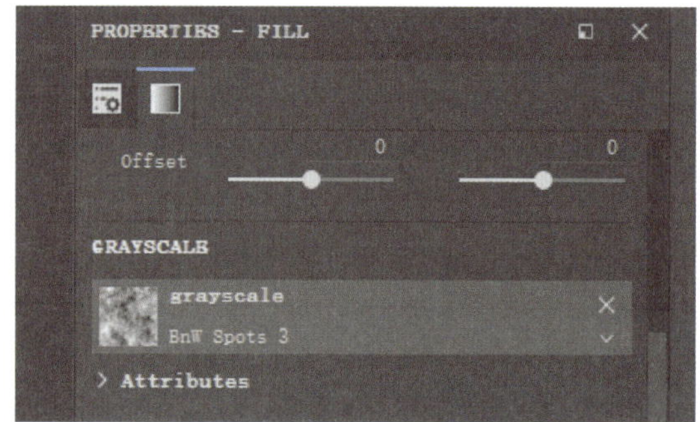

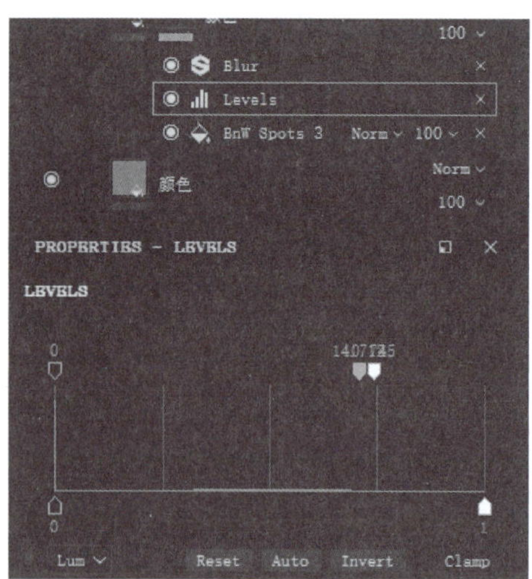

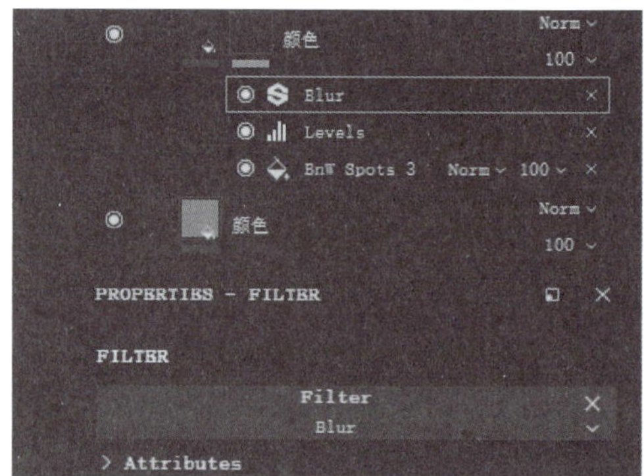

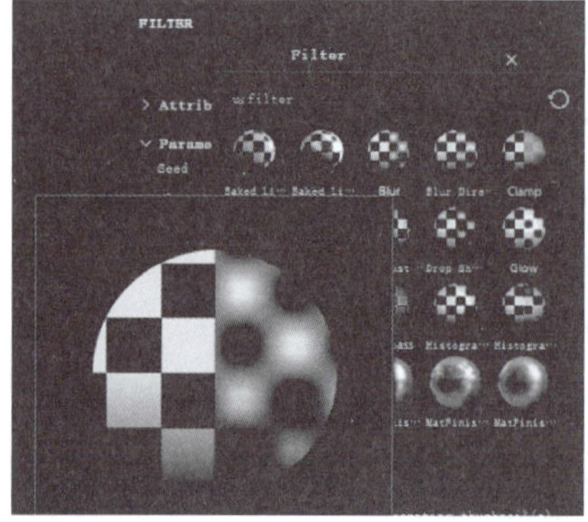

图 3-3-59

15. 飞行包和武器的磨损程度是最大的。大部分金属材质球都有预设的磨损制作图层，用户可以根据需求调整图层的数值来降低或增加磨损程度，如图 3-3-60 所示。

图 3-3-60

整体的完成效果如图 3-3-61 所示。

图 3-3-61

项目四　骨骼绑定和动画制作

如何

实现

游戏角色

"动作"

课题 1
Maya 骨骼架设绑定工具

课题目标

1. 掌握 Maya 软件约束工具的使用方法。
2. 掌握 Maya 软件蒙皮工具的使用方法。

架设骨架工具和蒙皮常用工具如图 4-1-1 所示。

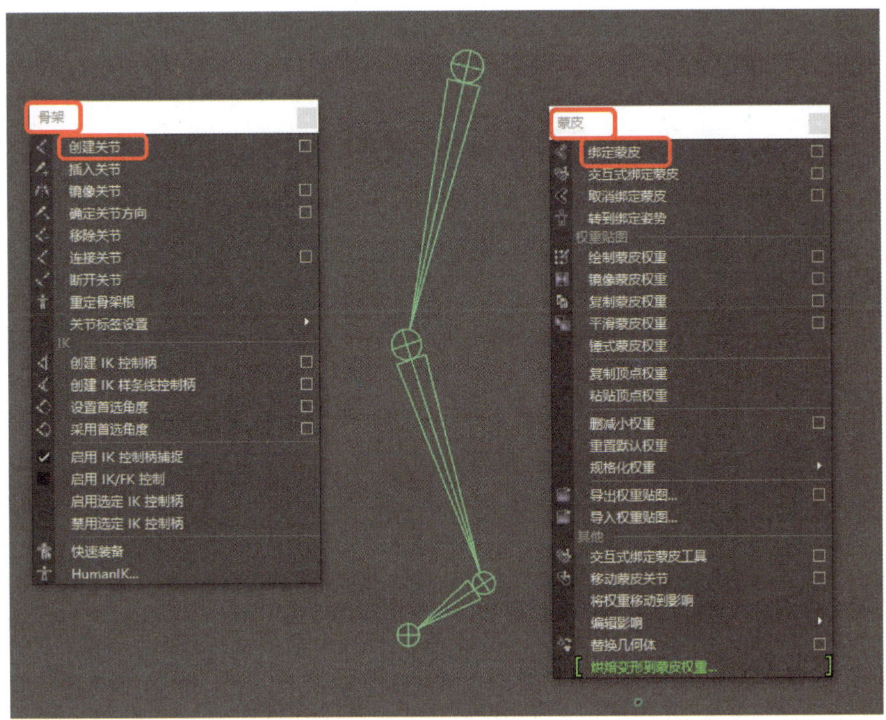

图 4-1-1

一、约束

约束工具如图 4-1-2 所示。

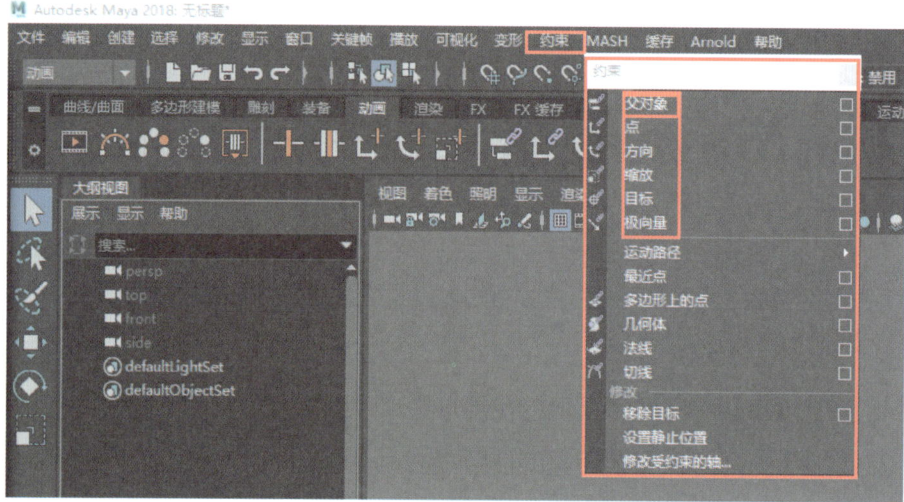

图 4-1-2

将一个物体在场景中移动、旋转和缩放，分别对应点、方向和缩放 3 种约束。分别创建 4 个正方体和 4 个球体，并用以下四种方式使每个正方体约束对应球体，如图 4-1-3 所示。

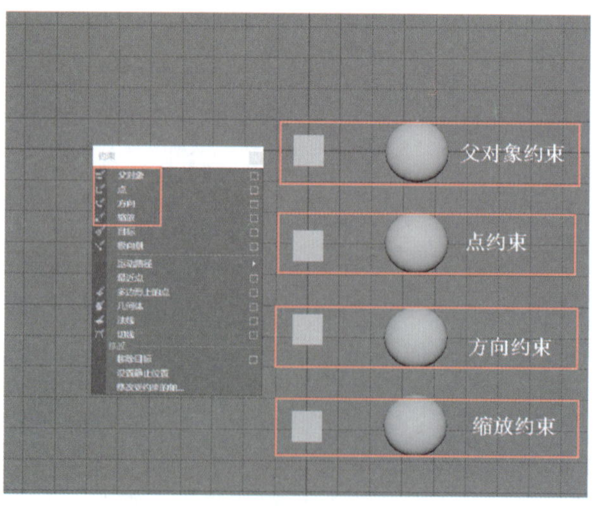

图 4-1-3

1. 父对象：约束物体对被约束物体的移动和旋转进行约束。
2. 点：约束物体对被约束物体的移动进行约束。
3. 方向：约束物体对被约束物体的旋转进行约束。

4. 缩放：约束物体对被约束物体的缩放进行约束。

目标约束与极向量约束将在后文中介绍。

在“父约束选项”窗口中，注意勾选上“保持偏移”选项，如图 4-1-4 所示，否则约束物体会与被约束物体位置重合。

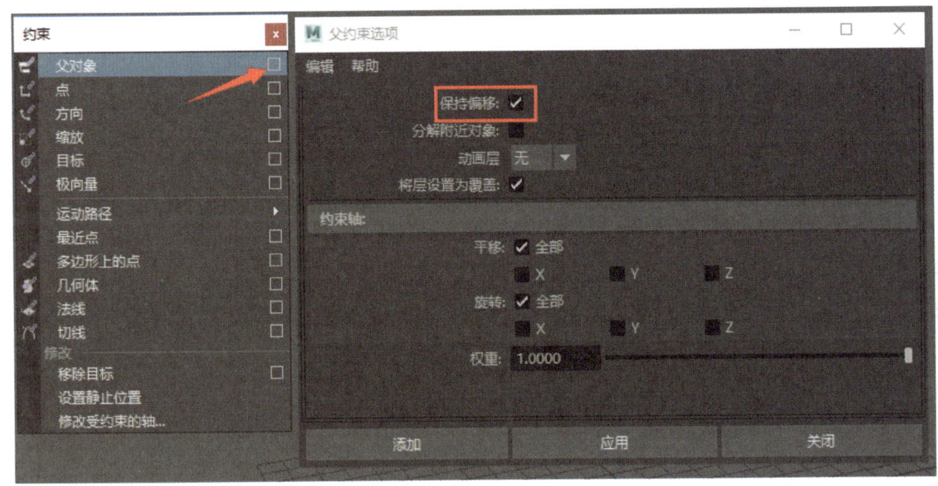

图 4-1-4

通过快捷键 P 键建立的父子关系与通过约束建立的父子关系有显著区别。前者中子物体的移动和旋转都会受父物体的影响；而后者可以分别对被约束物体的移动或旋转进行约束，还能调整约束的权重值。在做绑定时，有时不需要对被约束物体所有的属性进行约束，此时再用 P 键来建立父子关系便会出现意想不到的麻烦。简而言之，通过 P 键建立的父子关系的特点是很方便，但很笼统；通过约束建立的父子关系的特点是很灵活和精确，但不如 P 键方便。

二、骨架工具与蒙皮设置

1. 骨架工具

骨架工具是指为角色搭建身体骨架而创建的一系列关于骨骼功能的实用工具，如图 4-1-5 所示。

2. 蒙皮设置

蒙皮设置可将搭建好的骨架与角色模型关联到一起，使模型关节处布线可合理地旋转和移动。操作时点击“蒙皮”→“绑定蒙皮”，便会出现“绑定蒙皮选项”窗口，可直接使用默认设置，然后点击“绑定蒙皮”按钮，如图 4-1-6 所示。

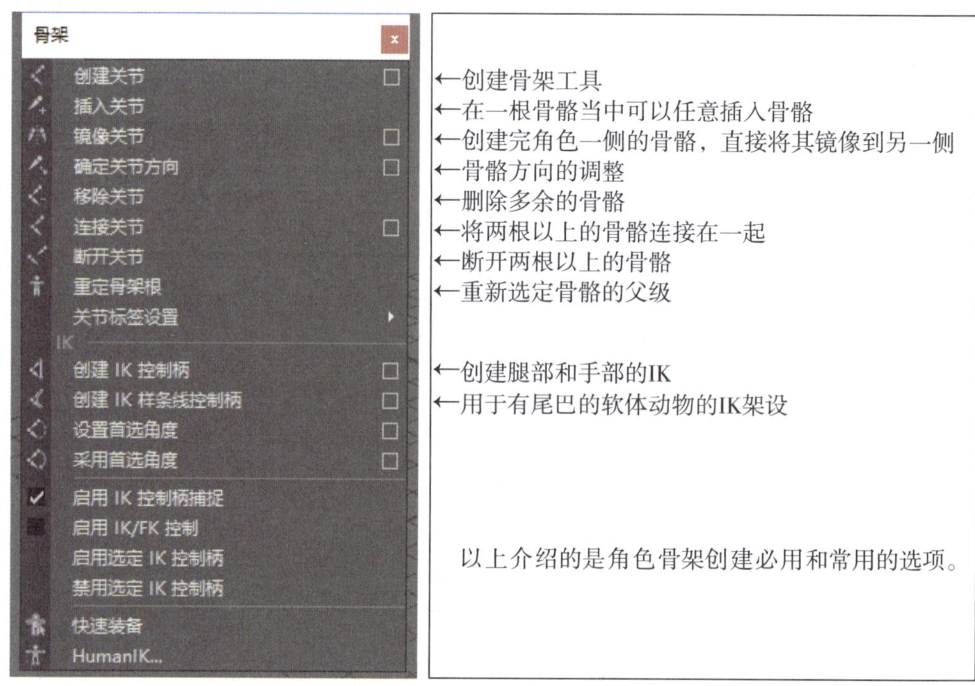

图 4-1-5

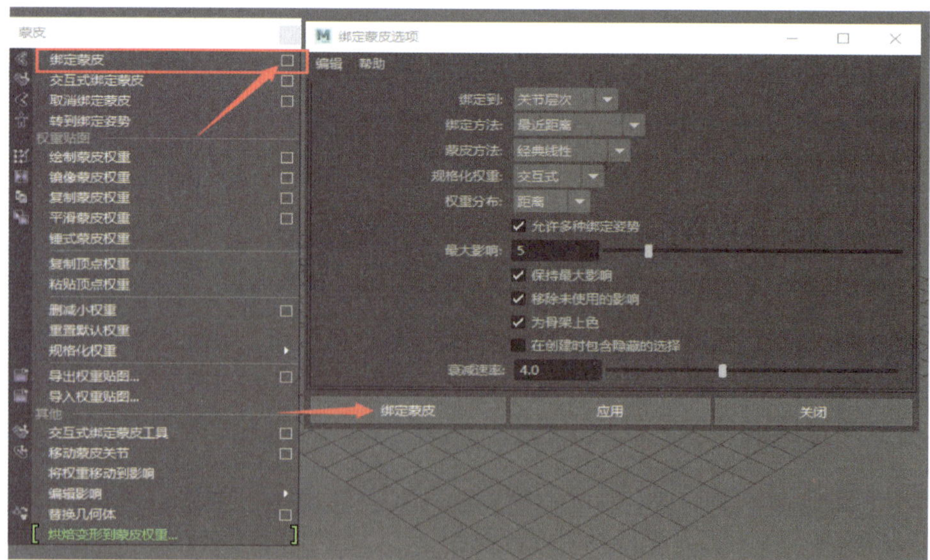

图 4-1-6

双击“绘制蒙皮”按钮会出现如图 4-1-7 所示的窗口。其中红框数字 1~6 的含义如下：

1——骨骼信息。

2——蒙皮模式，通常选择“绘制”模式。

3——绘制操作，常选择“替换”进行调整，然后选择“平滑”进行细节调整。

4——软、硬笔刷的选取。

5——权重值大小的调整，最大为 1，最小为 0。

6——系统默认颜色为黑白灰，勾选“使用颜色渐变”后可显示更多颜色。0 代表黑色，1 代表白色，0~1 之间（不包括 0 和 1）的数值代表灰色。

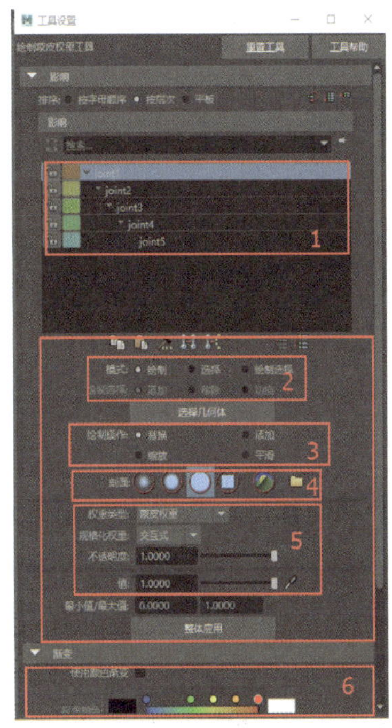

图 4-1-7

课题 2

双足角色骨骼架设

能以鹿人模型为例完成为模型添加骨骼的过程。

首先为模型添加骨架。接着设置运动学，运动学是一个可指定骨架运动的系统，Maya 中的运动学分为两种类型，它们分别是正向运动学（FK）和反向运动学（IK），IK 的作用在于通过控制某一关节上的 IK 来使其他关节联动。然后添加控制器，控制器常使用 CV 曲线，调节动画时只须调节控制器即可，因为控制器可以控制 IK 和骨架，而骨架最终通过蒙皮来控制模型。最终效果如图 4-2-1 所示。

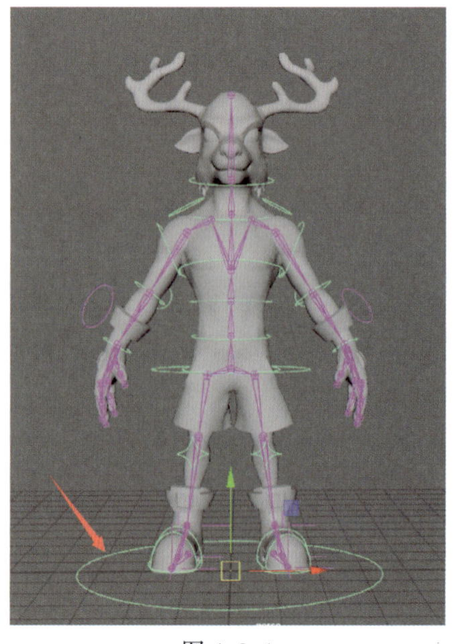

图 4-2-1

一、认识骨骼与关节

从多角度认真观察模型，分析模型每个部位和装备须添加的骨骼数量，如图 4-2-2 所示。

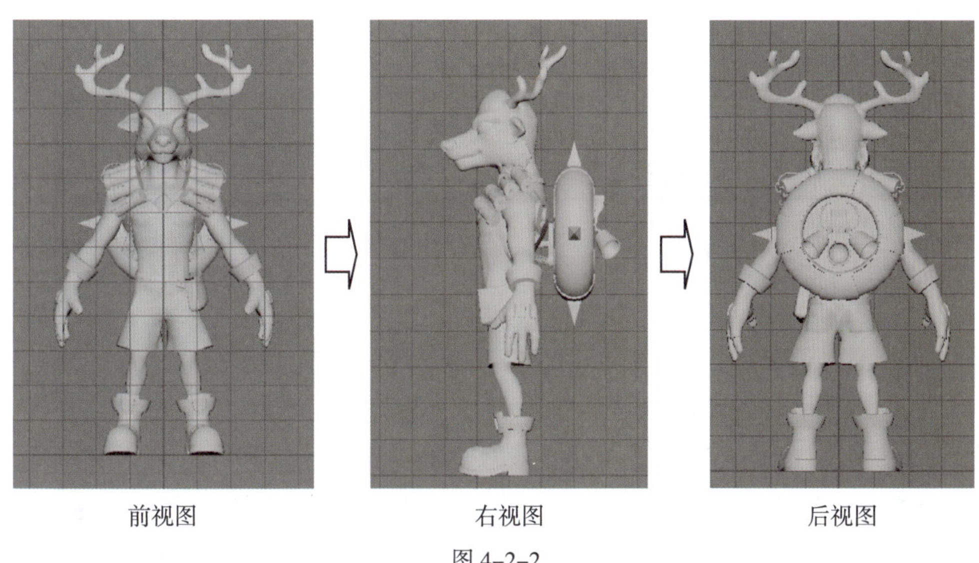

图 4-2-2

二、骨骼架设位置与骨骼方向调整

骨骼与关节在模型中所对应的位置如图 4-2-3 所示。

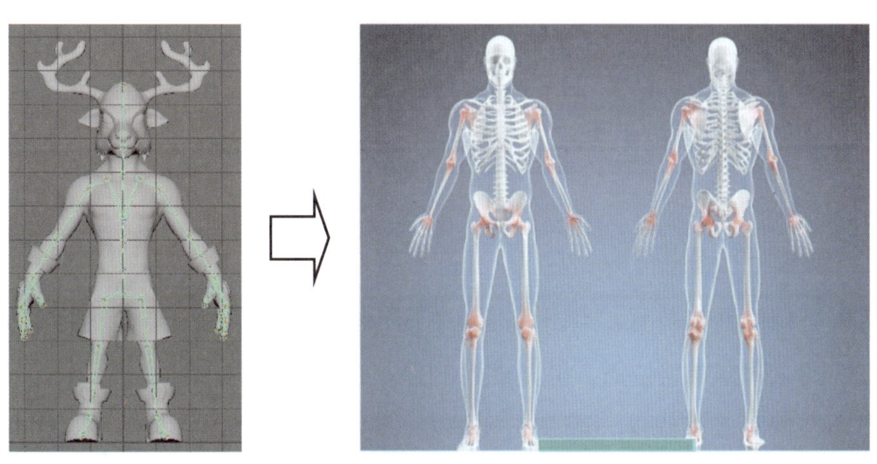

图 4-2-3

1. 创建层级

将模型的骨骼、身体、武器和装备分为不同的层，以便于后期蒙皮操作，如图 4-2-4 所示。

2. 创建躯干骨骼

冻结模型，切换到右视图，点击“创建骨骼”按钮来创建头部和脊柱的骨骼，从上到下依次为头、颈、胸、腰、腹和盆骨，如图 4-2-5 所示。

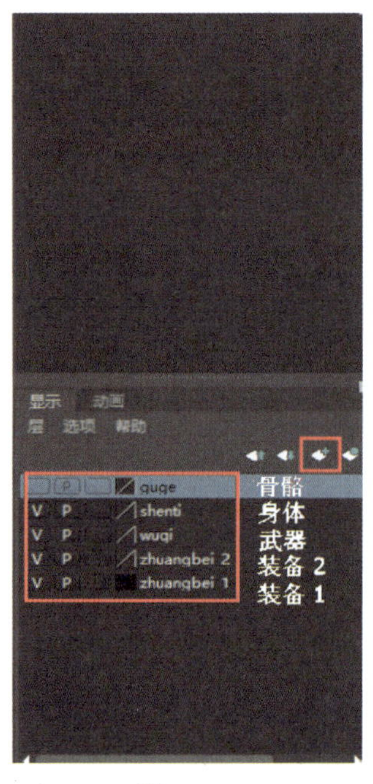

图 4-2-4

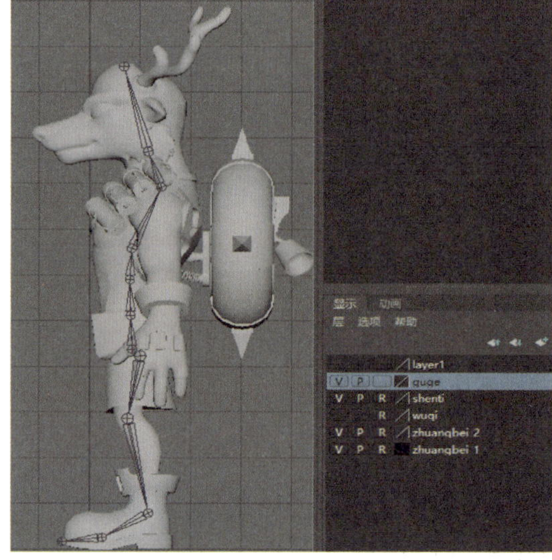

图 4-2-5

3. 创建下肢骨骼

依次创建大腿、膝盖、小腿、脚踝、脚掌和脚趾前端的骨骼。需要注意的是，在前视图中，大腿、膝盖、小腿和脚踝处在同一条直线上；而在右视图中，膝盖稍向前凸出，使大腿和小腿之间形成一定角度，这是因为 IK 具有方向识别的功能，如图 4-2-6 所示。

4. 创建上肢骨骼

将模型切换到前视图，点击“插入关节”按钮添加手肘关节，然后将模型切换至右视图以调整骨骼位置。需要注意的是，在前视图中，肩关节、肘关节和腕关节必须在同一条直线上，而在右视图中，肘关节要稍向后凸出，如图 4-2-7 所示。

5. 创建手掌骨骼

将模型切换到右视图，创建手掌骨骼，需要注意大拇指在手掌内还存在一节掌骨，各手指指骨之间的距离要均匀。使用平移工具将骨骼调整至合适位置，注意不

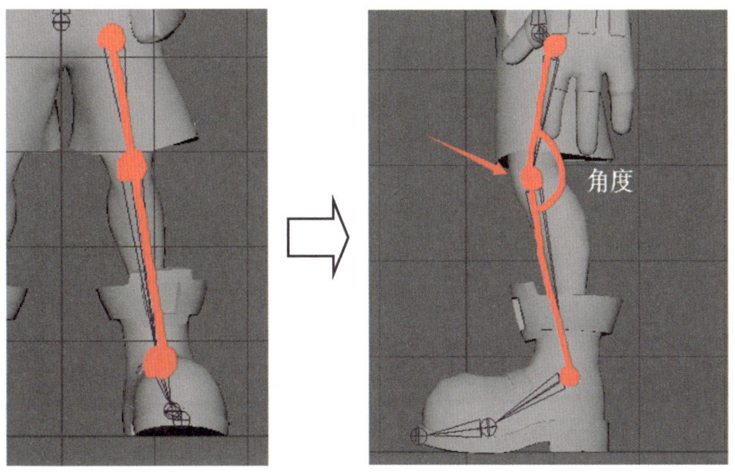

图 4-2-6

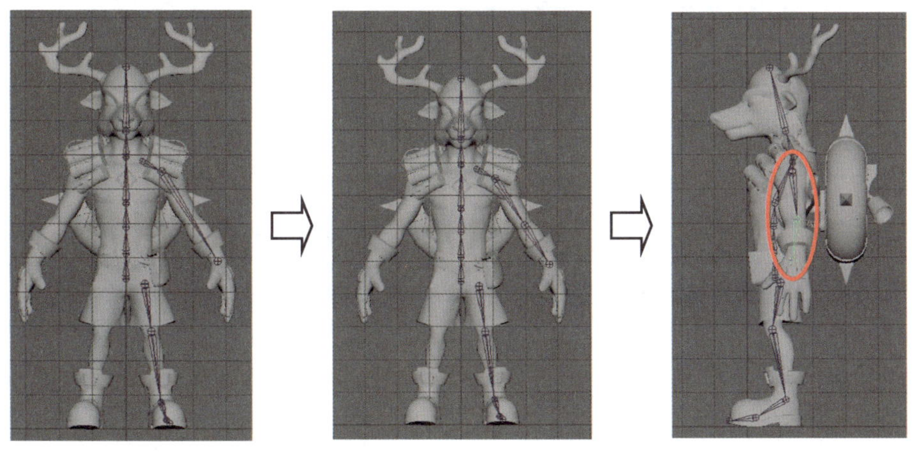

图 4-2-7

能使用翻滚工具，然后切换到透视图调整指骨位置。指骨调整完毕后选中所有指骨并选择腕骨，按 P 键将它们建立父子关系。

在小臂部分还须添加 Roll Bone 旋转骨骼，以更好地表现手腕旋转的动画，如图 4-2-8 所示。

6. 调整骨骼关节方向

选择骨骼，依次点击菜单栏“骨架”→“确定关节方向”来确定关节方向，点击“按组件类型选择”可显示和调整骨骼方向，若没有出现骨骼方向，点击“问号”按钮（见图 4-2-9）便会进入调整骨骼轴向的模式，选中轴向后可直接对其进行手动调节，将 X 轴朝向下一节骨骼，手臂 Y 轴朝上，其余骨骼 Y 轴朝前，如图 4-2-10 所示。

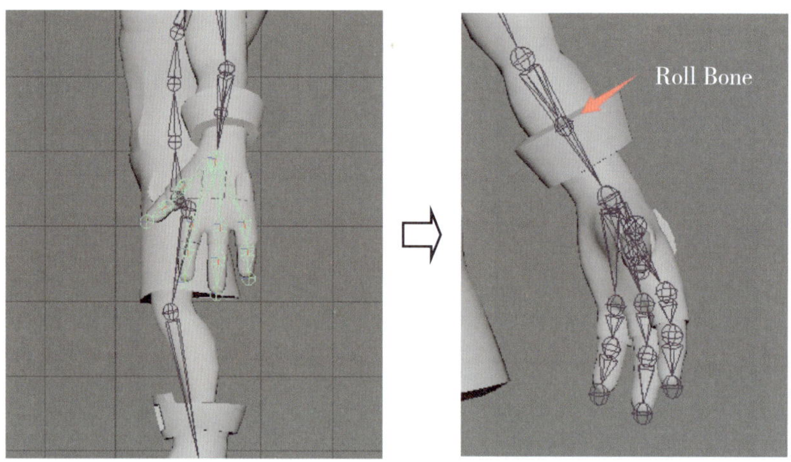

图 4-2-8

图 4-2-9

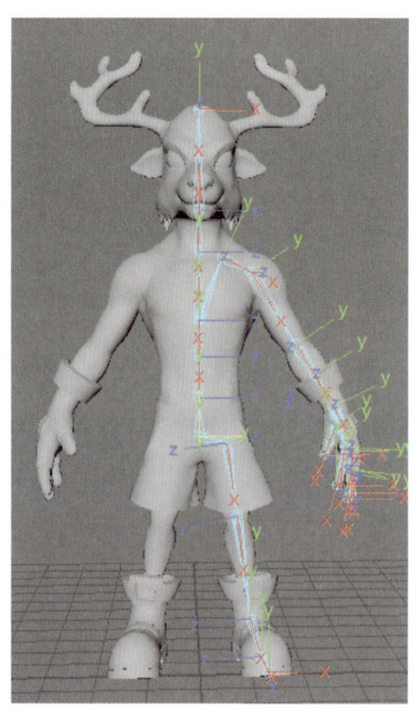

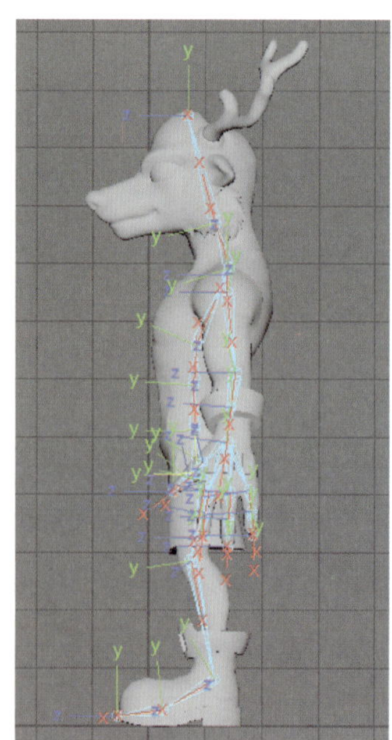

图 4-2-10

三、骨骼镜像与命名

1. 骨骼镜像

点击“镜像关节”后面的方框便会弹出“镜像关节选项”窗口。在“镜像平面”

选择“YZ”选项，在“搜索”中输入字母 l（表示模型左侧），在“替换为”中输入字母 r（表示模型右侧），然后点击“镜像”按钮，如图 4-2-11 所示。

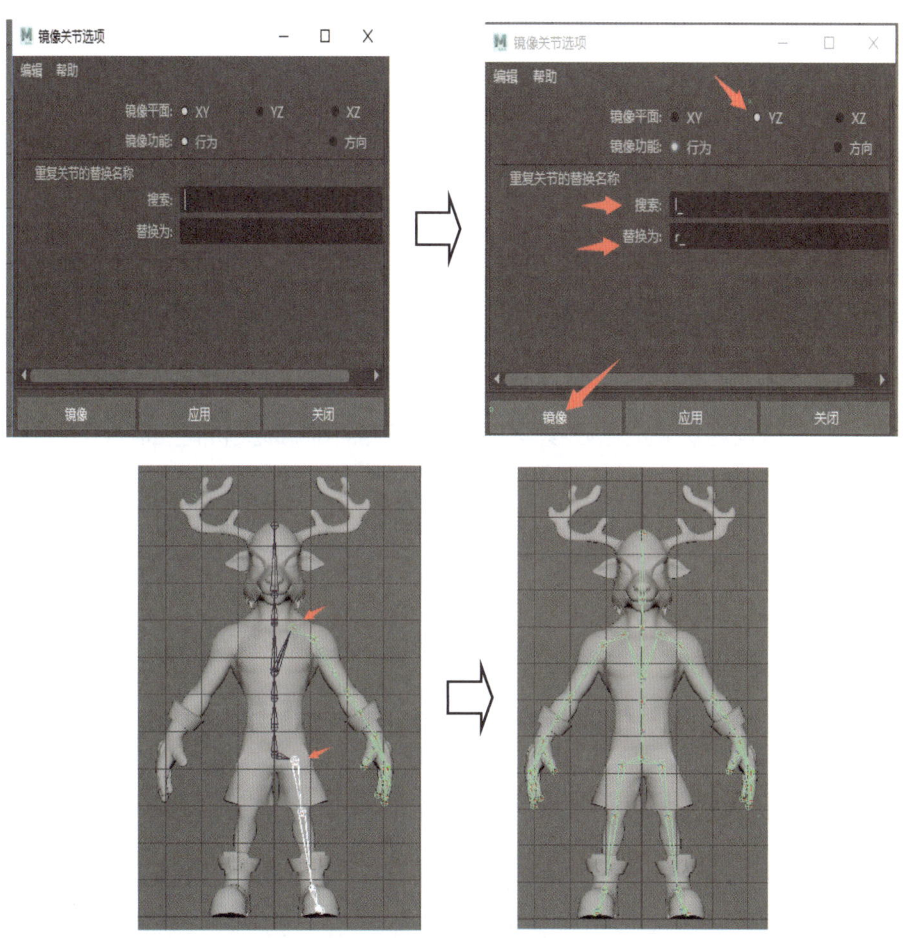

图 4-2-11

2. 骨骼命名

骨骼命名有两种方法。第一种方法是分别对每根骨骼命名，此方法的优点是命名较清晰，但缺点是操作烦琐；第二种方法可以手臂骨骼为例，选中“重命名”选项（见图 4-2-12），按照从父级到子级的顺序加选整条左手臂的每一根骨骼，然后输入“l_shoubi”，Maya 便会对选中的骨骼自动按照序号命名，此方法虽快捷但不够精确。

图 4-2-12

课题 3
双足角色 IK/FK 控制器创建

课题目标

能以鹿人模型为例完成创建模型 IK/FK 控制器和脚部反转脚控制器的过程。

一、创建上半身 FK 控制器

用创建的 CV 曲线来控制骨骼的旋转轴向。

1. FK 控制器的创建及位置调整

（1）点击 CV 曲线，按住 Ctrl+G 键将其分组，如图 4-3-1 所示。

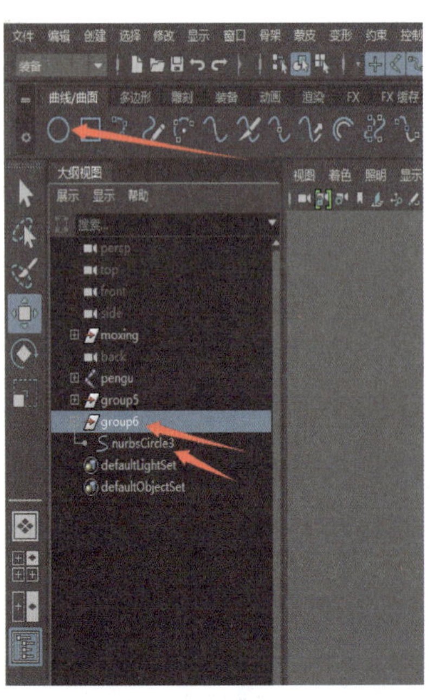

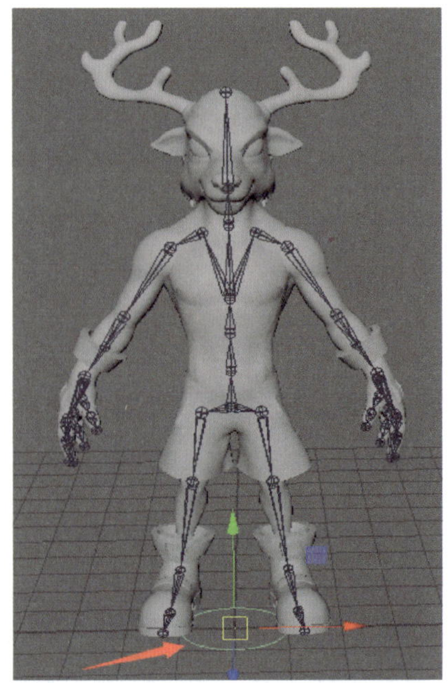

图 4-3-1

（2）选中目标骨骼并按住 Ctrl 键，从“大纲视图”中加选一组控制器，点击“约束”→“父对象”，取消其默认设置中对“保持偏移”的勾选，然后点击“添加”按钮，这样 CV 曲线就会自动移动和旋转到对应的骨骼位置上去，如图 4-3-2 所示。

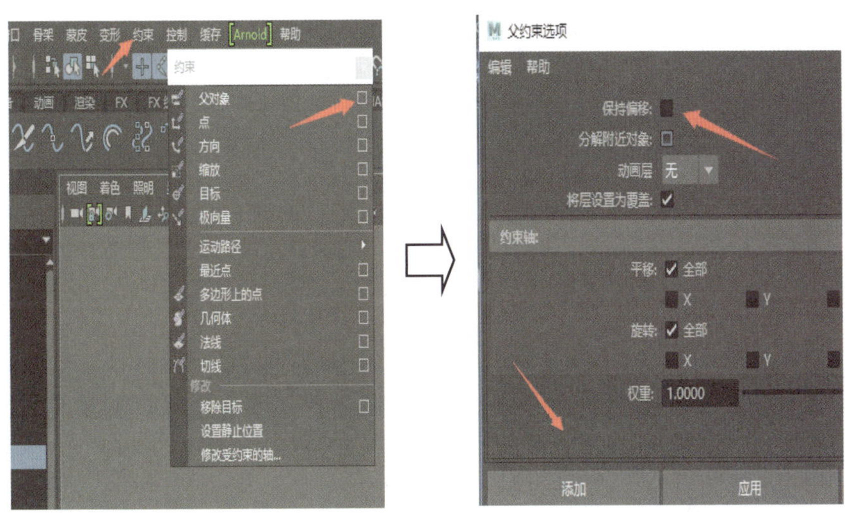

图 4-3-2

（3）此时控制器与控制器的组均会对父对象骨骼的位置进行约束，且与其保持轴线一致。可调整控制器的形状大小（注意控制器与控制器的组是两个不同的概念，此处只对控制器进行调整），也可调整控制器的 CV 点，如图 4-3-3 所示，要先点击“按组件类型选择”按钮，再调整控制器的 CV 点，如图 4-3-4 所示。

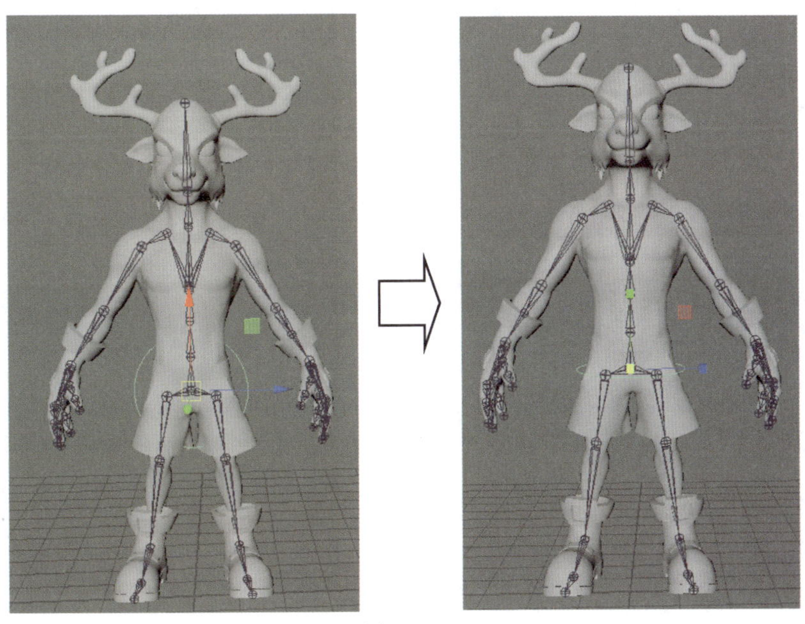
图 4-3-3

至此，FK 控制器的创建及其位置调整便设置完成。控制器的形状也可被自行设计和改变，如图 4-3-5 所示。

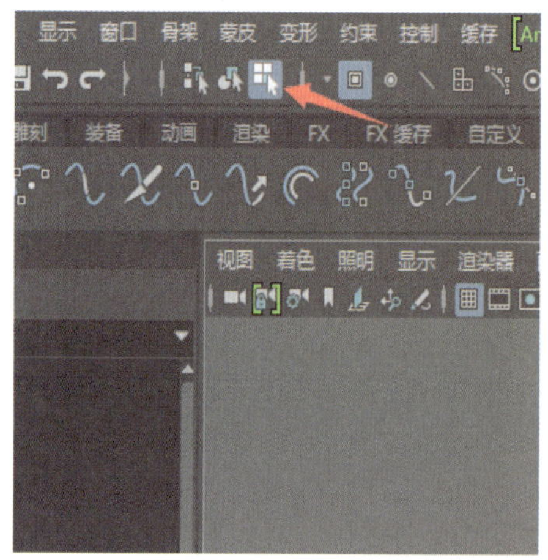

图 4-3-4

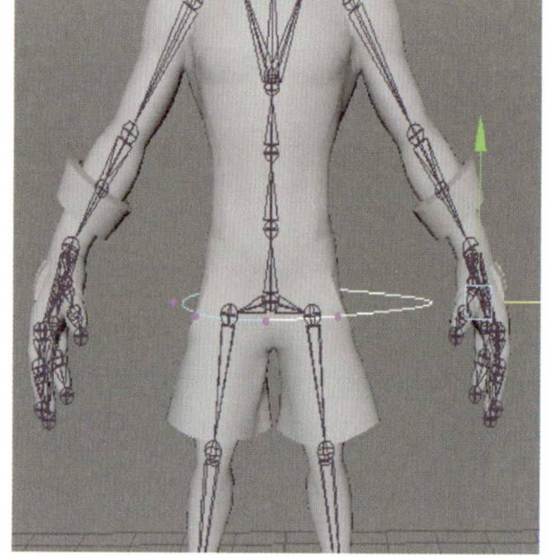
图 4-3-5

2. FK 控制器冻结变换

在“大纲视图”中，删除控制器的组中已建立好的父子关系，选择控制器并在“修改”工具栏中选中“冻结变换”来冻结 FK 控制器，如图 4-3-6 所示。将坐标轴平移和旋转数值全部调整为 0，坐标轴缩放数值全部调整为 1，如图 4-3-7 所示。要注意保证控制器、控制器的组及骨骼三者的坐标轴一致且位于同一点上。

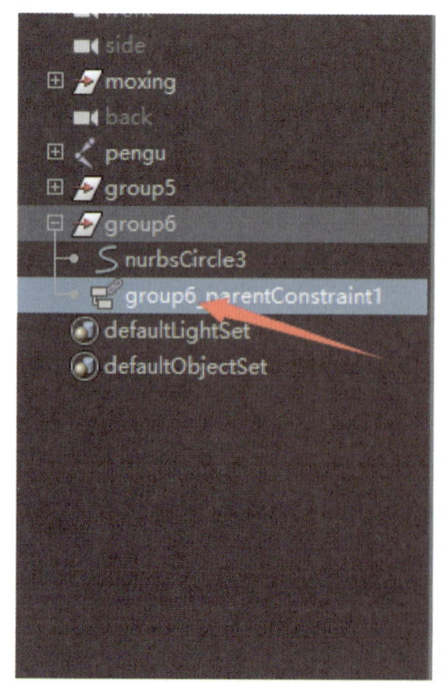

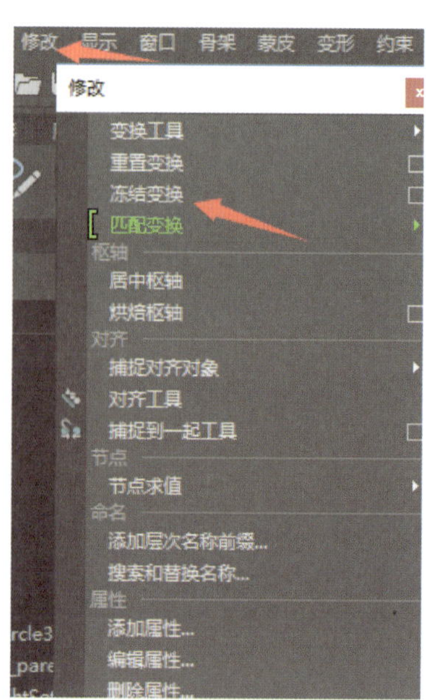

图 4-3-6

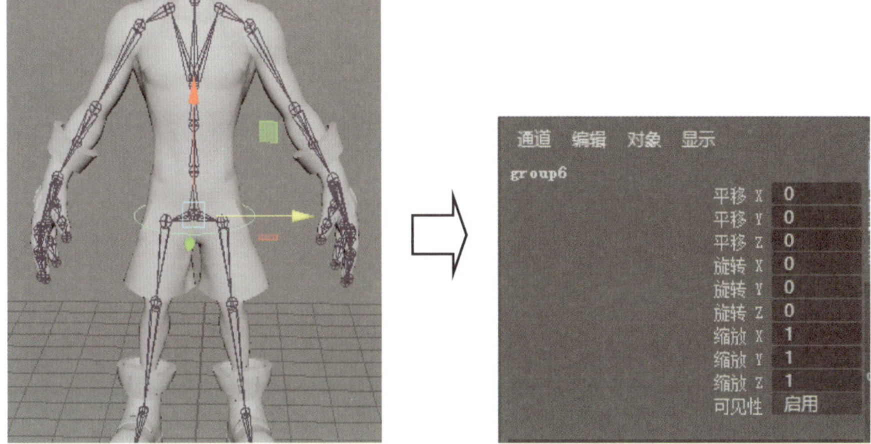

图 4-3-7

3. FK 控制器的添加

（1）在调整好 FK 控制器位置后选择控制器，加选盆骨骨骼并使用“父对象”约束，此处须在“父约束选项”窗口中勾选“保持偏移”选项来允许偏移，并点击“添加”按钮，如图 4-3-8 所示。在盆骨 FK 控制器创建完成后可对其进行简单测试，选择该控制器，然后进行旋转操作，若其能带动骨骼旋转便是制作成功了。

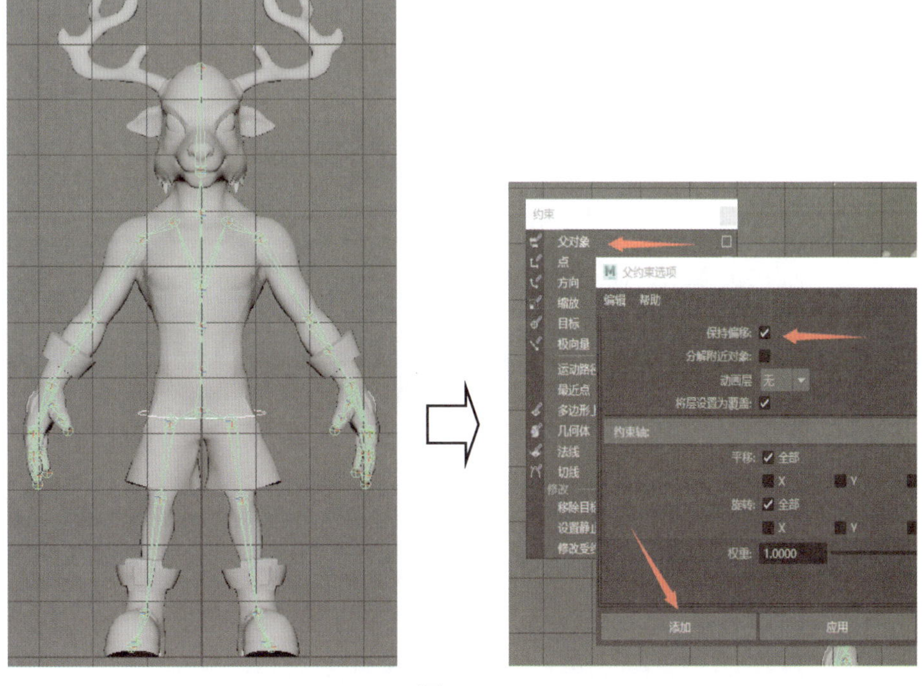

图 4-3-8

（2）依次创建腹部、胸部、颈部、头部及头顶部的 FK 控制器，末端骨骼则不需要创建 FK 控制器，如图 4-3-9 所示。

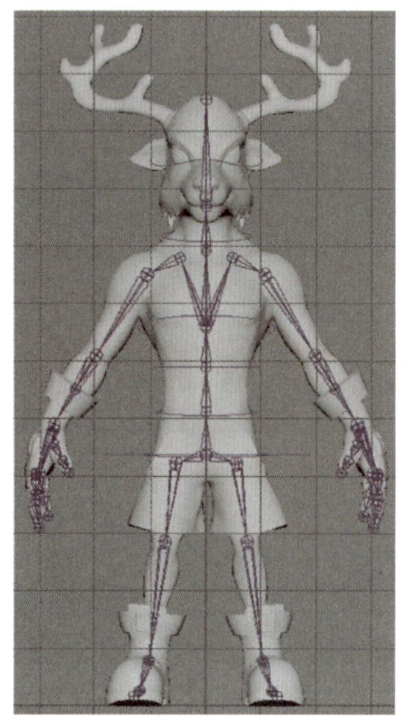
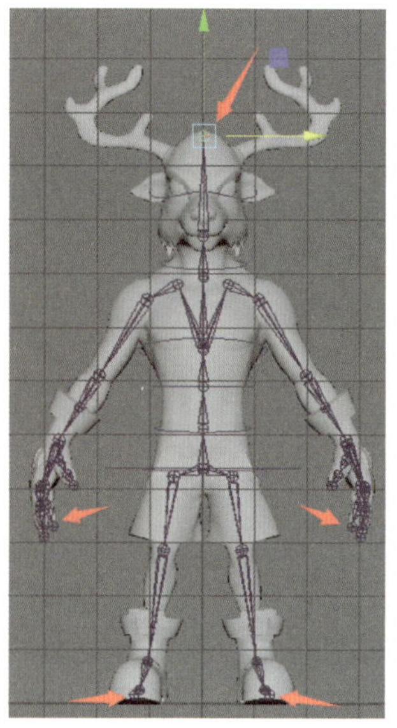

图 4-3-9

4. 质心控制器的添加

创建 CV 曲线，按住 Ctrl+G 键将其分组，按 V+ 鼠标左键捕捉盆骨骨骼坐标中心点并与其重合，将盆骨控制器、腹部控制器分别和质心控制器建立父子关系，如图 4-3-10 所示。

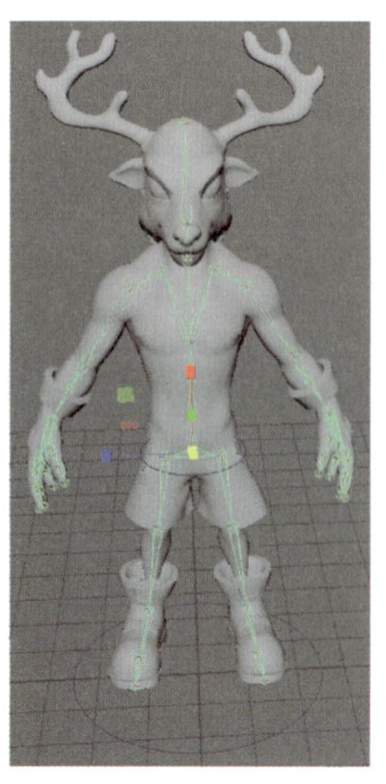
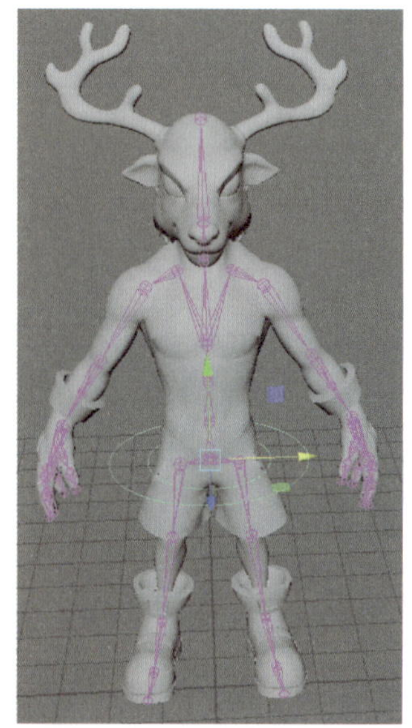

图 4-3-10

层级之间的关系即父子关系，头部控制器的父级是颈部控制器，颈部控制器的父级是胸部控制器，胸部控制器的父级是腹部控制器，腹部控制器的父级是质心控制器而非盆骨控制器，盆骨控制器的父级也是质心控制器。父级控制器可对其子级控制器进行控制，如图 4-3-11 所示。

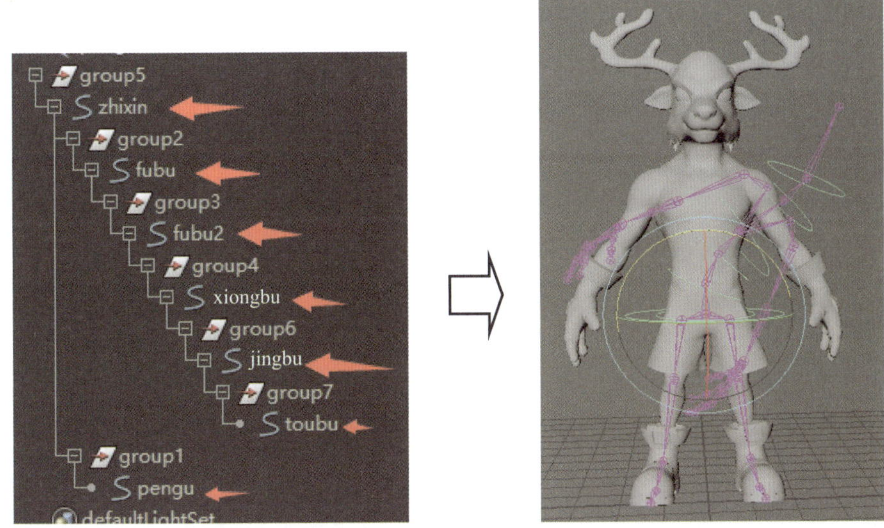

图 4-3-11

5. FK 控制器轴向的锁定

FK 控制器是不允许平移和缩放的，因此要将“平移”和“缩放”坐标轴锁定。用鼠标右键点击“平移”和“缩放”便会弹出通道盒，选中“锁定选定项”即可。锁定后的坐标轴会显示为灰色，如图 4-3-12 所示。

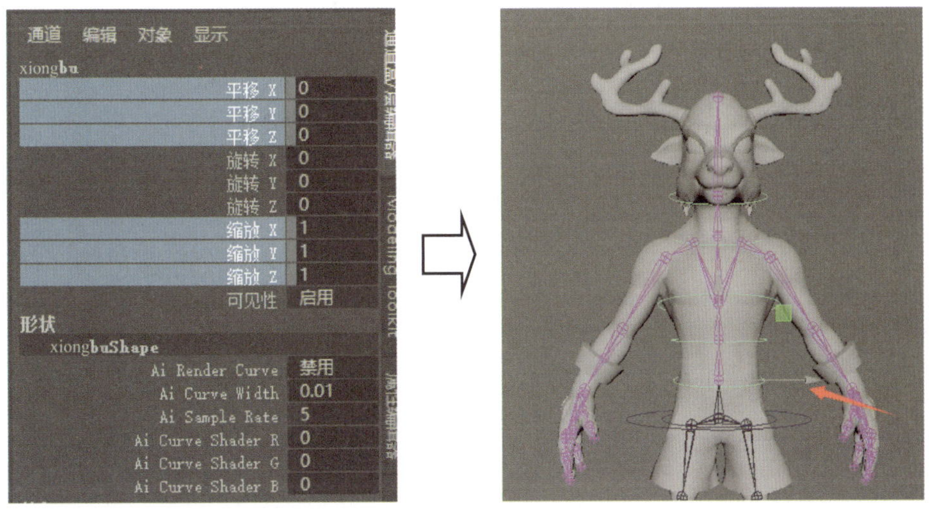

图 4-3-12

6. 手臂 FK 控制器的添加

（1）手臂 FK 控制器的添加与身体 FK 控制器的添加稍有区别，其中有一个操作步骤不同：身体部分用的是父子约束，但由于手臂要添加 IK/FK 切换，所以此处将父子约束改为方向约束，如图 4-3-13 所示。需要注意的是在前期控制器调整坐标点位置时为父子约束，后期添加控制器绑定时则须改为方向约束。

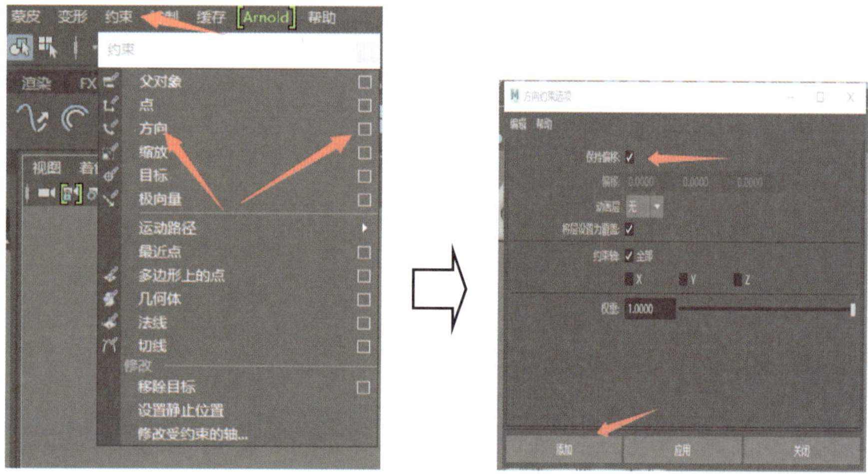

图 4-3-13

（2）手腕需要单独处理，不需要创建层级关系，如图 4-3-14 所示。

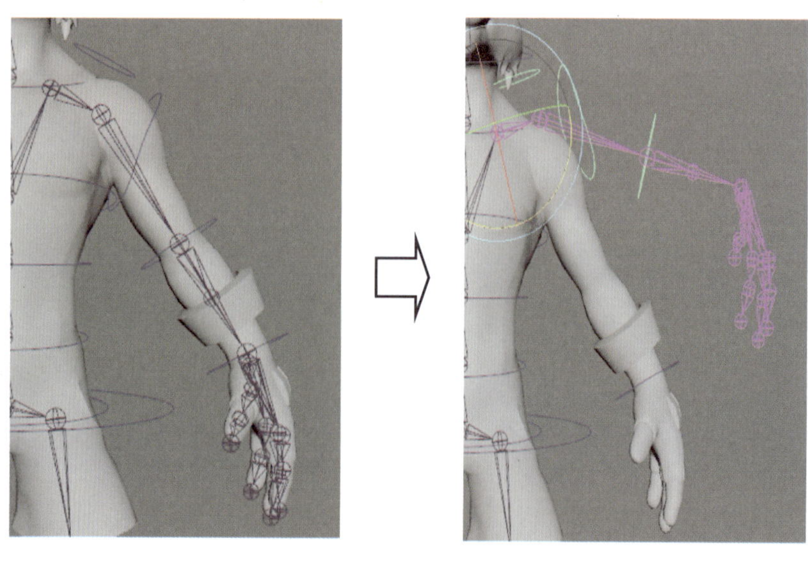

图 4-3-14

二、手部 IK/FK 控制器切换

IK 是一种通过控制器来驱动骨骼链所有关节的物理运动方式，也可以理解为通过定位骨骼链中较低层级的骨骼来使较高层级的骨骼旋转，从而设置关节姿势的方式。IK 根据末端子关节的位移来计算每个父关节的旋转。

1. 手臂 IK 及 IK 控制器的添加

（1）点击“骨架”→“创建 IK 控制柄”后方的方框，在“当前解算器”下拉列表框中选择“旋转平面解算器”，如图 4-3-15 所示。

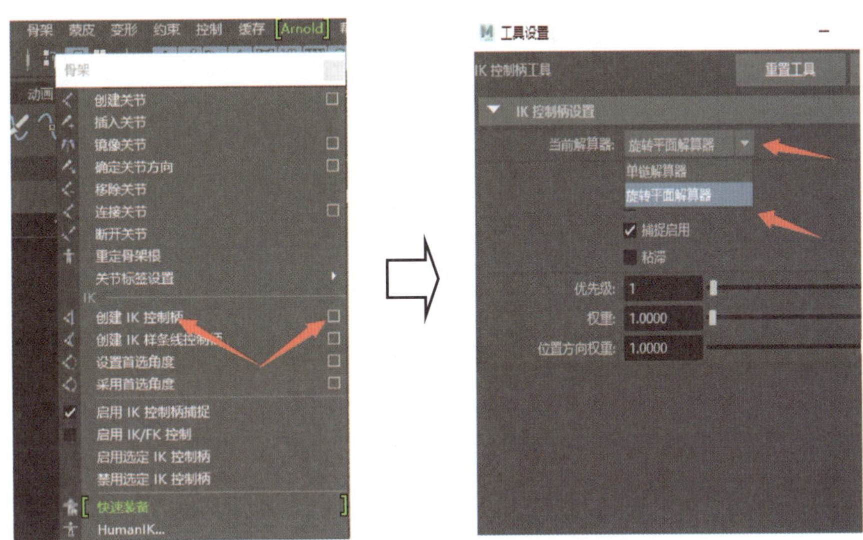

图 4-3-15

（2）待鼠标光标变为工具十字线后再依次对大臂和小臂的关节进行点击，此时软件会自动添加一条 IK 线，显示为红色，如图 4-3-16 所示。

（3）将 IK 控制器的位置与骨骼的位置对应整齐，进行冻结变换操作，将创建好的 IK 线直接按快捷键 P 键与 IK 控制器建立关系，调整 CV 曲线以对 IK 控制器进行形状编辑，如图 4-3-17 所示。

2. 手臂 IK/FK 切换控制器的制作

（1）在小臂处添加 CV 曲线，将其位置调整好，然后进行形状调节和冻结变换操作，按快捷键 P 键将其与小臂骨骼建立关系，如图 4-3-18 所示。

（2）选中控制器，点击工具栏中“编辑”选项，选择“添加属性”，在“长名称”一栏输入 IK FK，将“数值属性的特性”中的“最小”设置为 0，“最大”设置为 1，点击“确定”按钮，如图 4-3-19 所示。新添加的属性最大数值为 1，最小数值为 0，默认值为 0，如图 4-3-20 所示。

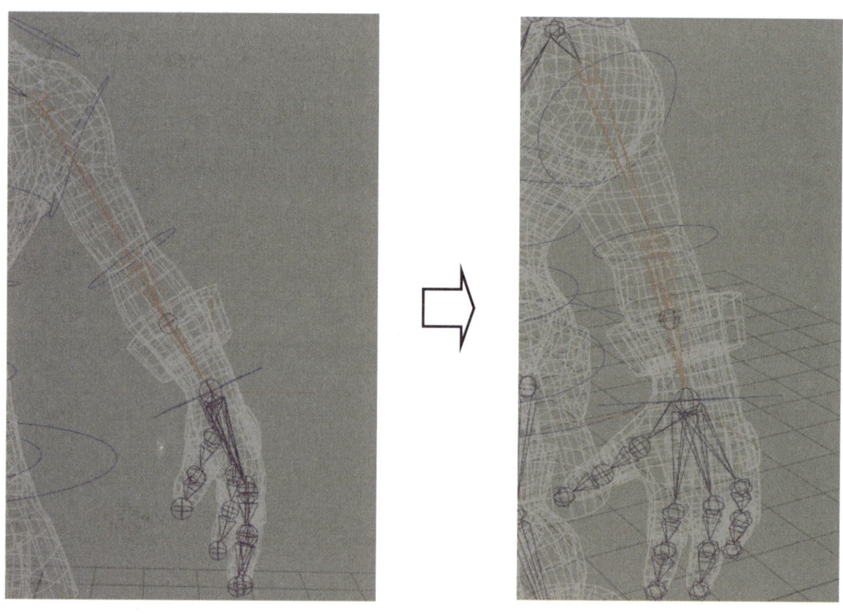

图 4-3-16

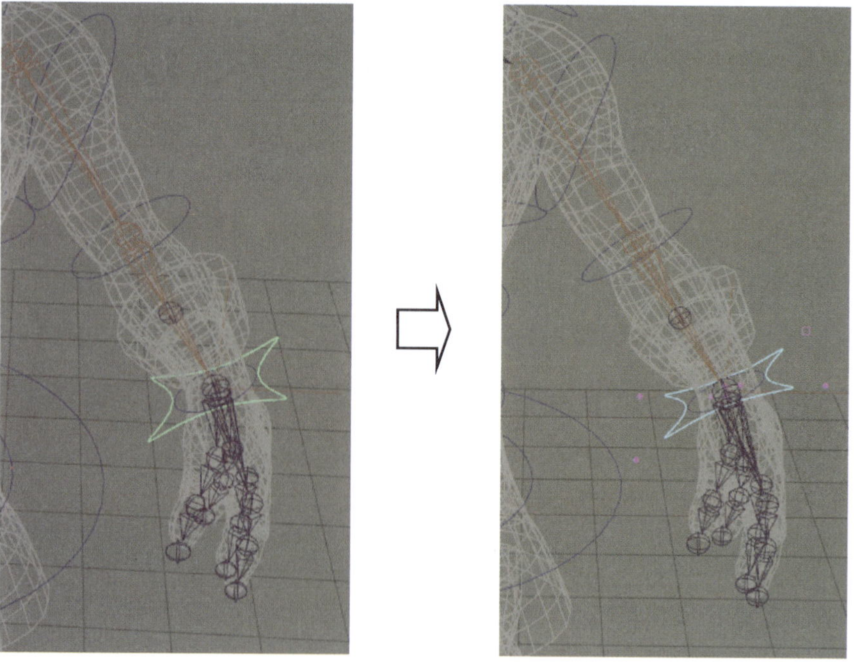

图 4-3-17

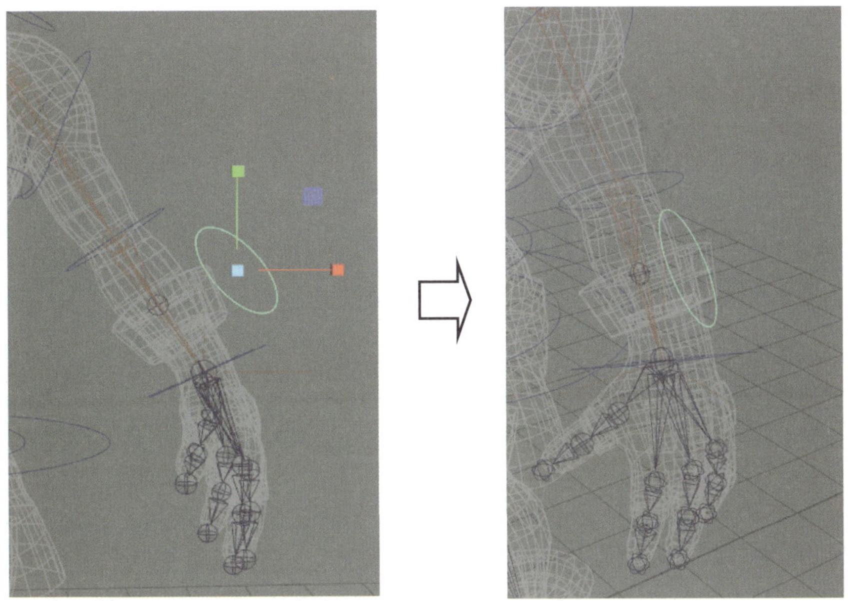

图 4-3-18

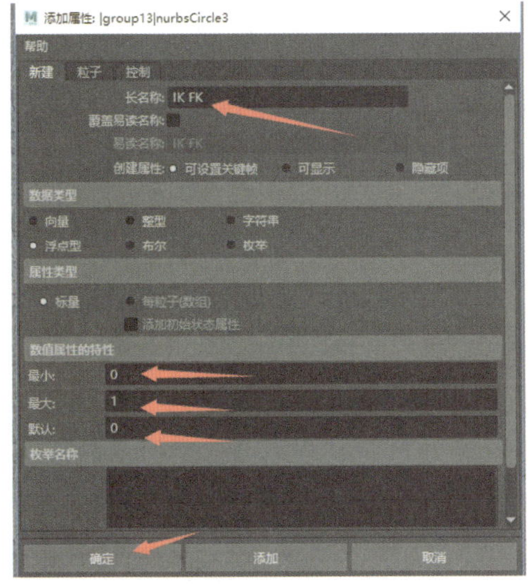

图 4-3-19

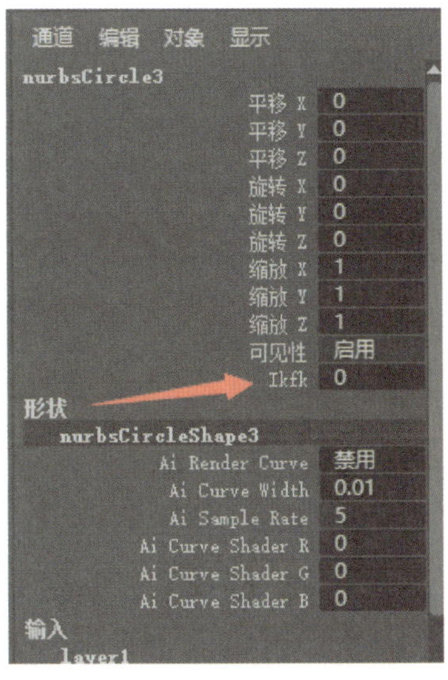

图 4-3-20

3. 切换手臂 IK/FK 的受驱动关键帧的添加

受驱动关键帧可以用一个物体的属性来驱动另一个物体的属性，前者是驱动者的属性，后者是受驱动者的属性。

（1）选中 IK，点击“编辑”→“IK 混合”，如图 4-3-21 所示。

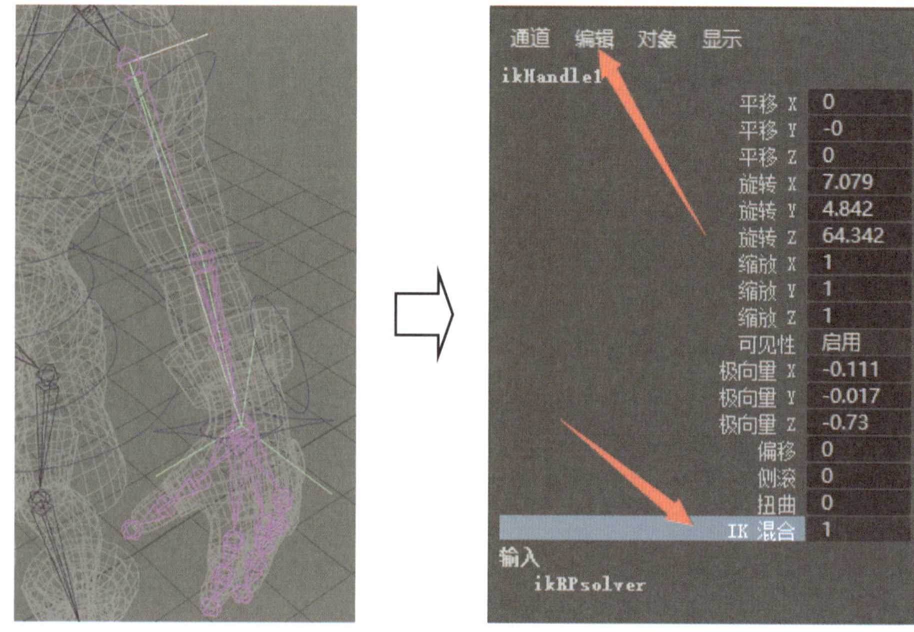

图 4-3-21

（2）选中 IK/FK 切换控制器，依次点击“编辑”→“设置受驱动关键帧”，然后点击 IK/FK 切换控制器新添加的属性，最后点击“加载驱动者”按钮，如图 4-3-22 所示。

（3）在驱动者与受驱动者添加完成后，分别对驱动者新添加的属性“Ikfk”与受驱动者 IK 的权重属性“IK 混合”进行设置，当两个属性的数值均为 1 时，表示 IK 控制器，如图 4-3-23 所示，在此处添加驱动者和受驱动两个关键帧，然后点击“关键帧”按钮，如图 4-3-24 所示。

（4）当“Ikfk”与“IK 混合”的数值均为 0 时，表示 FK 控制器，在此处添加驱动者和受驱动两个关键帧，然后点击“关键帧”按钮，如图 4-3-25 所示。

4. 切换隐藏手臂 IK/FK 的受驱动关键帧的添加

（1）前面受驱动关键帧的驱动者为 IK/FK 切换控制器新添加的属性，这里驱动者保持不变，将受驱动者的属性改为隐藏属性。分别对 IK/FK 进行假选，将“可见性”属性改为“启用”，再点击“设置受驱动关键帧”，然后添加驱动者。FK 只选择大臂即可，肘部会随大臂隐藏，即子物体会随父物体隐藏，如图 4-3-26 所示。

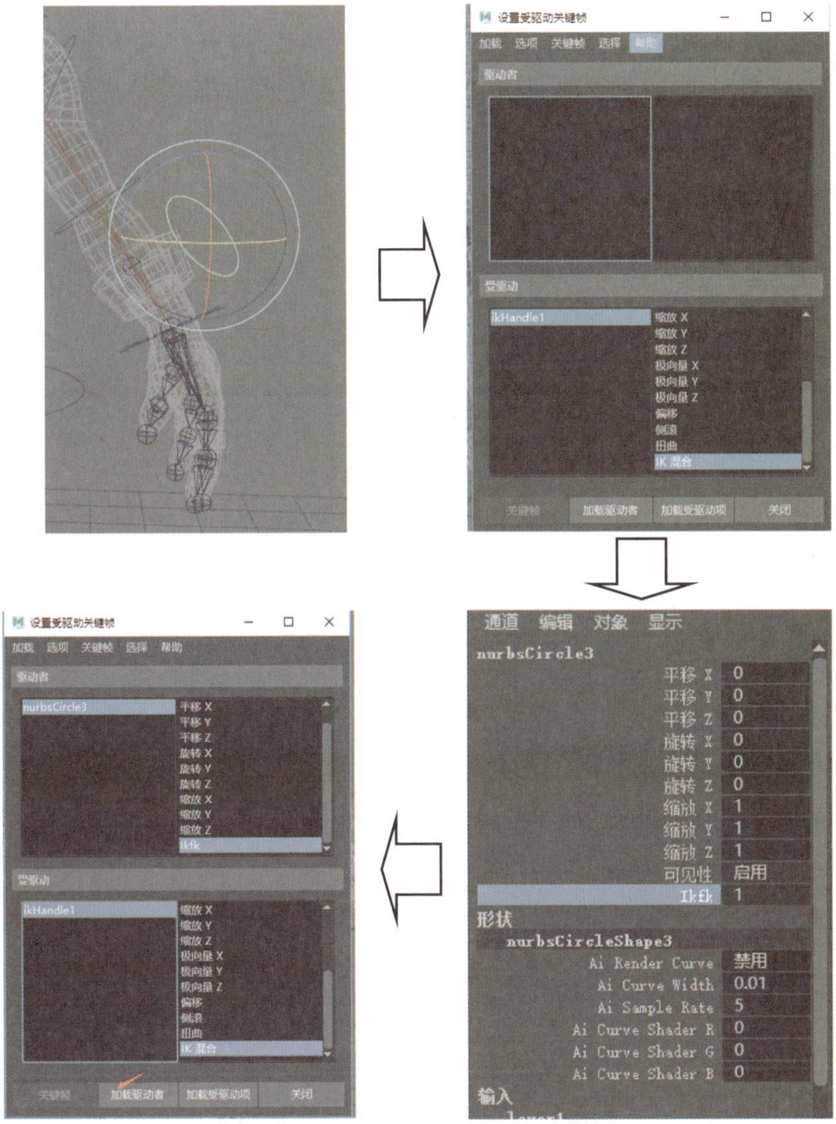

图 4-3-22

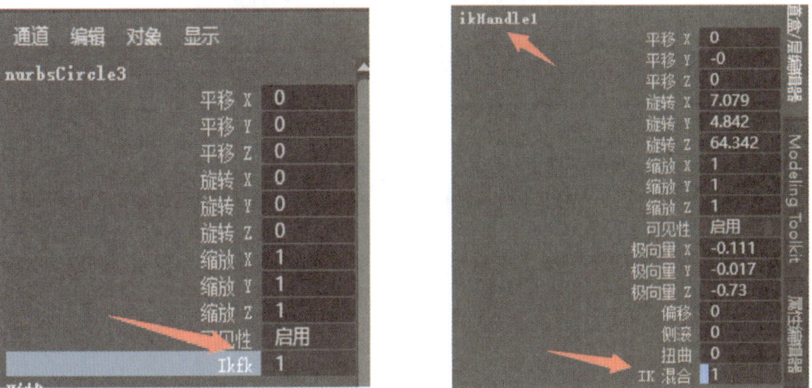

图 4-3-23

设置受驱动关键帧
加载 选项 关键帧 选择 帮助
驱动者
nurbsCircle3
平移 X
平移 Y
平移 Z
旋转 X
旋转 Y
旋转 Z
缩放 X
缩放 Y
缩放 Z
Ikfk
受驱动
ikHandle1
缩放 X
缩放 Y
缩放 Z
极向量 X
极向量 Y
极向量 Z
偏移
侧滚
扭曲
IK 混合
关键帧
加载驱动者
加载受驱动项
关闭

图 4-3-24

通道 编辑 对象 显示
nurbsCircle3
平移 X 0
平移 Y 0
平移 Z 0
旋转 X 0
旋转 Y 0
旋转 Z 0
缩放 X 1
缩放 Y 1
缩放 Z 1
可见性 启用
Ikfk 0

ikHandle1
平移 X 0
平移 Y -0
平移 Z 0
旋转 X 7.079
旋转 Y 4.842
旋转 Z 64.342
缩放 X 1
缩放 Y 1
缩放 Z 1
可见性 启用
极向量 X -0.111
极向量 Y -0.017
极向量 Z -0.73
偏移 0
侧滚 0
扭曲 0
IK 混合 0

设置受驱动关键帧
加载 选项 关键帧 选择 帮助
驱动者
nurbsCircle3
平移 X
平移 Y
平移 Z
旋转 X
旋转 Y
旋转 Z
缩放 X
缩放 Y
缩放 Z
Ikfk
受驱动
ikHandle1
缩放 X
缩放 Y
缩放 Z
极向量 X
极向量 Y
极向量 Z
偏移
侧滚
扭曲
IK 混合
关键帧
加载驱动者
加载受驱动项
关闭

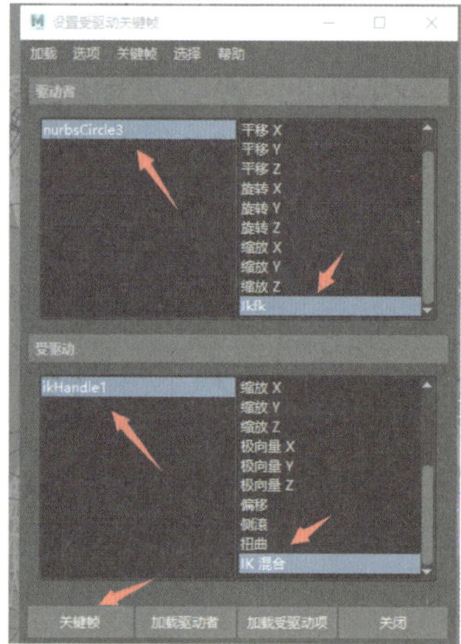

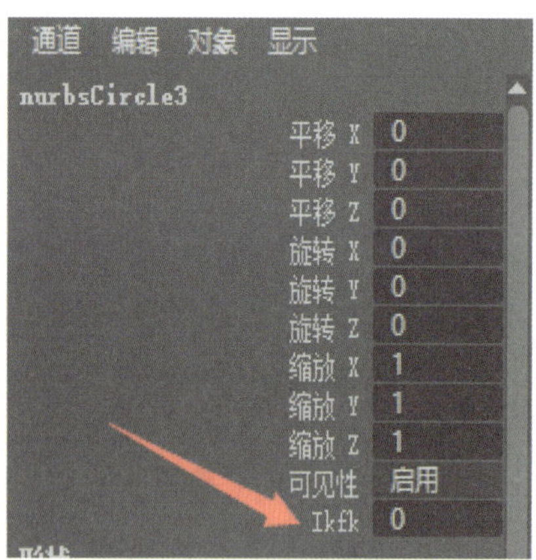

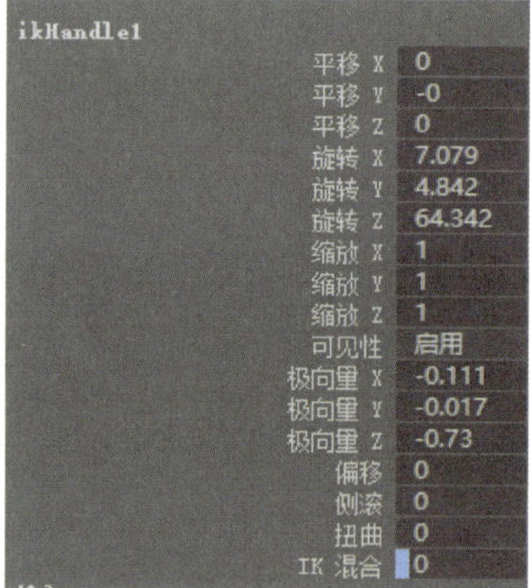

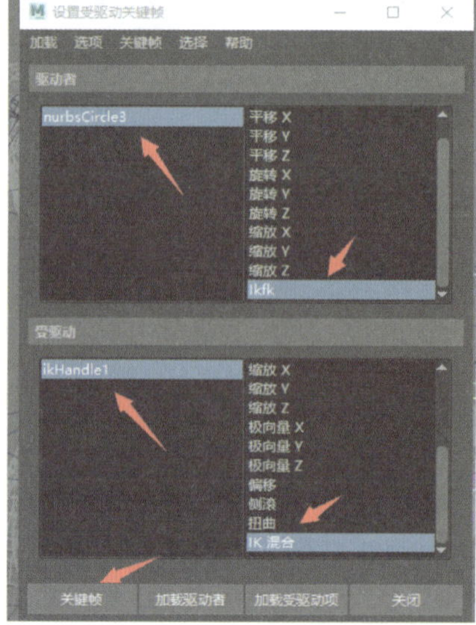

图 4-3-25

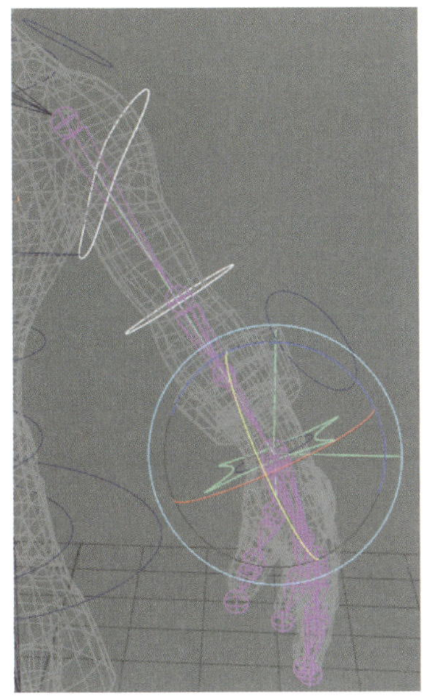

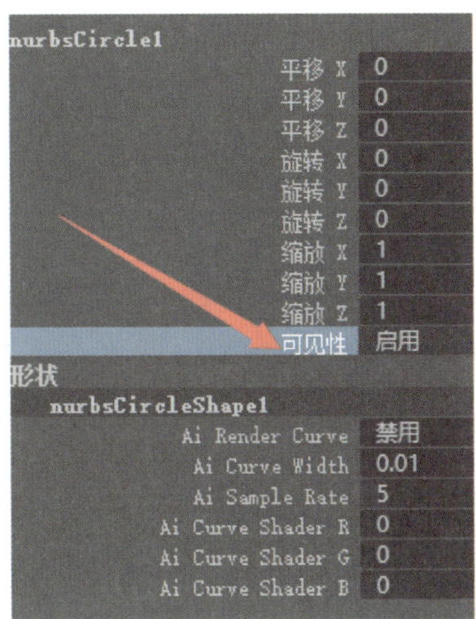

图 4-3-26

（2）受驱动者为两个物体，它们分别是 IK 与 FK。选中 IK/FK 切换控制器，点击“加载驱动者”按钮，如图 4-3-27 所示。当“Ikfk”数值为 0 时，IK 隐藏，如图 4-3-28 所示；当“Ikfk”数值为 1 时，FK 隐藏，如图 4-3-29 所示。至此，手臂的 IK/FK 切换便制作完成。

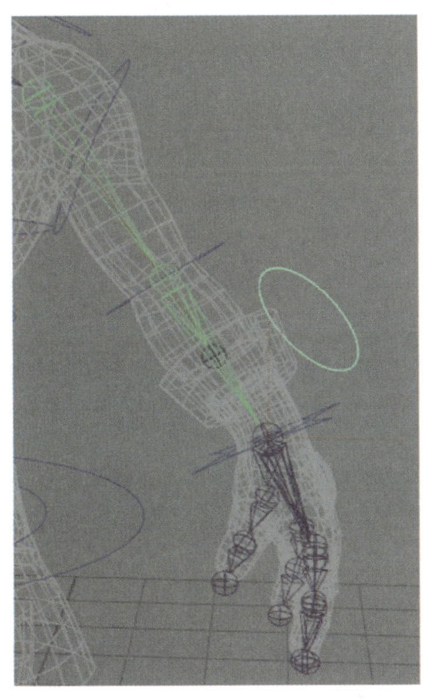

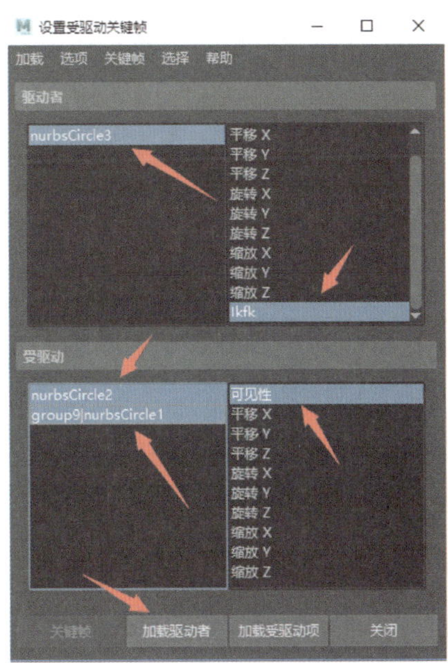

图 4-3-27

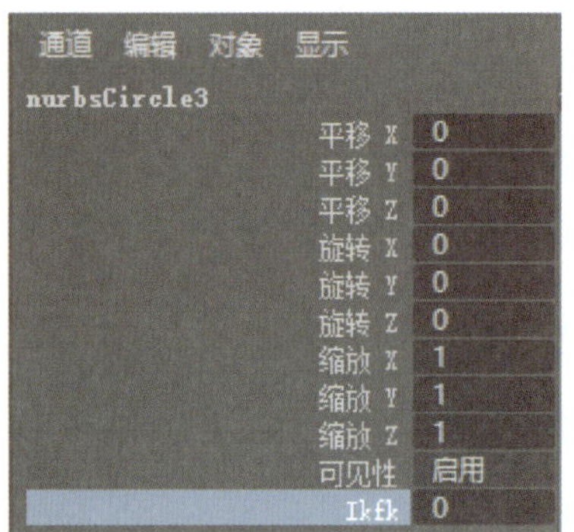

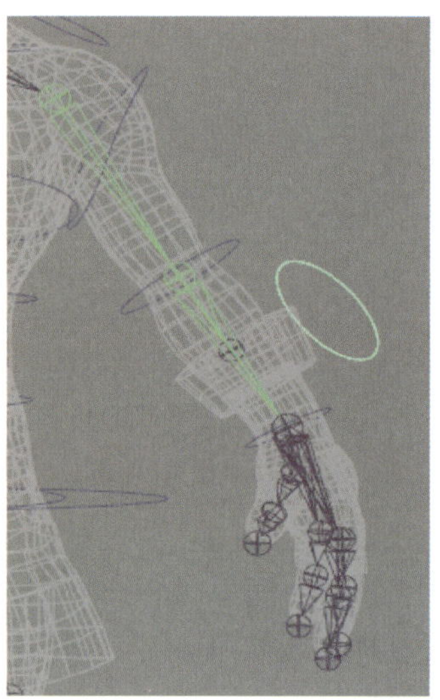

图 4-3-28

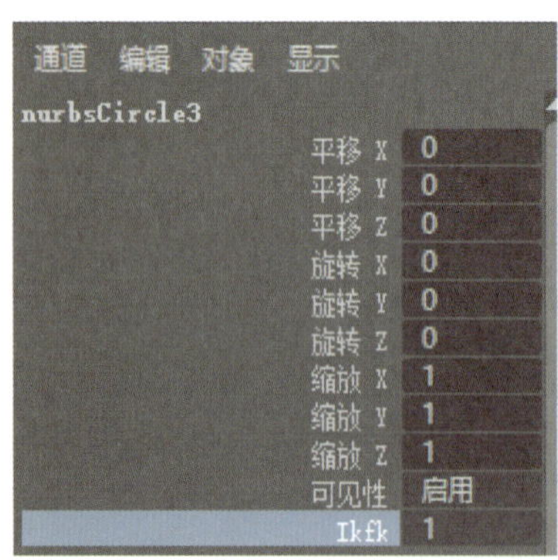

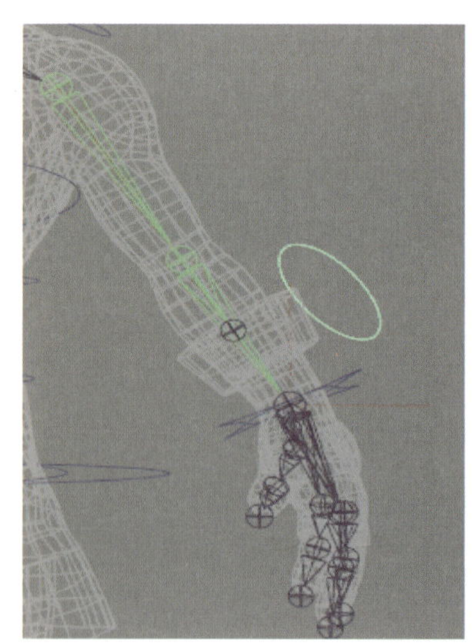

图 4-3-29

5. 肘部极向量控制器的添加

在与肘关节齐平的位置创建一个 CV 曲线，将其形状、大小和位置调整好后对其进行冻结变换，使其坐标轴属性为 0。

选择控制器曲线加选 IK，依次点击菜单栏中的“约束”→“极向量”选项，如图 4-3-30 所示。

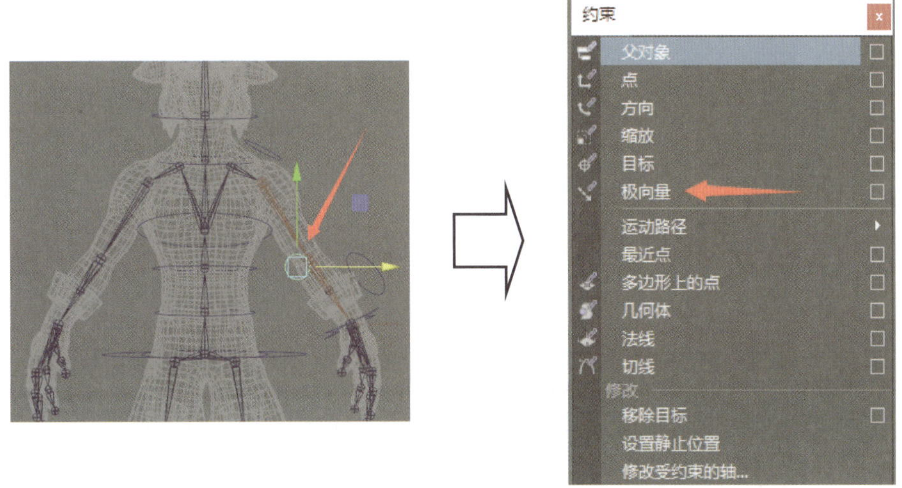

图 4-3-30

6. 手腕控制器的处理

（1）创建两个组并分别命名为 L_FK 和 L_IK，再分别与手腕控制器的组进行父子约束，注意勾选“保持偏移”，选择手腕控制器的组来确认是否存在两个父子约束的权重，权重值默认为 1，如图 4-3-31 所示。

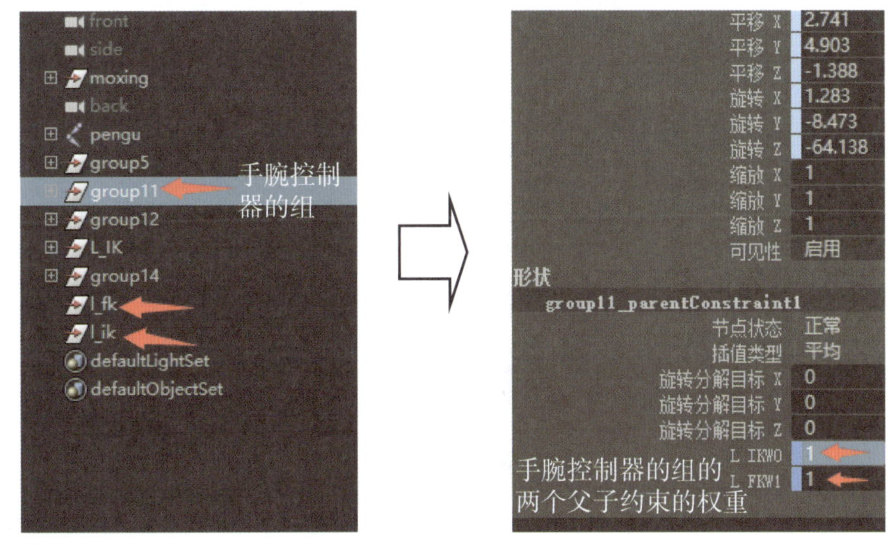

图 4-3-31

（2）完成确认后，将新建的组 L_FK 通过快捷键 P 键与左侧小臂建立父子关系，使小臂可直接控制 L_FK，如图 4-3-32 所示。

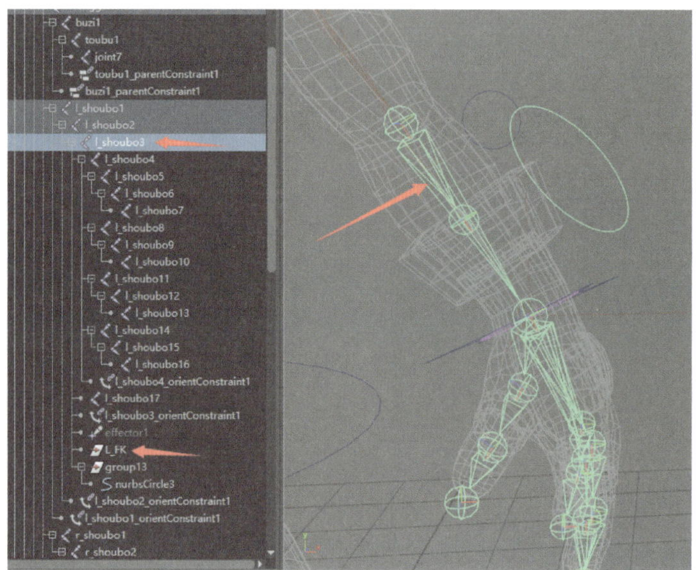

图 4-3-32

（3）将新建的组 L_IK 与手臂的 IK 控制器建立点约束，使手部 IK 控制器可直接控制 L_IK，如图 4-3-33 所示。

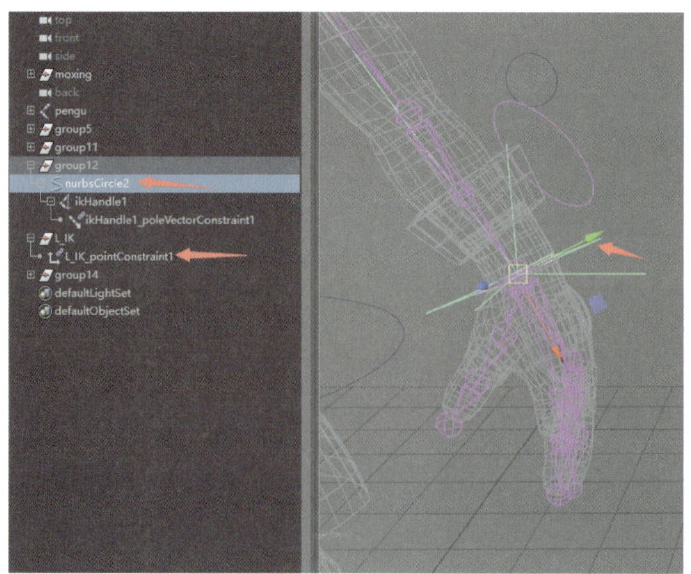

图 4-3-33

7. 手腕控制器组约束权重受驱动关键帧的添加

（1）选中手腕控制器的组，找到该组的两个父子约束的权重，如图 4-3-34 所示。

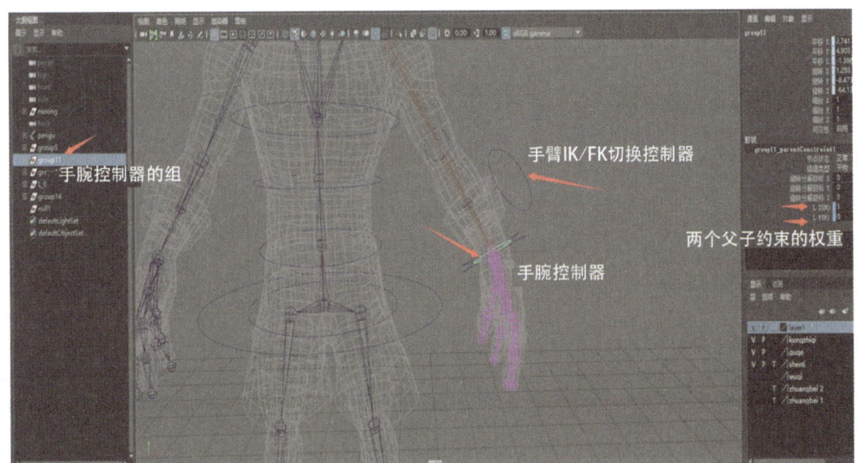

图 4-3-34

（2）选中两个父子约束权重，依次点击“编辑”→“设置受驱动关键帧”→“加载驱动者”，即加载 IK/FK 切换控制器，如图 4-3-35 所示。

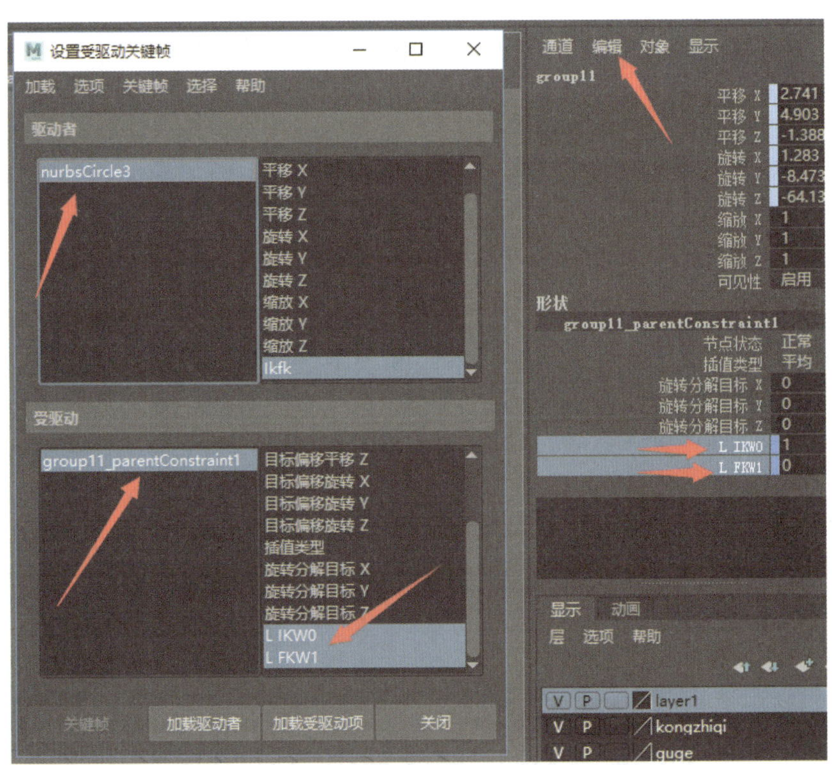

图 4-3-35

（3）两个父子约束权重分别为 IK 组和 FK 组的权重，仍然用 IK/FK 切换控制器来驱动两个组的权重，如图 4-3-36 所示。

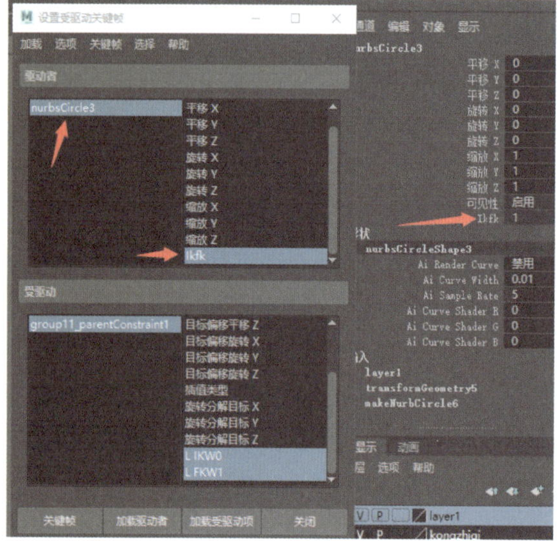

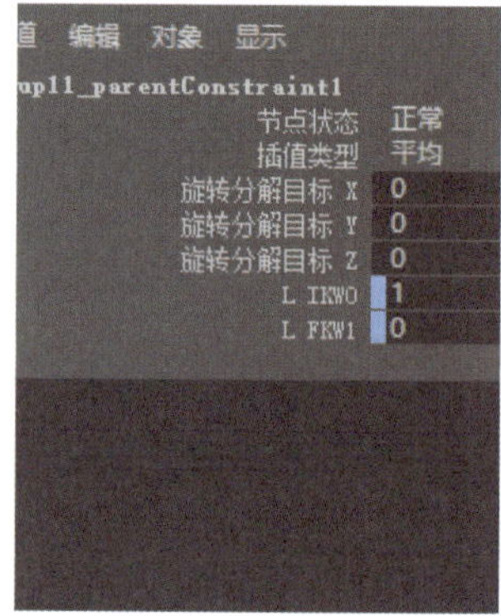

图 4-3-36

（4）当“Ikfk”数值为 1 时，FK 隐藏，IK 组的权重修改为 1，FK 组的权重修改为 0，此时点击“关键帧”按钮，手腕控制器便会随着 IK 移动，如图 4-3-37 所示。

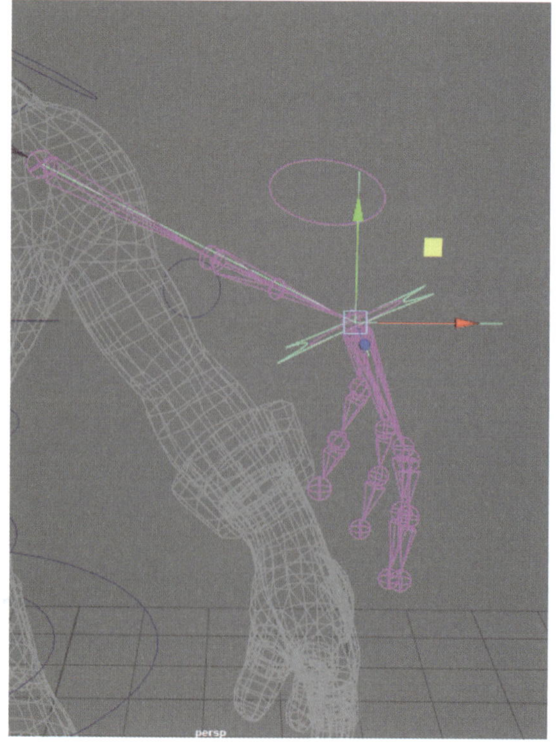

图 4-3-37

（5）当“lkfk”数值为 0 时，IK 隐藏，IK 组的权重修改为 0，FK 组的权重修改为 1，此时点击“关键帧”按钮，手腕控制器便会随着 FK 移动，如图 4-3-38 所示。

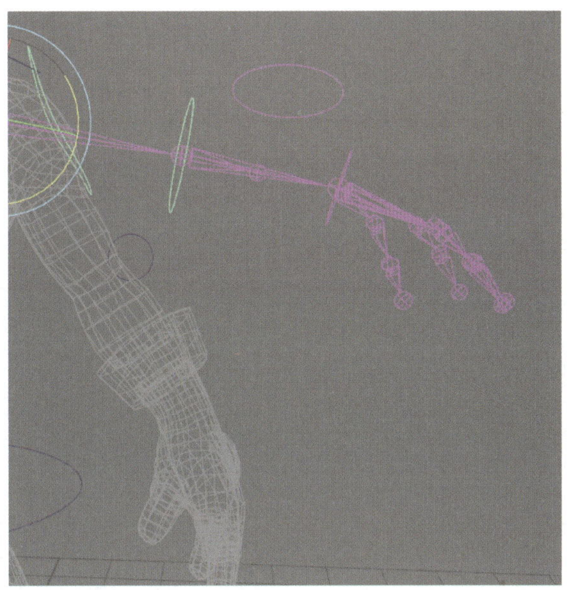

图 4-3-38

三、绑定手臂 Roll Bone 旋转骨骼表达式的添加

1. 选中 Roll Bone 旋转骨骼，在选中“旋转 X”属性后，点击“编辑”，如图 4-3-39 所示，进入“表达式编辑器”对话框。

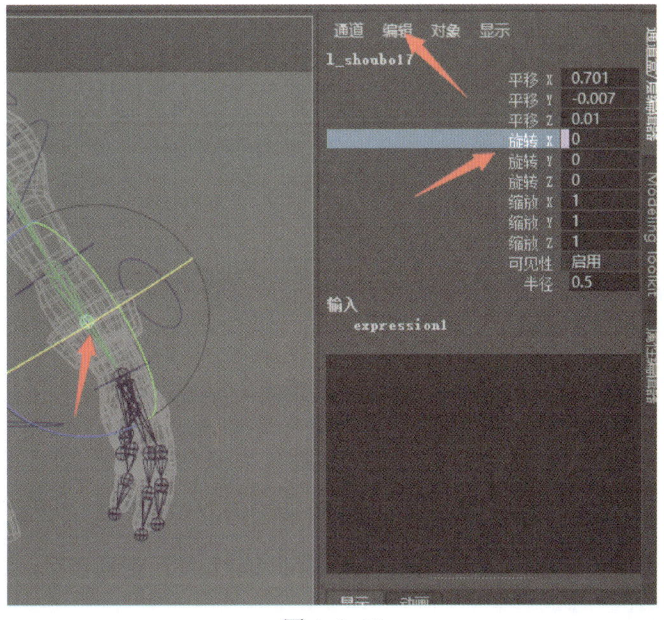

图 4-3-39

2. 选中手腕骨骼，点击“表达式编辑器”窗口“属性”中的“rotateX”选项，在“表达式”输入框中输入表达式：l_shoubo17.rotateX=l_shoubo4.rotateX*0.5。此表达式代表手腕旋转 100°，Roll Bone 旋转骨骼旋转 50°，且仅限于 rotateX 轴向，如图 4-3-40 所示。

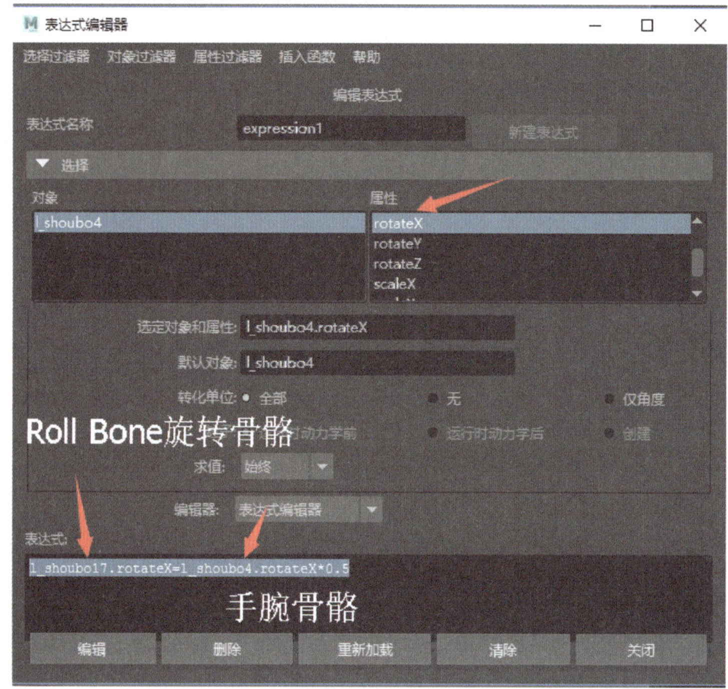

图 4-3-40

四、腿部 IK 创建与脚部反转脚骨骼架设

1. 腿部 IK 的创建

（1）点击“创建 IK 控制柄”后面的方框，在“当前解算器”的下拉菜单中选择“旋转平面解算器”，如图 4-3-41 所示。

（2）点击 IK 选项，然后依次点击大腿根部骨骼和脚踝骨骼来添加 IK，如图 4-3-42 所示。

2. 脚部反转脚骨骼的架设与控制器绑定添加的制作

（1）按照脚跟—脚尖—脚掌的顺序创建 4 个关节点（即反转脚骨骼），注意这 4 个关节点要与模型的关节旋转点以及原来的骨骼位置对齐，然后将已创建好的脚跟 IK、脚掌 IK 和脚尖 IK 分别通过快捷键 P 键约束到对应的反转脚骨骼上，如图 4-3-43 所示。

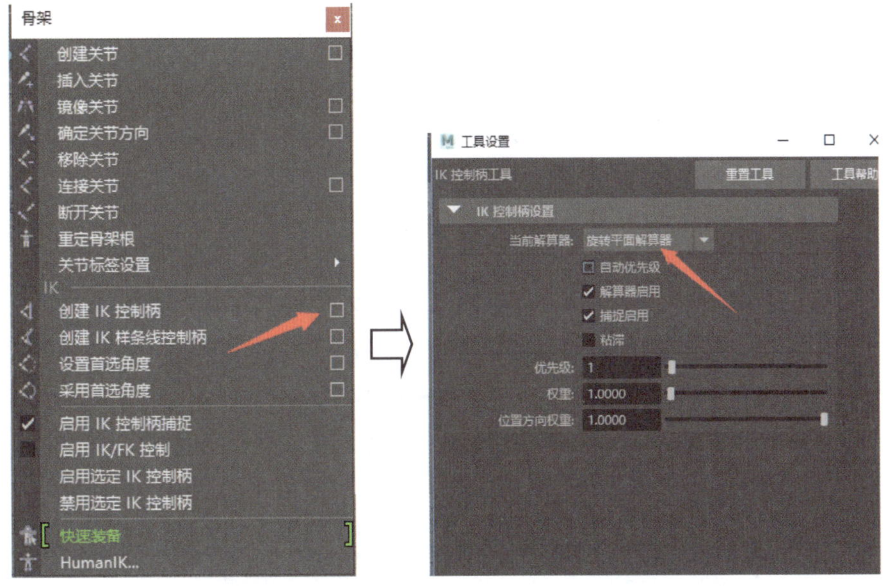

图 4-3-41

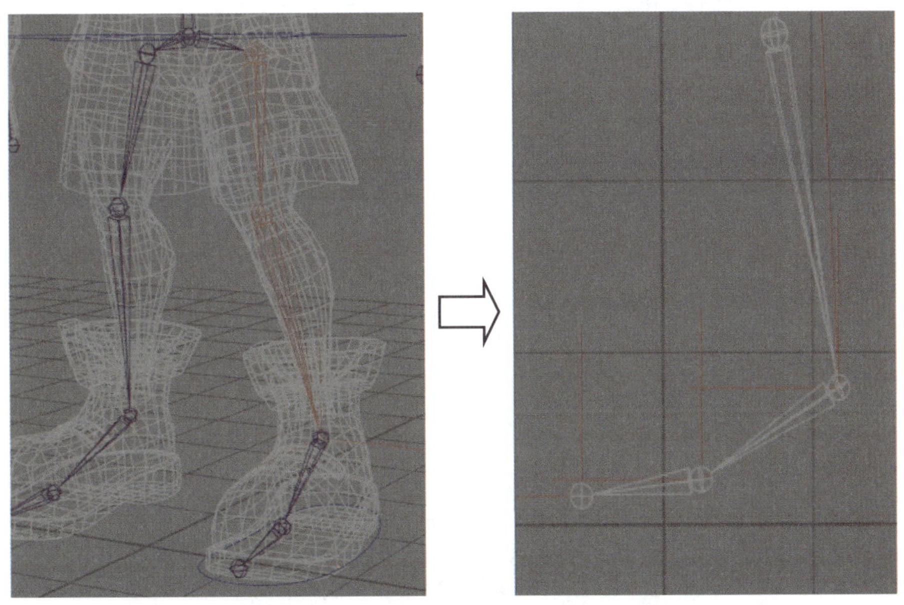

图 4-3-42

（2）创建 CV 曲线并分组，将其与反转脚骨骼进行父子约束并将二者位置对齐，然后创建 FK 控制器，如图 4-3-44 所示。

五、总控制器与大纲视图层级关系调整

层级关系调整是添加控制器的最后阶段。

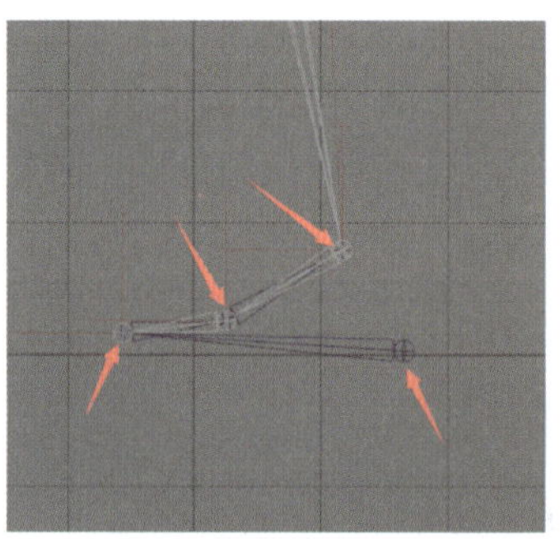

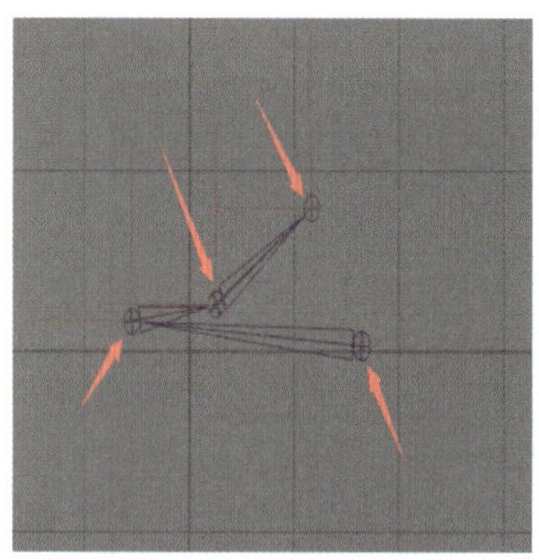

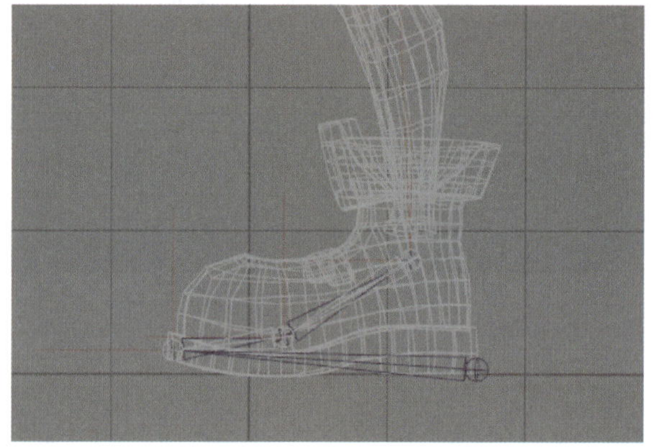

图 4-3-43

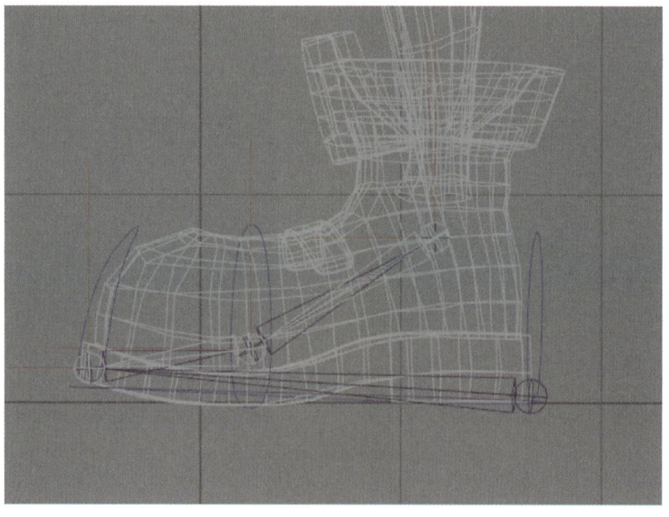

图 4-3-44

1. 总控制器

总控制器的创建方法为：直接创建 CV 曲线作为总控制器并分组，在世界坐标原点位置将其冻结变换、属性清零，如图 4-3-45 所示。然后将两个手腕 IK 控制器、质心控制器、两个脚踝控制器、膝盖级向量控制器，以及手腕的两个 IK 组全部通过快捷键 P 键和总控制器建立关系，使总控制器可对以上所有控制器进行操控，如图 4-3-46 所示。

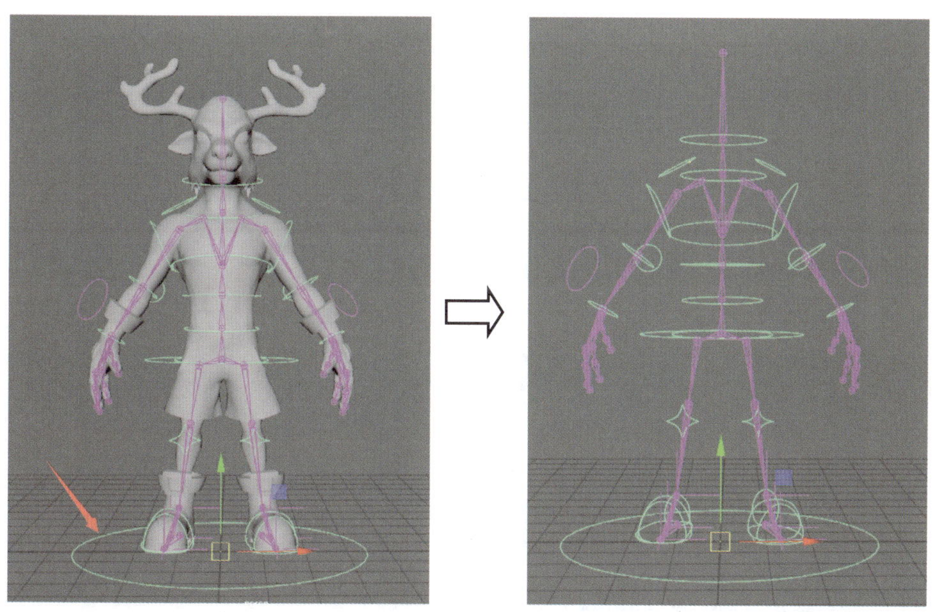

图 4-3-45

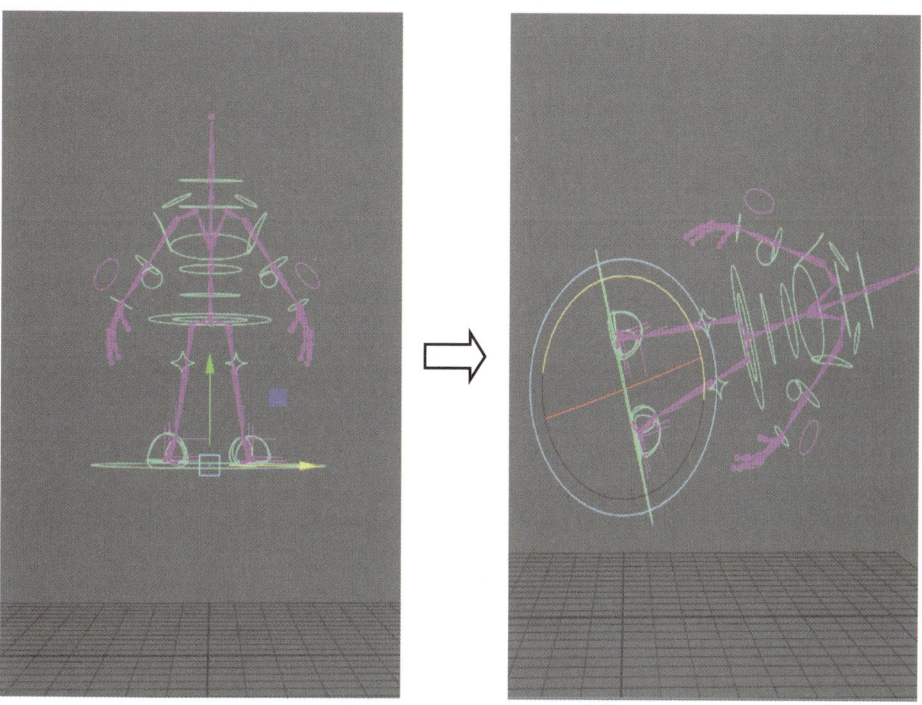

图 4-3-46

2. 大纲视图

（1）一定要将大纲视图梳理清楚，并将层级关系整理清晰。角色组成部分分为总控制器、骨骼和模型，如图 4-3-47 所示。

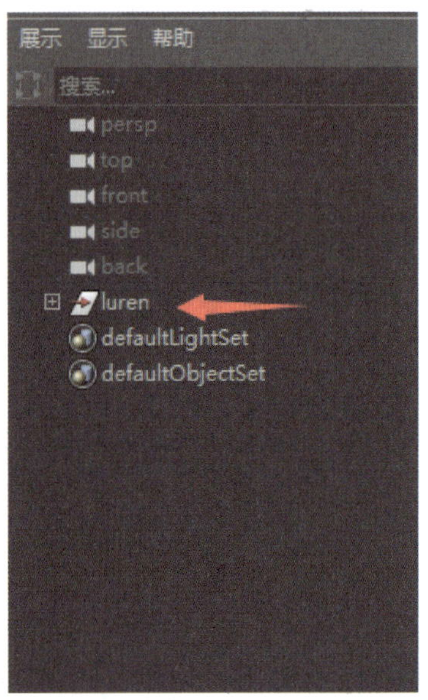

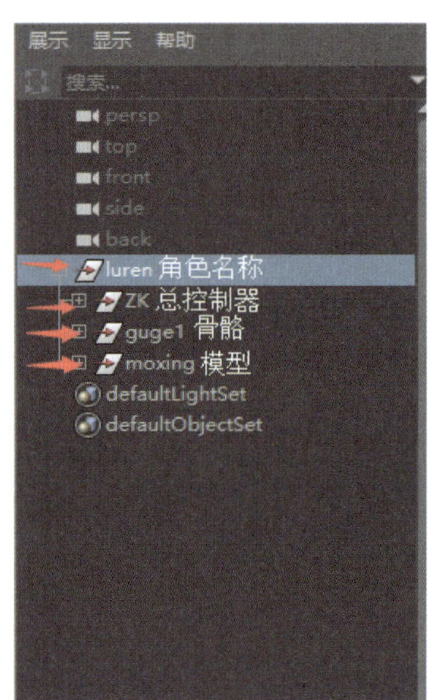

图 4-3-47

（2）确认总控制器组中均为控制器即 CV 曲线，骨骼组中均为骨骼，模型组中均为模型，如图 4-3-48 所示。

六、角色蒙皮（SKIN）

蒙皮是三维动画的一种制作技术，也被用于 3D 游戏，蒙皮将模型与骨架绑定，用骨架的运动带动模型的运动，是处理角色动画的重要环节。蒙皮分为平滑和刚性两种，它们效果不同，作用也不同，经过平滑蒙皮的模型肌肉弯曲较为柔和。

1. 在选中模型后加选骨架，点击菜单栏“蒙皮”中的“绑定蒙皮”选项后面的方框，如图 4-3-49 所示。

2. 在“绑定方法”的下拉菜单中选择“测地线体素”，其余设置保持默认，点击“绑定蒙皮”，如图 4-3-50 所示。

3. 选中模型，点击“绘制蒙皮权重”，如图 4-3-51 所示。

4. 此时模型会显示为黑白色，如图 4-3-52 所示。

展示 显示 帮助
搜索...
back
luren
ZK
ZK
L_FZJ
nurbsCircle5
group16
nurbsCircle6
group17
nurbsCircle6
group18
R_FZJ
nurbsCircle7
group21
nurbsCircle7
group22
nurbsCircle7
group20
group12
nurbsCircle2
ikHandle1
group27
nurbsCircle10
ikHandle8
R_ik
R_ik_pointConstraint1
L_IK
L_IK_pointConstraint1
r_tui

展示 显示 帮助
搜索...
back
luren
ZK
guge1
pengu
xuonggu1
xuonggu2
xuonggu3
buzi1
toubu1
joint7
l_shoubo1
l_shoubo2
l_shoubo3
l_shoubo4
l_shoubo5
l_shoubo6
l_shoubo8
l_shoubo9
l_shoubo11
l_shoubo14
l_shoubo17
effector1
L_FK

展示 显示 帮助
搜索...
persp
top
front
side
back
luren
ZK
guge1
moxing
polySurface128
polySurface3
polySurface54
polySurface52
polySurface19
polySurface29
polySurface147
polySurface102
polySurface148
polySurface67
polySurface131
polySurface141
polySurface7
polySurface2
defaultLightSet
defaultObjectSet

图 4-3-48

骨架 蒙皮 变形 约束 控制 缓存 Arnold 帮助
动画 渲染
蒙皮
绑定蒙皮
交互式绑定蒙皮
取消绑定蒙皮
转到绑定姿势
权重贴图
绘制蒙皮权重
镜像蒙皮权重
复制蒙皮权重
平滑蒙皮权重
锤式蒙皮权重
复制顶点权重
粘贴顶点权重
删减小权重
重置默认权重
规格化权重
导出权重贴图...
导入权重贴图...
其他
交互式绑定蒙皮工具
移动蒙皮关节
将权重移动到影响
编辑影响
替换几何体

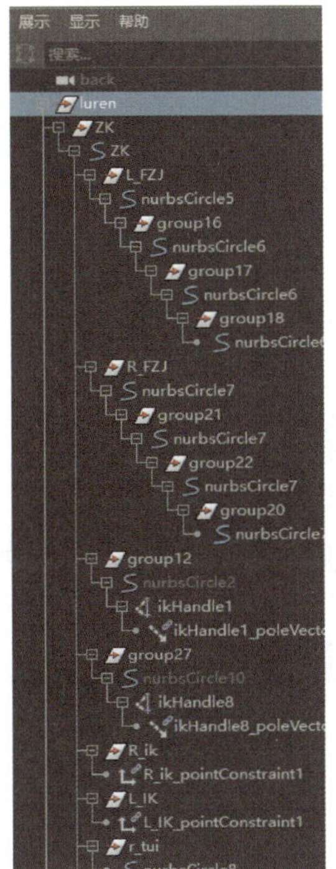

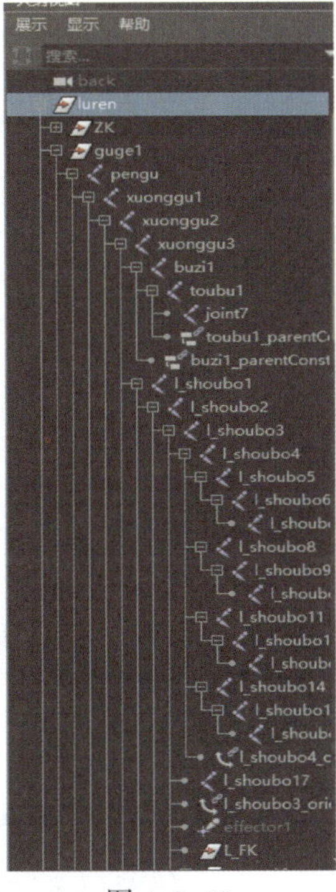

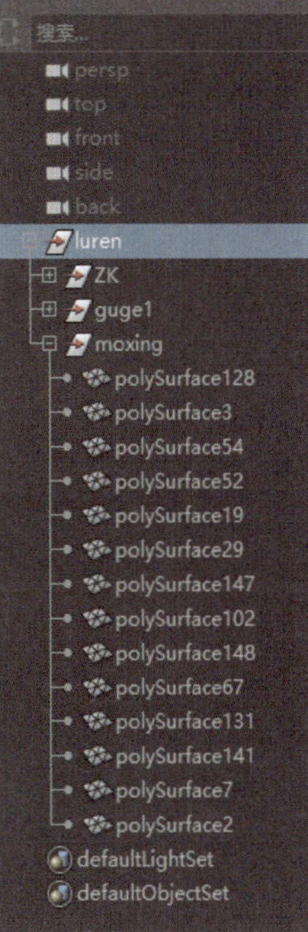

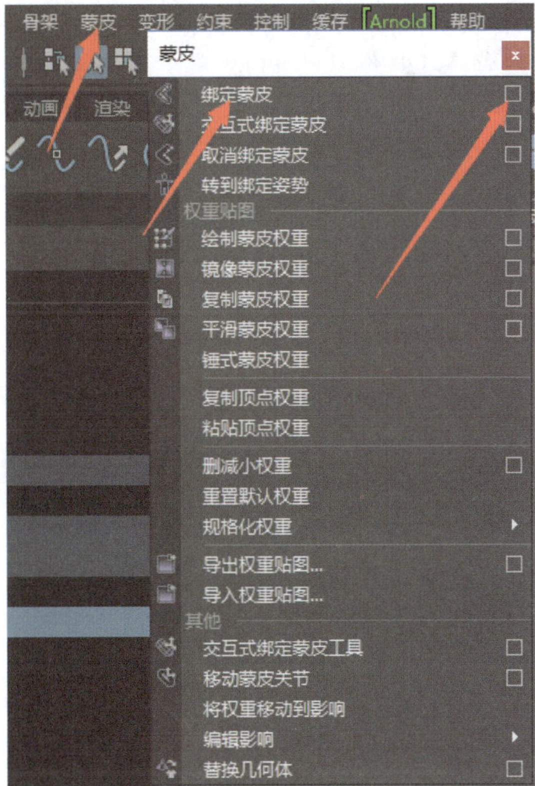

图 4-3-49

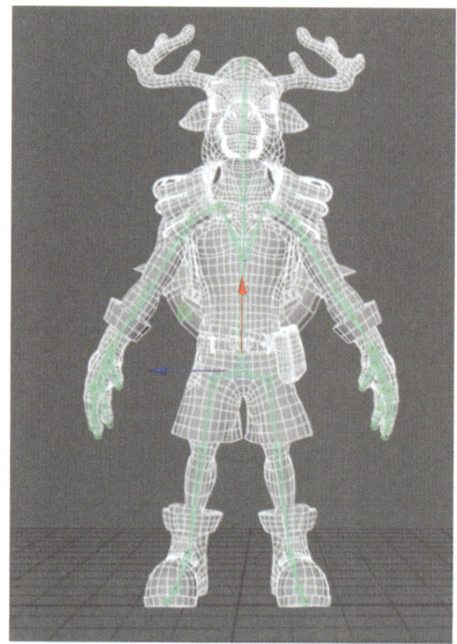

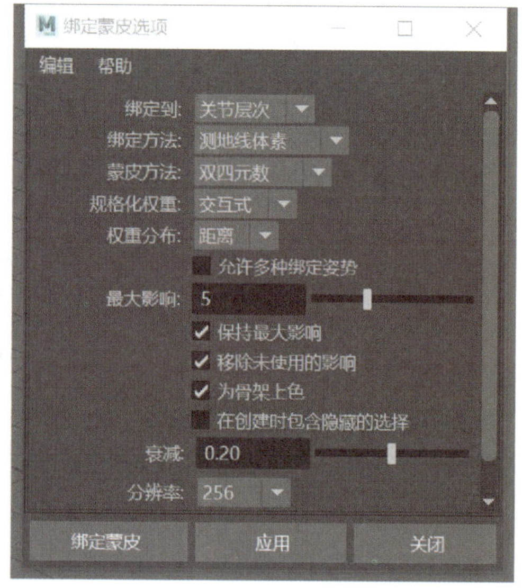

图 4-3-50

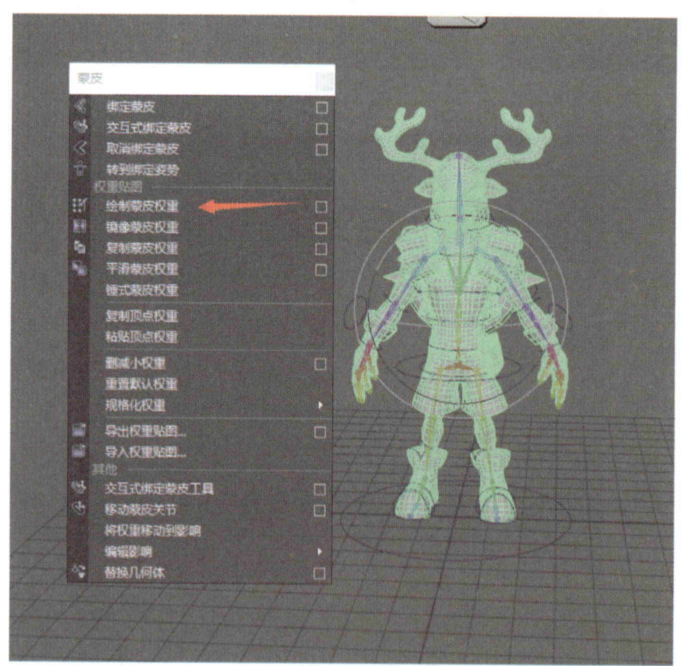

图 4-3-51

5. 双击“绘制蒙皮权重工具”图标会弹出蒙皮工具设置，其中“模式”选择的默认选项为“绘制”，若须用实体笔刷绘制单个骨骼的影响范围，则“绘制操作”选择“替换”；若须用软笔刷绘制两个骨骼之间的关节部位，则“绘制操作”选择“平滑”。在“权重颜色”中，黑色表示权重值为 0，白色表示权重值为 1，灰色表示过渡值，如图 4-3-53 所示。也可使用颜色渐变，蓝色表示权重值为 0，红色表示权重值为 1，中间黄绿色表示过渡值，如图 4-3-54 所示。

6. 按 B 键并移动鼠标左键可改变笔刷大小。在模型对称的情况下，可先绘制左侧身体再使用镜像处理右侧身体，如图 4-3-55 所示。

7. 在“镜像蒙皮权重选项”窗口中，“镜像平面”选择“YZ”，“方向”勾选“正值到负值（+X 到 -X）”，如图 4-3-56 所示。

至此，鹿人角色的骨骼绑定便制作完成。

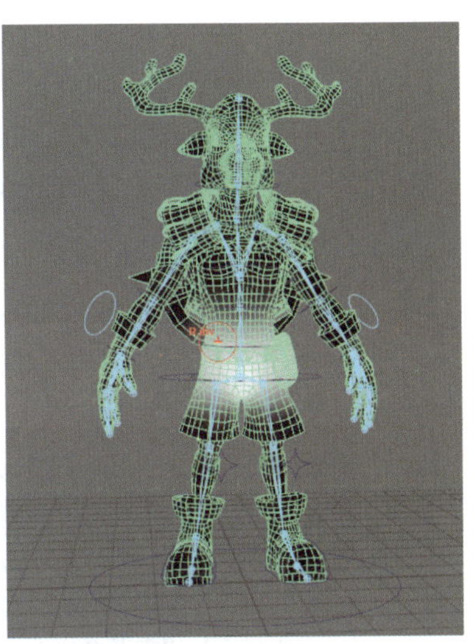

图 4-3-52

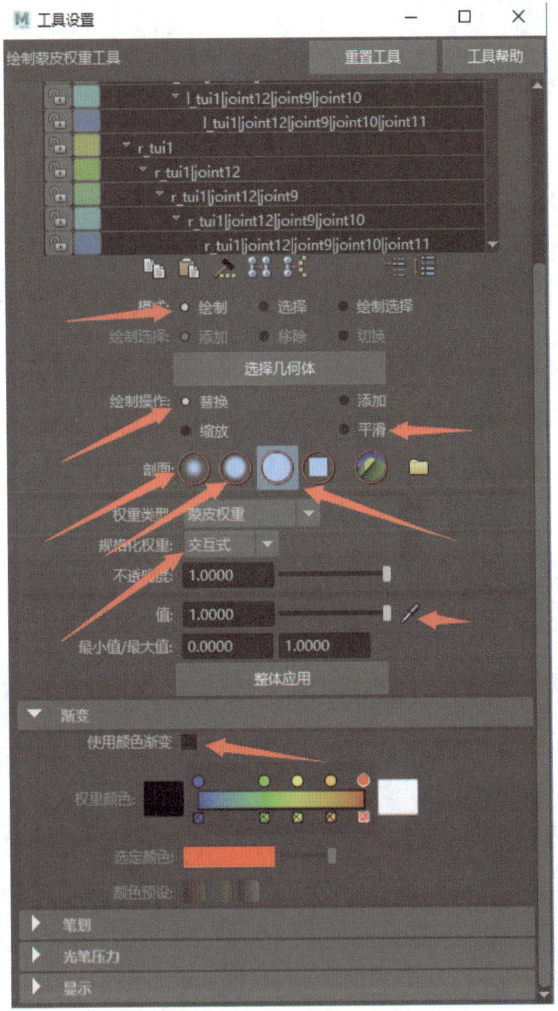

图 4-3-53

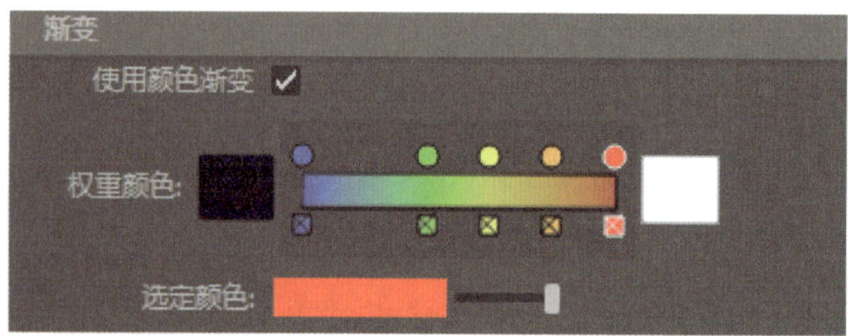

图 4-3-54

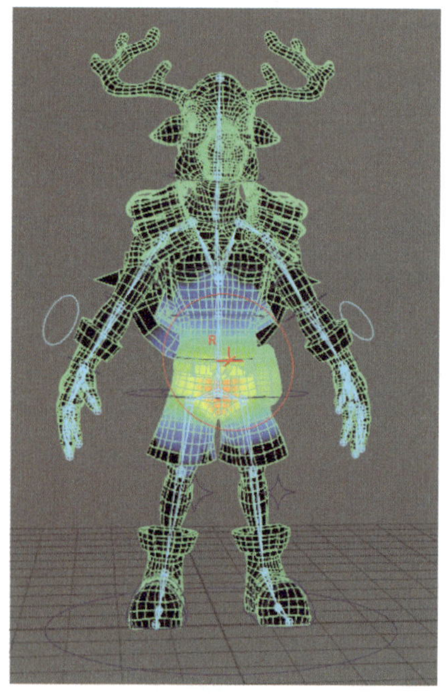

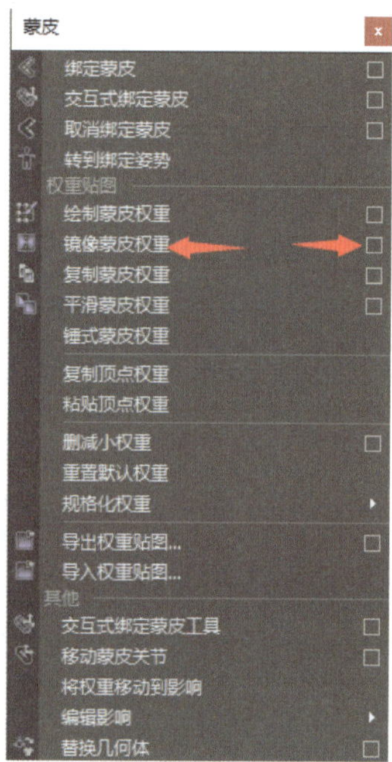

图 4-3-55

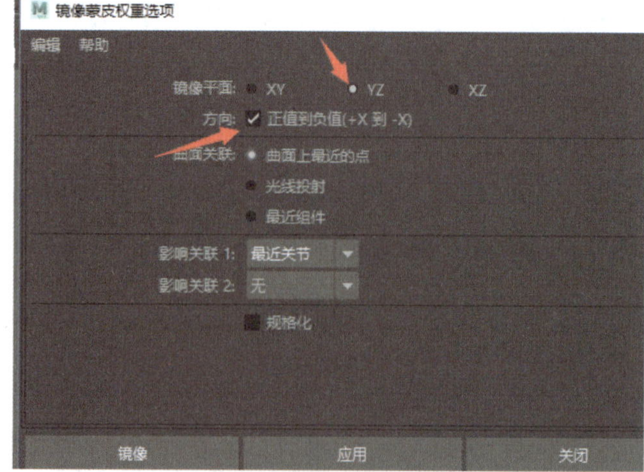

图 4-3-56

课题 4
动画基础理论知识及在游戏动作中的体现

课题目标

1. 理解动画十二法则的概念。
2. 能制作角色模型的动画。

一、动画十二法则

动画十二法则包括挤压与拉伸（squash and stretch）、预备动作（anticipation）、表演及呈像方式（staging）、逐帧画法与关键帧画法（straight-ahead and pose-to-pose）、跟随动作与交搭动作（follow-through and overlapping action）、渐入与渐出（slow-in and slow-out）、动作弧度线（arcs）、次要动作（secondary action）、节奏（timing）、夸张（exaggeration）、立体造型（solid drawing）和吸引力（appeal），这里选取其中与游戏动作相关的十一条法则进行讲解。

1. 挤压与拉伸

在自然界中，物体或生命体在自行运动或与其他物体碰撞时，都会产生一定的形变，即挤压与拉伸。把这种自然的物理现象进行夸张化处理，便可以体现动画世界独一无二的趣味性，其中最典型的例子是反弹的球（bouncing ball），如图 4-4-1 所示。

相同的原理也可以运用在角色上，如图 4-4-2 所示。

2. 预备动作

预备动作的意义在于引起观者的注意和积蓄动作所需的动能。预备动作的方向

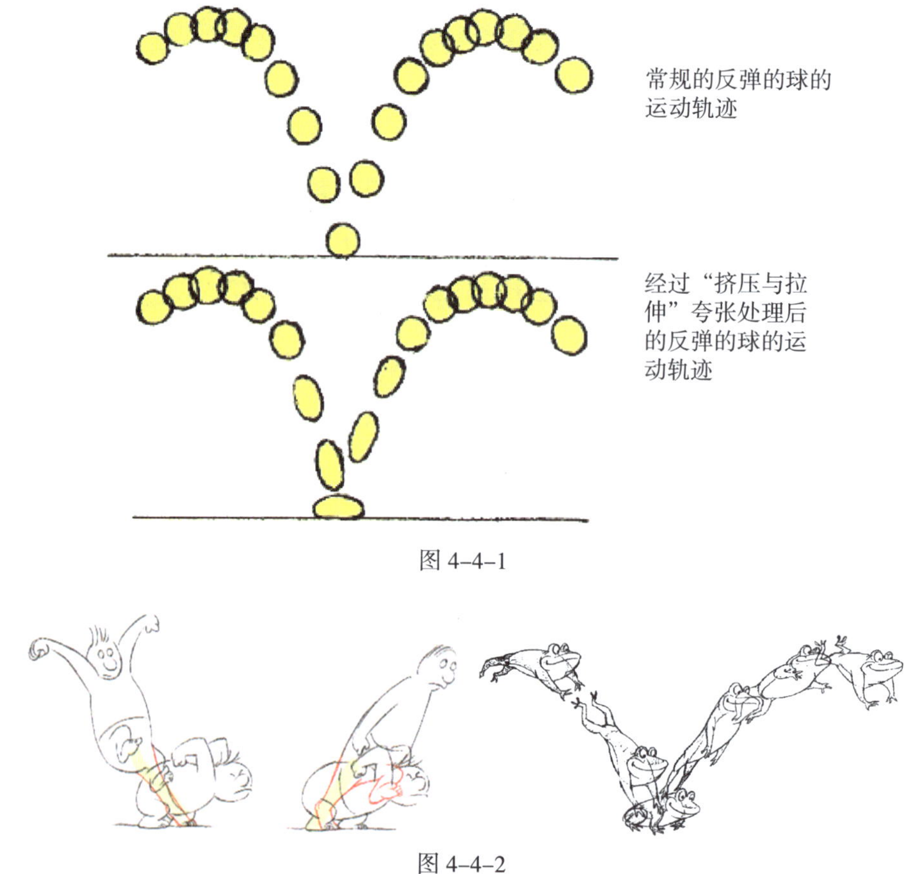

图 4–4–1

图 4–4–2

往往与主动作的方向相反，其动作幅度可以很夸张也可以很细腻，一般情况下，当主动作小或慢时，其预备动作常常小且细腻；当主动作大或快时，其预备动作便相对大且夸张，如图 4-4-3 所示。

图 4–4–3

此外，大多数动作在结束时并不会突然停止，而是要经过一个舒缓的过程，其被称为缓冲动作，如图 4-4-4 所示。

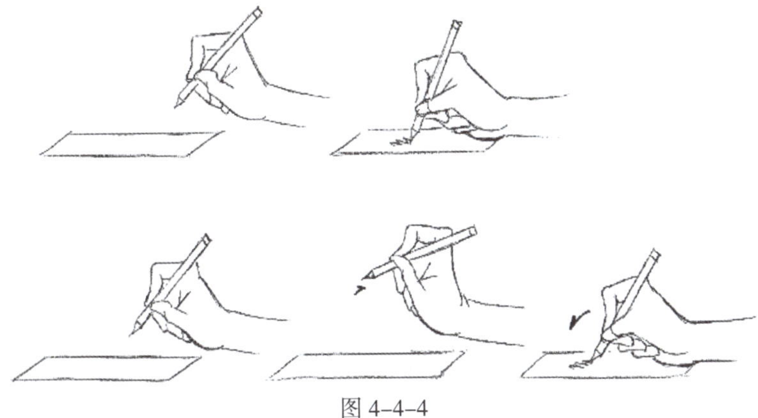

图 4-4-4

3. 逐帧画法与关键帧画法

3D 动画制作常采用关键帧作为基础的作业方式，但要避免产生过于生硬的表演动态，最理想的作业方式是逐帧画法与关键帧画法两种画法的综合。

如图 4-4-5 所示，此剑士虽然移动了一段距离，但观者并不知道他是怎么移动的。

图 4-4-5

如图 4-4-6 所示，通过逐帧画法的处理，可以看出该剑士是采用跳跃翻转的方式来移动的。

图 4-4-6

4. 跟随动作与交搭动作

跟随动作与交搭动作是使动画角色变得灵动的极其重要的两点。

跟随动作是指耳朵、衣服和毛发等在角色无意识地控制下自然飘动或延迟动作的物理现象表现，如图 4-4-7 所示。

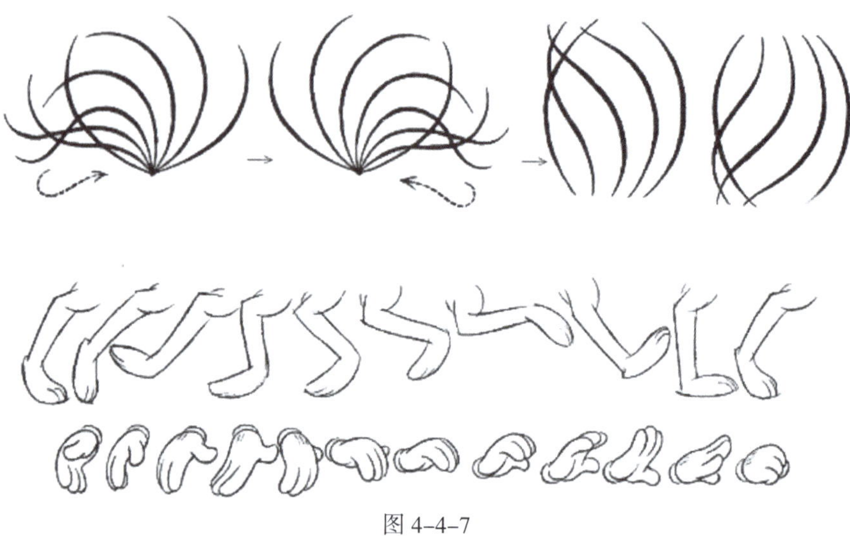

图 4-4-7

交搭动作则是指角色肢体各部位在表演动作过程中的时间差的表现，如图 4-4-8 和图 4-4-9 所示。以人听到背后传来声音为例，人会先动眼睛，再回头，当头转到一半时再转动肩膀。

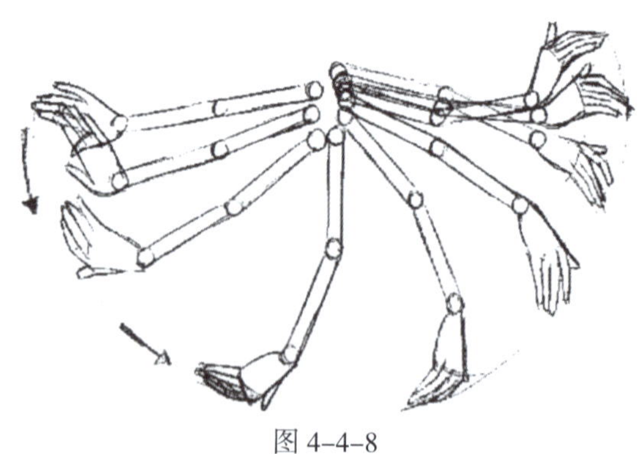

图 4-4-8

5. 渐入与渐出

在自然界中，无论是生物还是其他物体都可能出现加速、减速或者匀速运动的状态。以人的肢体动作为例，如图 4-4-10 所示，若人的手臂只以匀速进行运动，那此人看起来便会显得死板，像机器人。

图 4-4-9

物体运动的例子如图 4-4-11 和图 4-4-12 所示。

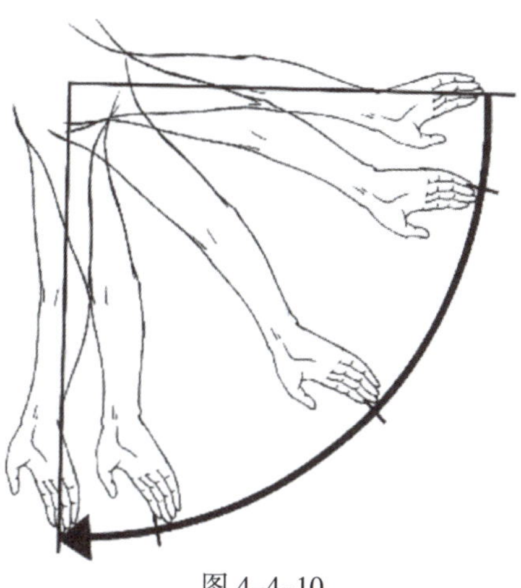

图 4-4-10

6. 动作弧度线

生物的运动大多数是以弧线的路径进行的，如图 4-4-13 和图 4-4-14 所示。机器人则常采用直线路径的运动方式。

7. 次要动作

次要动作是指除主动作外的有助于表现角色内心状态或个性的其余表演动作，比如当一个角色在与他人谈话时用手指敲打着桌面，这就体现出了角色的不耐烦。恰当的次要动作可以使角色更具生命力，但要避免使用无意义的次要动作。

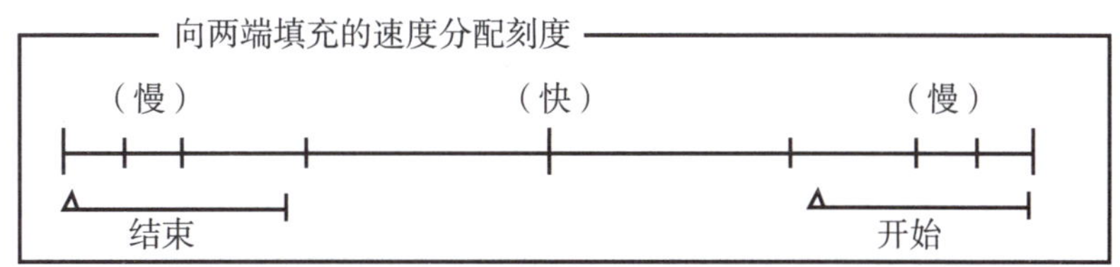

图 4-4-11

8. 节奏

好的 timing 指的是看起来生动、有趣和自然的节奏，也要考虑在某个间距和某个时间的节奏是否恰当。

作为一名合格的动画师，要常常反省自己是否用恰当的时间和帧数来表现了一个动作，其节奏是否过快或过慢，如图 4-4-15 所示。

从物理学上来讲，运动花费的时间越少，移动的距离越长，那么速度就越快；花费的时间越多，移动的距离越短，那么速度就越慢。在游戏动作中，节奏的把握在很大程度上是依赖以上概念来展开的，如图 4-4-16 所示，小球每一次从地面弹到空中的时间和距离都是不一样的。

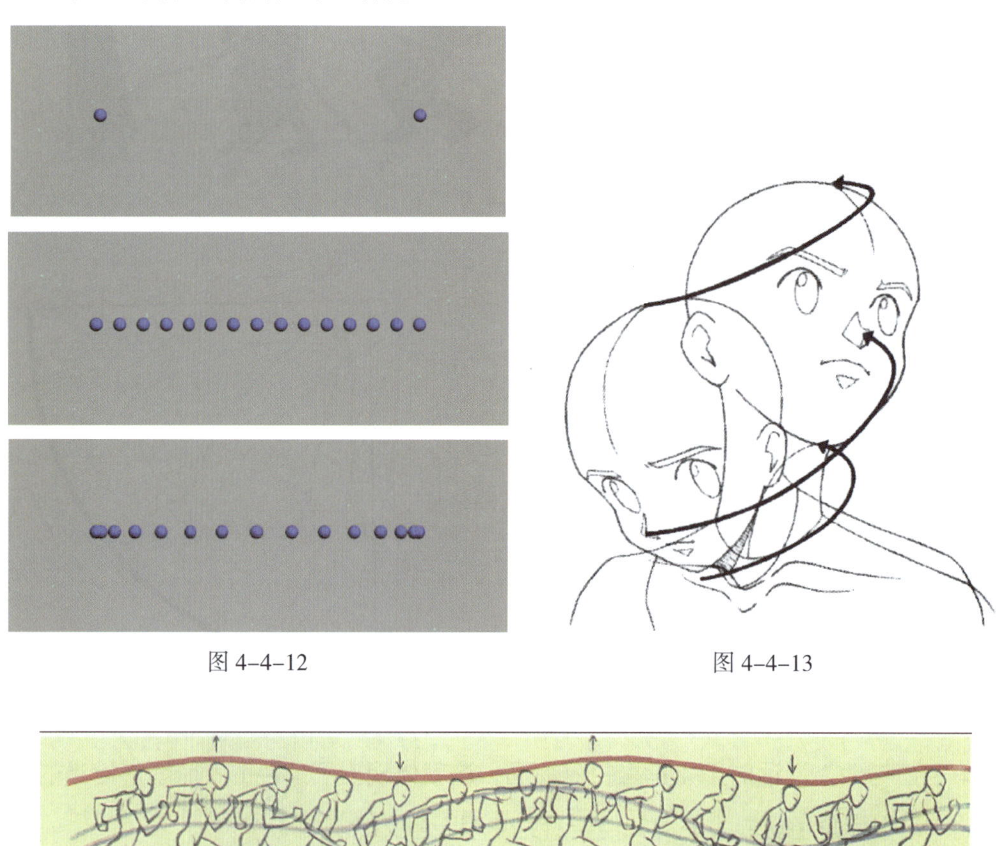

图 4-4-12

图 4-4-13

图 4-4-14

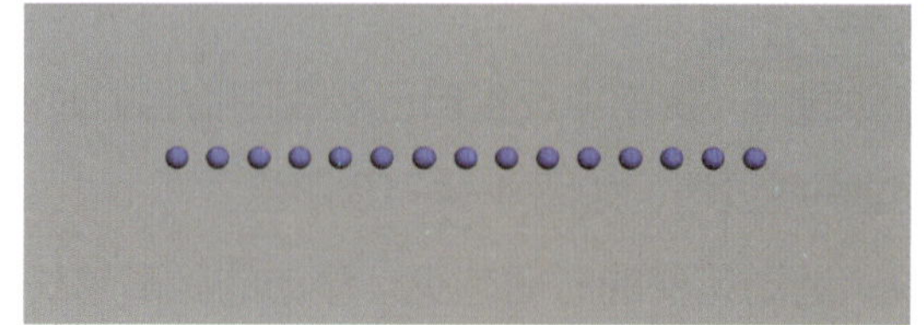

图 4-4-15

通过几个恰到好处的关键帧就可以明白一个动作的节奏，如图 4-4-17 所示。

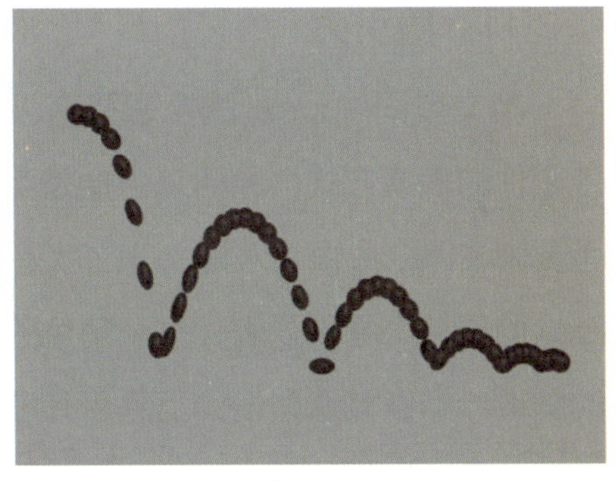

图 4-4-16

9. 夸张

动画或戏剧的表演并非单纯地反映现实世界，而是汇集了各种高潮与意外的可能性，有时甚至会表现现实世界中不可能发生的事。尤其是动画，其角色的肢体表演方式更为丰富，夸张时其角色甚至能飞天遁地，无所不能。

图 4-4-17

10. 立体造型

生动、有趣和自然的角色姿态是良好表演的要素之一，如图 4-4-18 所示。

图 4-4-18

11. 吸引力

英文单词 appeal 的意思是有吸引力的、有趣的，在动画中可以引申为符合角色个性的表演方式，通俗来讲便是英雄要表现得像英雄，傻瓜要表现得像傻瓜，坏蛋要表演得令人恨之入骨，总之就是要“演什么，像什么”。动画角色应该具有吸引观众的独特个性和外表，一个角色的表演会不会给人留下深刻的印象，往往取决于动画设计师在其造型设计上是否有独特之处，表情设计上是否富于变化，以及动作设计上是否有活力等，要避免设计陈腐的表演方式。

二、3D 角色动画表现

1. 制作动画前的准备

（1）必须拥有视频资料或经过亲身模拟。

（2）建立关键帧的思维方式。

（3）使用参照物，从视频资料或亲身模拟经验中找出关键 pose 的幅度和角度。

2. pose to pose 的制作要求

（1）只做关键 pose，尽可能舍弃一切细节。

（2）只在攻击时手臂或腿的打击点补充必要的细节帧。

（3）极端精简关键 pose，做到所设置的每个关键 pose 都是必不可少的。

（4）一般情况下关键 pose 包括初始 pose、预备 pose、极限 pose、攻击到 pose、缓冲 pose 和返回 pose。

（5）在关键 pose 上，所有骨骼都要有关键帧。

3. 循环攻击动作的制作要点

（1）在关键帧的基础上添加细节

先制作关键帧，然后在其基础上添加细节。关键帧如同骨架，占整个动作内容的 80%；细节如同血肉，使动作完成度提高到 100%。

（2）张力和节奏

要照顾到每一个关键 pose 的美感和张力，以及各个关键 pose 之间转换快慢的节奏。

（3）关键帧的性质

运动性质发生改变或运动到达极限的瞬间便是关键帧。

（4）节奏

除了预备 pose 至攻击到 pose 是快的以外，其余都是慢的。

4. 关键 pose 的内容

（1）初始 pose

一般情况下为双脚叉开的 pose，角色左脚在左前方，右脚在右后方，身体朝向右前方 45° 方向，头朝向正前方，直视攻击对象；左肩和左臂在前，右肩和右臂在后，以便大力攻击或快速拔枪，如图 4-4-19 所示。

（2）预备 pose

角色准备拔枪，其重心稍微下移，如图 4-4-20 所示。

（3）极限 pose

极限 pose 是最为关键的一个 pose，角色发力和力的传递都需要通过极限 pose 来体现。此时角色身体主干接近攻击到 pose，用于攻击的手和武器接近预备 pose，如图 4-4-21 所示，角色重心上移，右手臂到达最高处。

（4）攻击到 pose

“攻击到”是指角色使用手臂或武器等打击到被击人或物体的关键帧。角色整个身体要处于伸展状态。注意在制作 pose 时不允许存在穿模，虽然个别部位的瞬间穿模有时是无法避免的，但不能穿帮得过于明显，如图 4-4-22 所示。

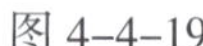
图 4-4-19

图 4-4-20

图 4-4-21

图 4-4-22

（5）缓冲 pose

子弹发射瞬间，角色武器受后坐力影响，枪口抬高，角色身体向后缓冲，如图 4-4-23 所示。

（6）返回 pose

“返回”是指角色从缓冲 pose 返回到初始站立 pose 的中间帧。如果整个动作中角色有脚步位移且幅度较大，在这一帧要表现出脚部发力腿部蹬地的动作，如图 4-4-24 所示，角色收枪并将其放回腰间。

图 4-4-23

图 4-4-24

（7）初始 pose

也就是初始站立帧，让角色返回到初始 pose，使首尾帧一致，如图 4-4-25 所示。

图 4-4-25

5. 需注意的角色 pose 和节奏的细节

（1）角色每个关键 pose 的张力、动态线、重心、膝盖与脚的方向和肩与大臂的相对位置应过渡和谐。

（2）除了行走和奔跑的动作需要在水平面上转动盆骨，其余任何时候都不能转动盆骨。

（3）在关键帧大框架的基础上，可以适当增加辅助的关键帧，也可以适当减少现有的关键帧或是移动某些现有关键帧的位置。